全国高等农林院校"十二五"规划教材
都市型现代农业特色规划系列教材
Program Course Book Series
Featuring in Modern
Urbanized Agriculture

园林苗圃学
YUANLIN MIAOPU XUE

华南版

周厚高　主编

中国农业出版社

内容提要

本教材由高校教师和大型园林企业技术专家合作编写，理论联系生产实践，阐述了园林苗木生产与苗圃经营管理的科学知识。全书包括苗圃的规划与建设、园林苗圃的生产设施与设备、苗木种子与播种育苗、营养繁殖育苗、城市绿化标准苗生产、容器苗的生产、园林苗圃的经营管理和华南地区常见园林植物的苗木培育等内容，共八章。

本教材面向华南地区，具有明显的地方特色，内容丰富、技术新颖、针对性强。可供高等院校园林专业、园艺专业以及其他相关专业教学使用，同时可供园林苗圃经营管理和生产操作人员参考。

都市型现代农业特色规划系列教材编审委员会

主　任　崔英德（仲恺农业工程学院院长）
　　　　邢克智（天津农学院院长）
　　　　王有年（北京农学院院长）
副主任　向梅梅（仲恺农业工程学院副院长）
　　　　孙守钧（天津农学院副院长）
　　　　杜晓林（北京农学院副院长）
委　员　朱立学　马文芝　范双喜　石玉强　王立春　沈文华
　　　　洪维嘉　卢绍娟　乌丽雅斯

都市型现代农业特色规划系列教材学术委员会

主　任　崔英德
副主任　向梅梅　杜晓林
委　员（按姓名笔画排序）
　　　　马文芝　马吉飞　马晓燕　王厚俊　师光禄
　　　　朱立学　乔秀亭　刘开启　刘金福　杨逢建
　　　　吴国娟　吴宝华　吴锡冬　沈文华　宋光泉
　　　　范双喜　周厚高　贾昌喜　阎国荣　梁　红

主　编 周厚高

副主编 吴少华　王凌晖　宋希强
　　　　 林　彦　王文通　王凤兰

编　者（按单位名称笔画排列）
　　　　 广东海洋大学　李润唐
　　　　 广西大学　王凌晖
　　　　 仲恺农业工程学院　周厚高　王文通　王凤兰
　　　　 华南农业大学　玉云祎
　　　　 佛山科学技术学院　任敬民
　　　　 岭南园林股份有限公司　刘　勇　魏碧青　王永安
　　　　 海南大学　宋希强
　　　　 棕榈园林股份有限公司　林　彦　曹　鹤　赵强民　吴锐志
　　　　 惠州学院　覃　婕
　　　　 福建农林大学　吴少华　李房英
　　　　 嘉应学院　陈翠云
　　　　 漳州师范学院　何建顺
　　　　 肇庆学院　崔铁成　邱茉莉　张爱芳

序

都市型现代农业作为一种新型的农业发展模式，自20世纪90年代进入迅速发展阶段，目前已显示出明显的经济、社会和生态效益。尽管国家、地区间发展很不平衡，但随着人们生活水平的提高、城市人口的扩张以及资源与能源供求的集聚，都市型现代农业必将成为大城市及城郊经济社会发展的重要组成部分，其重要意义和独特优势已不同程度地显现出来。都市型现代农业要在满足不断增长的城市需求的过程中获得高效益，又要做到资源节约和环境友好，其发展必须依靠产业的融合和多学科的交叉以及现代高新技术的应用。实现都市型现代农业的高水平发展，科技是动力，人才是保证，这对都市型农业院校提出了一个既具体又有一定创新性的任务，即责无旁贷地为都市型现代农业发展提供科技和人才支撑。长期以来，由于常规农业的发展需要和相应人才培养方案的惯性延续，使人才培养和都市型现代农业发展需求之间存在一定差异。参照国内外都市农业发展对人才种类需求的调查结果，都市型现代农业对以下三大类人才有共同的需求。

第一种：经济功能类人才。这类人才是推动都市农业发展的关键因素，是实现各类新兴农业和涉农产业经济效益的核心。主要包括：懂科技、能经营、会管理的涉农企业家与经营管理人才；厚基础、复合型、多学科的科技创新人才；懂技术、高技能的技能型人才；懂科技、有经验的科技成果转化和推广人才。

第二种：生态功能类人才。建设都市农业对内强化生态功能，因此对生态环境功能有更高要求，对这类人才将有更大需求。具体包括：环境公益类人才，生态类人才，环境改造及创意类人才，区域规划和布局类人才，安全食品产业链监控人才等。

第三种：服务功能类人才。适应都市农业服务功能的需要，以服务带动农业产业发展。这类人才包括：旅游管理人才、物流人才（包括涉农外贸）、会展人才、农业信息技术人才等。

这就要求都市型高等农业教育更加注重都市型现代农业发展需求，适时调整教育目标和教学内容。其中，深化高校教学改革是都市型高等农业院校发展的主旨与核心，而做好高质量教材建设与创新是教学改革的重点。如何构建适应都市型现代农业发展与高校人才培养的特色教材体系是众多都市型高等农业院校面临的现实任务，也是长期任务。

基于仲恺农业工程学院、北京农学院、天津农学院等地方高等农业院校的区位特点和办学特色，为了强化对地区经济的服务功能，逐步完善支撑都市型现代农业发展的课程体系及课程内容，2008年在天津农学院主持召开了"都市型现代农业规划系列教材"编写会议，确定了编写教材的指导思想、特色要求等内容，成立了三校校长、分管教学的副校长、教务处长及有关专家组成的编写委员会。2009年9月以仲恺农业工程学院仲字［2009］7号、北京农学院院发［2009］46号、天津农学院农院政［2009］34号联合发布了"关于都市型现代农业特色教材建设指导性意见"，进一步明确了都市型现代农业特色规划系列教材的定位、遴选原则、组织领导、出版使用等方面要求。在系列教材编写过程中，三校多次组织、邀请各参编高校开展特色教材编写研讨会，并聘请各高校同行专家对教材初稿进行全面审阅，共同商榷，认真修改，集思广益，确保教材的高质量出炉。同时也陆续得到了更多兄弟院校的支持，并纷纷加盟。在多方力量的支持和编写人员的努力下，首批教材已编写完成。

都市型现代农业特色规划系列教材的编写注重都市农业特点、注重人才培养目标领域的拓宽、注重使"教材"向"学材"转变、注重教材内容实用性的优化。重点强调以下几方面的特色：注重学科发展的大背景，拓宽理论基础和专业知识，着眼于理论联系实际与可应用性，突出创新意识；体现都市型现代农业发展的特征；借鉴国内外最新的资料，融合当前学科的最新理论和实践经验，用最新的知识充实教材内容；在结构和内容的编排上更注重能力培养，强化自我学习能力、思维能力、解决问题能力；强化可读性，教材中尽量增加图表内容，将深奥的理论通俗化，图文并茂。

感谢参加本系列教材编写和审稿的各位教师所付出的大量卓有成效的辛勤劳动。由于编写时间紧、相互协调难度大等原因，本系列教材还存在一些不足。我们相信，该批特色规划系列教材的编写作为都市型高等农业院校教学改革的重要环节，将会为培养21世纪现代农业高等人才提供重要保障，对都市型现代农业多功能的充分发挥和更好地服务于大都市和农村将具有重要的推动作用。在各位老师和同行专家的努力下，本系列教材一定会不断地完善，在我国都市型高等农业院校专业教学改革和课程体系建设中定能发挥出应有的作用。

都市型现代农业特色规划系列教材编审委员会
2010年9月

前 言

对高等院校园林、园艺等专业的学生来说，苗圃学是一门十分重要的、实践性很强的应用课程，城市园林工程施工与养护管理、花卉生产与管理、园艺植物生产与育种等都与苗圃学有直接的关系，大部分院校都将苗圃学作为专业课或专业选修课。近年国内园林苗圃规模扩张迅速、生产技术日新月异，尽管目前国内有关苗圃学方面的高等教材不少，但在反映苗木业技术进步、加强实用性等方面，仍跟不上形势发展的需要，特别是针对不同区域苗木业特点的地方特色教材十分缺乏。因此，编写一本具有华南地区特色，适合都市型现代农业需要的苗圃学教材是我们的初衷。

本教材编写团队汇集了华南地区主要农林及相关高校长期以来从事园林苗圃学、花卉学、树木栽培学教学和科学研究的高校教师，同时联合了国内领先园林企业棕榈园林股份有限公司、岭南园林股份有限公司长期从事园林苗木生产经营与管理的技术专家。团队成员具有丰富的教学、科研和生产经验，率先在国内推广先进的现代大型容器苗木生产技术，推动了苗木生产技术的发展。因此本教材将突出华南地区都市现代农业的特点，以高质量、高标准苗木生产技术为教学目标，以丰富的、先进的、实用的操作技术为特色。

本书共分八章，计划学时40～60个。编者编写分工如下：

绪论由周厚高、林彦、吴少华编写；第一章由林彦、曹鹤、赵强民、吴锐志编写，第二章由宋希强、何建顺编写，第三章第一节由王凌晖编写，第二节由任敬民编写；第四章由吴少华、李房英编写，第五章第一节和第三节由王文通编写，第二节由崔铁成、邱茉莉、张爱芳编写，第六章第一节和第二节由任敬民、吴少华编写，第三节由周厚高编写；第七章第一节由刘勇、魏碧青、王永安编写，第二节和第三节由林彦、曹鹤、赵强民、吴锐志编写；第八章第一节由李润唐编写，第二节由陈翠云编写，第三节由宋希强、何建顺编写，第四节由王凤兰编写，第五节由周厚高编写，第六节由玉云祎编写，第七节由覃婕编写。全书由周厚高、王文通、王凤兰统稿。

本教材可作为农林及相关院校本科教材，也可供园林苗圃经营者参考。由于本书面向生产实践，突出实用性，故高等职业院校也可作为教材选用和参考。

本教材在编写过程中得到了各参编单位相关领导和同行专家的支持,在此深表谢意。特别要感谢仲恺农业工程学院对本教材的出版给予的高度关注和全方位支持。

鉴于编者水平和时间仓促,书中难免存在漏误,敬请广大读者批评指正。

编者

2014.3

目 录
MULU

序
前言

绪论 …………………………………………………………………………………… 1
 一、我国苗圃业发展历史 ………………………………………………………… 1
 二、我国苗圃业发展现状 ………………………………………………………… 2
 三、园林苗圃学相关学科 ………………………………………………………… 5
 四、园林苗圃学课程的学习方法与要求 ………………………………………… 6

第一章 园林苗圃的规划与建设 ………………………………………………… 7
 第一节 园林苗圃定位与选址 …………………………………………………… 7
  一、园林苗圃的分类 ……………………………………………………………… 7
  二、园林苗圃的定位 ……………………………………………………………… 8
  三、园林苗圃选址 ………………………………………………………………… 8
 第二节 园林苗圃规划设计 ……………………………………………………… 11
  一、园林苗圃面积计算 …………………………………………………………… 11
  二、园林苗圃规划设计准备工作 ………………………………………………… 11
  三、园林苗圃规划设计 …………………………………………………………… 12
  四、园林苗圃规划项目方案书编制 ……………………………………………… 16
 第三节 园林苗圃建设 …………………………………………………………… 17

第二章 园林苗圃的生产设施与设备 …………………………………………… 19
 第一节 栽培设施 ………………………………………………………………… 19
  一、温室 …………………………………………………………………………… 19
  二、塑料大棚 ……………………………………………………………………… 21
  三、荫棚 …………………………………………………………………………… 21
  四、灌溉设施 ……………………………………………………………………… 22
 第二节 机械设备 ………………………………………………………………… 22
  一、草坪机 ………………………………………………………………………… 23
  二、割灌机 ………………………………………………………………………… 24
  三、绿篱机 ………………………………………………………………………… 25
  四、打药机 ………………………………………………………………………… 26
  五、大型机械 ……………………………………………………………………… 26
 第三节 生产资材 ………………………………………………………………… 28

一、栽培平台 ………………………………………………………………… 28
　　二、栽培容器 ………………………………………………………………… 28
　　三、栽培基质 ………………………………………………………………… 30

第三章 苗木种子与播种育苗 ……………………………………………… 32

第一节 苗木种子 ………………………………………………………… 32
　　一、苗木种子的来源 ………………………………………………………… 32
　　二、采种技术 ………………………………………………………………… 34
　　三、种实采后处理技术 ……………………………………………………… 37
　　四、种子检验技术 …………………………………………………………… 42

第二节 播种育苗 ………………………………………………………… 51
　　一、播种育苗的特点与利用 ………………………………………………… 51
　　二、播种前的土壤准备 ……………………………………………………… 52
　　三、种子休眠与处理 ………………………………………………………… 54
　　四、大田播种育苗技术 ……………………………………………………… 57

第四章 营养繁殖育苗 ……………………………………………………… 63

第一节 概述 ……………………………………………………………… 63
　　一、营养繁殖的定义与特点 ………………………………………………… 63
　　二、营养繁殖的类型 ………………………………………………………… 63

第二节 扦插育苗 ………………………………………………………… 64
　　一、扦插繁殖的技术 ………………………………………………………… 64
　　二、采穗圃建设 ……………………………………………………………… 74

第三节 其他营养繁殖方法 ……………………………………………… 76
　　一、嫁接 ……………………………………………………………………… 76
　　二、分株 ……………………………………………………………………… 80
　　三、压条 ……………………………………………………………………… 83
　　四、组织培养 ………………………………………………………………… 85

第五章 城市绿化标准苗生产 ……………………………………………… 87

第一节 概述 ……………………………………………………………… 87
　　一、标准苗的概念 …………………………………………………………… 87
　　二、标准苗的规格 …………………………………………………………… 87

第二节 园林苗木的抚育管理 …………………………………………… 89
　　一、苗木移植 ………………………………………………………………… 89
　　二、苗木的整形修剪 ………………………………………………………… 93
　　三、园林苗圃土肥水管理 …………………………………………………… 98
　　四、其他抚育管理措施 ……………………………………………………… 109

第三节 大树移植 ………………………………………………………… 114

一、大树移植的定义	114
二、大树移植的准备工作	114
三、大树移植	114
四、假植大树的种植	119
五、机械化大树移植	120

第六章　容器苗的生产 …… 121

第一节　概述 …… 121
　　一、容器育苗的优点 …… 121
　　二、育苗容器 …… 121
　　三、育苗基质 …… 122
　　四、容器苗的类型 …… 122

第二节　穴盘苗生产 …… 122
　　一、穴盘与基质 …… 123
　　二、设备与设施 …… 123
　　三、穴盘苗生产及苗期管理 …… 123

第三节　单个容器苗生产 …… 124
　　一、场地与设施 …… 124
　　二、容器苗的根系 …… 124
　　三、小型单体容器苗的培育 …… 126
　　四、大型容器苗生产 …… 129

第七章　园林苗圃经营管理与财务分析 …… 141

第一节　园林苗圃经营管理 …… 141
　　一、园林苗圃经营 …… 141
　　二、园林苗圃管理 …… 142
　　三、园林苗圃生产管理的各阶段工作重点 …… 147

第二节　园林苗圃财务分析 …… 149
　　一、财务分析概述 …… 149
　　二、初始投入估算 …… 150
　　三、经营财务分析 …… 151
　　四、风险分析 …… 155

第三节　园林苗圃建设经营案例
　　　　——棕榈园林股份有限责任公司句容苗圃建设与经营 …… 157
　　一、苗圃选址与可行性分析 …… 157
　　二、苗圃规划设计 …… 158
　　三、苗圃建设施工 …… 161
　　四、苗圃经营管理 …… 163

第八章 华南地区常见园林苗木的培育 ……………………………………………… 168

第一节 落叶乔木 …………………………………………………………… 168
第二节 常绿乔木 …………………………………………………………… 174
第三节 常绿灌木 …………………………………………………………… 184
第四节 造型苗木 …………………………………………………………… 195
第五节 棕榈植物 …………………………………………………………… 202
第六节 藤本植物 …………………………………………………………… 207
第七节 其他类群 …………………………………………………………… 213
　　一、水生植物 …………………………………………………………… 213
　　二、竹类植物 …………………………………………………………… 216

主要参考文献 …………………………………………………………………… 223

绪　　论

一、我国苗圃业发展历史

我国苗圃业起源的准确时间难以确定。通过考证，周朝帝王及奴隶主贵族为了游玩享乐，建造了囿、台，并且已有园圃的经营，这便是中国园林的源头。西周时，还设置"场人"专门管理官家的园圃，其职责是"掌国之场圃，而树之果蓏珍异之物，以时敛而藏之"。每场有"下士二人，府一人，吏一人，徒二十人"，由此可知苗圃大约起源于西周。

中国苗圃业的发展历史是随着经济的发展、社会的兴衰而起伏变化的。根据舒迎澜先生在《中国古代花卉》中的论述，我国苗圃业与花卉业的发展息息相关，从无到有，规模由小到大，不同的历史时期有各自的发展特点。

1. 西周、春秋战国至秦时期　约公元前11世纪到公元前2世纪。西周时期，基于奴隶制的政治经济制度的完善，农业、手工业发展，国泰民安，随着花卉观赏栽培以及园林建设的兴起，园圃也开始发展起来。此时期著名的诗集《诗经》描述了当时的农业生产，提到了早期民间的园子和帝王的园囿，同时有大量的野生花卉和部分栽培花木的记载，如对桃花、荷花、竹、兰、梅、凌霄、木瓜的歌颂及培育观赏。帝王及奴隶主贵族大搞囿、台、园圃建设，促进了苗圃、花圃的发展。

秦始皇统一中国后，实行变法，废井田，行县制，奖励耕织，推动了社会经济的发展，也促进了花卉、园林建设的发展。秦始皇大兴土木，建造园林，其规模宏大，建筑雄伟，广植花木，绿化美化，为满足这些建设需要，苗圃业发展的程度和规模是不难想象的。

2. 汉、魏晋南北朝时期　公元前2世纪到公元6世纪。生产力不断发展，国力逐渐强大，此时期花卉业从纯实用性生产转向欣赏性生产，促进了专业性苗圃业的发展。汉代出现了早期的温室，有了早期的花卉促成栽培技术。汉武帝建上林苑，进行了南树北引，室内种植大量热带、亚热带植物，开创了我国古代有史以来最大规模的园林植物引种驯化工作。西汉起，私家园林兴建。陶渊明的《咏菊》诗并不能作为观赏菊起源的证据，但诗中"九华菊"属一地方品种，可见当时已有了品种的出现。南北朝出现了树木移植技术、嫁接技术，这些都是传统农业技术的精华。

3. 隋唐宋时期　公元6世纪到公元13世纪。该时期园林发展促进了苗圃业迅速发展，形成了较大的产业规模。主要特点是花木品种选育有较大进展，花卉专著较多，名花交流频繁。

隋朝营造洛阳西苑，周二百里，收集嘉木异草、奇石异材、珍禽异兽，装点园林。其中扶芳藤、萱草、琼花有较多记载。唐代广植花木，帝王园苑花木栽培规模很大，同时官宦贵族豪富竞相效仿，促进了苗圃业的快速发展。唐代长安郊区分化出了花农，其经济效益高于农业其他行业。同时出现了花市，出售花卉形式为把花、种苗和花树，不过价格高，限制了发展。唐代还开创了盆景艺术。宋代园林事业空前发展，同时赏花之风逐渐向民间普及，带动了苗圃业的发展，引种热带、亚热带植物，移植大树取得成功。

这时期花木专著较多。张峋的《洛阳花谱》（1041—1048）按照重瓣（千叶）、复瓣（多叶）、花色对花木进行分类。同时出版了刘蒙的《菊谱》、胡元质的《牡丹谱》、孔武仲的《芍药谱》、王贵学的《兰谱》等专著。陈景沂的《全芳备祖》（1256）可谓当时的花木百科全书，前集27卷，全为花，后集31卷，大部分记载花木。

4. 元明清、民国时期 公元13世纪到公元20世纪上半叶。该时期总体上苗圃业发展较为缓慢，但在明清传统苗圃栽培技艺较为完善。元代战争频繁，花卉和苗圃业陷于低迷状态，生产技术改良和进步较少，花卉专著流传也很少。明清两代花卉业、苗圃业成为国民经济中的独立产业，不仅在都城北京，而且在江浙、广东等地的产业规模都比较大。同时，随着国际贸易的发展，海内外引种频繁。由于印刷技术的提高，花卉苗圃的书籍出版大量增加，专著的数量远远超过宋代。栽培技术也有系统的发展，其中陈溟子的《花镜》中有较详细的论述。到了晚清封建没落时期，帝国主义入侵，经济受到严重破坏，苗圃业、花卉业日趋衰落，技艺失传，品种散失，这一趋势延续到了民国时期。

5. 新中国成立后 在绿化祖国的运动中，苗圃业得到了短暂的发展，而后陷入停顿。改革开放后苗圃业迅速得到了恢复，近年发展速度前所未有。在经营主体、投资主体等方面有很大的变化，由原来政府投资的国有苗圃占优势发展为私有公司和个人投资的私人苗圃为主的局面。

二、我国苗圃业发展现状

我国改革开放后，随着经济发展，苗圃业发展快速，特别是近年在城市化建设的推动下，城市规模不断扩大、房产住宅建设稳中有升、生态修复魅力初现，园林苗木产业长期利好。经过30多年的发展，我国苗圃业形成了较大的规模，区域分布格局和经营模式日趋成型。

农业部种植业管理司统计数据显示，2010年我国绿化（观赏）苗木种植面积已达50.2万hm^2（752.9万亩），占全国花卉总种植面积的54.7%，销售额及出口额每年均呈平稳较快增长，2010年销售额达到434.8亿元人民币，出口额2.02亿元人民币。

（一）绿化苗木产业区域分布

植物生长具有区域适应性特点，因此我国绿化苗木产业分布区域特性较明显。根据农业部2009年的统计情况，全国绿化苗木种植面积上万公顷的有11个省份，分别是江苏、河南、浙江、山东、安徽、四川、广东、江西、湖南、重庆和河北，这些省份的苗木种植面积总和为391 744.7hm^2，占全国绿化苗木总种植面积的86.5%。根据苗木主产区和主要市场的区位分布，我国苗木产业基本可分为四大产销区域：长三角区域、京津区域、珠三角区域和西南区域。前三大产销区分别包围着我国的三大经济圈，西南地区因"森林重庆"等重点工程推动，已成为苗木业发展的新增区域热点。浙江萧山花木市场、江苏夏溪花木市场、顺德陈村花卉世界、成都温江花木市场等是全国知名苗木销售集散地。

1. 长三角区域 长三角市场的生产基地集中在浙江萧山、金华、余姚、奉化，上海，江苏南京、如皋、沭阳、武进，安徽肥西、芜湖，湖北武汉等地。江浙苗木产业起步较早，产销相对集中，在产品质量、市场规范程度、细分市场、研发意识与技术水平等方面走在全国前列，市场优势明显。

2. 京津区域 京津市场的生产基地以河南鄢陵、潢川，河北保定、邯郸，山东济宁、郯城、昌邑、泰安，天津蓟县，辽宁靠山为主，具有产业基础优势。具体来看，河北地处北京周边，具备地理位置优势，运输、地租及人工成本均较低，但产业水平相对落后。河南和山东均是传统苗木大省，具备产业基础、气候和技术优势。

3. 珠三角区域 珠三角市场的苗木基地主要集中在广东中山、顺德、湛江，广西桂林、北海，湖南浏阳、长沙跳马，江西南昌，福建漳州等地。华南地区拥有气候优势，苗木生长较快，但产业整体在苗木栽培和质量标准、研发能力上相对欠缺。其中顺德、中山部分产区地租成本增长较快；湛江地区气候适宜，土地及人工成本低，但易受台风影响，产业布局相对分散。福建苗木产业成熟度不高。

4. 西南区域 西南市场的生产基地集中在四川温江、都江堰、郫县，重庆，云南昆明等地，近年苗木种植面积增长很快，但其产业基础相对薄弱，种植养护技术、人才储备缺乏，以中小型散户为主，产品总量供大于求，但商品规格一致性差，仍靠外调补足缺口。

5. 其他区域 西北苗木产区主要集中在陕西西安、宁夏银川等，借助政策倾斜，苗木业得到一定发展。但苗木种类限于区域特殊土壤及气候条件，部分来源于河南鄢陵等地，外调苗木难以适应当地气候，种植成本高而成活率低，当地资源开发力度不够，产品以省内及区域内销售为主。东北苗木产区主要位于辽宁靠山与沈阳、黑龙江哈尔滨、吉林长春等地，因气候等因素限制，产业发展相对滞后，产品以供应东北及京津市场为主。

（二）现阶段苗木产业主要特点

1. 苗木产品结构性过剩和缺失现象并存 常规树种、小规格苗、低品质苗木产品准入门槛低，导致近年全国苗木种植面积迅速扩张，整体数量供大于求，呈现严重结构性过剩。生产者缺乏信息来源，盲目跟风种植现象较多，又未能很好地掌握生产技术，造成废品多、成品少、精品缺，产品不适应市场需要，个体散户无稳定销售渠道，造成产品积压，进而引发价格恶性竞争。

绿化工程期望园林景观效果立竿见影，且对苗木有特定质量和种类需求，市场对大规格苗、高品质苗、耐盐碱苗、抗性强的乡土苗木等特色树种需求量很大，但因其培育周期长、资金投入大、管理技术要求较高，散户缺乏资金投入、市场需求信息渠道及市场预测能力，使这几类苗木生产量严重不足，绿化需求缺口大，这种情况将长期存在。

2. 产品具有区域特性及不可变性 我国地域辽阔，各地气候、资源、区位市场条件和产业发展水平差异性较大且不可改变，也决定了苗木业的竞争将会以同一产销区域内的企业竞争为主。各地产品生产与应用都以常规传统品种为主，如浙江长兴的樟树，种植面积已超 $4\,000\,hm^2$；金华的茶花，品种达1 000个以上，被称为"茶花之乡"；江苏如皋和山东的银杏，资源优势明显。江浙一带苗木新品种相对较多，乔木主要集中在彩叶树种，以上海等地最有优势，但大中规格成品苗少；地被新品种每年不断推出，以浙江萧山为主，如红叶石楠、六道木、小丑火棘等。

3. 产业标准化程度低 我国苗木行业生产技术标准和质量分级标准体系建设不完善，产品流通无统一标准，导致苗木采购必须现场验货，买卖双方互信基础薄弱。同时标准化体系的建立过程相对漫长，企业需承担成本风险。由于标准化程度低，示范场带动生产场的营销模式其效果有待检验,苗木电子商务交易短期内难以实现。

4. 业外资本注入量增加　房地产企业和传统制造业等的社会游资,因税收加剧、降低成本或资本保值增值等原因,使其选择转向投资,进行大规模苗圃建设。这导致相当比例的苗木短期内横向流通进入业内苗圃而非终端绿化应用,未来这些大型苗圃将影响苗木市场。

(三) 苗木业产品结构与实体经营模式分类

1. 苗木业产品结构分类　目前苗木业产品结构主要可分为野生资源收集贸易型(特大规格苗)、大中规格乔木生产经营型、小乔木及花灌木生产经营型、地被花卉生产经营型等几大类。

(1) 野生资源收集贸易型　可快速获取野生资源并进入绿化市场,其经营流转相对较快,大规格苗木的慢生性造成其价格逐年攀升,收益空间大。现阶段存在的原因是房地产等市场的需求,其供应商议价能力较强,资源少,替代效应较弱,但野生资源的不可再生性决定了其供给量有限,同时一旦客户需求萎缩,高成本将使各方风险剧增,此类型的经营方式将很快陷入难以持续的瓶颈。

(2) 大中规格乔木生产经营型　多靠自繁或购买小规格种苗开展生产,其供应商议价能力很弱,土地集约难度大、投资成本高、配套技术难度较大、生产周期长、自然灾害风险较大等一系列因素导致其规模发展的进入门槛相对较高。同时因市场需求量大且长期结构性缺失,多数种类的大规格苗木价格长期居高不下,产销利润相当可观,且替代效应不明显。由此可以看出此类型极具优势,对应地带温区内适度规模生产新优且应用技术成熟的大中规格乔木,是较稳健的一种经营模式

(3) 小乔木及花灌木生产经营型　属品种经营型,其单位面积投资成本略低,生产周期较短,因此相对较易适应市场。行业内的大多数苗农均集中在这一领域,低质及同质化竞争激烈,供应商的议价能力较弱。但因其种类繁多,产品间的替代效应明显,购买者可因此压价,如无新品种和新技术则很难规模发展。

(4) 地被花卉生产经营型　包括草坪、一二年生草花等产品的生产经营类型,属于品种经营型,基础设施要求高,产品时效短,损耗大,技术难度较大,品种更新快,可替代性强,单一品种市场容量有限,适合专类企业经营。

2. 苗木业实体经营模式分类　根据苗木业实体经营模式和销售定位,国内苗木企业可分为四大类:专业种植型企业、苗木服务工程型企业、个体散户及家庭园艺企业。

(1) 专业种植型企业　以苗木营销、苗圃建设为主,在全国苗木重点消费区建立大型苗木基地、生产营销基地(中心苗圃),在中心苗圃周边建立起补充作用的卫星苗圃,形成覆盖全国的销售网络,销售半径 200～300km。其生产管理特点如下:①重视标准化和规模化,苗木胸径、分枝点、冠幅、密度、高度均有统一标准,单一品种集中生产,大规格苗均从小苗种起,批量种植。②集中部分力量调研市场需求,错位生产,在安排生产计划前做好市场定位并制定营销策略。此类经营模式以苗木生产为主,有一定规模和特色产品,企业可将精力放在苗木生产技术和苗圃经营本身,根据市场趋势和自身发展需要进行战略布局,对企业自身生产经营更有利。但前期投入大,经营周期较长,进入壁垒高,企业必须具有较强的市场预测及定位、产品规划、出圃能力和营销体系。

(2) 苗木服务工程型企业　目前国内大型的园林公司都配置了为自身绿化工程服务的苗圃企业。此类企业苗木经营以服务工程为首要目的,以工程苗木刚性内需为赢利支撑,一方

面可提高工程业务毛利率，另一方面可在一定程度上规避苗木销售风险。其弊端是苗木的经营受限于主业工程供给，在其种植品种选择、规模、苗圃选址、资金链等方面均有一定制约性，外销经营和营销渠道拓展等环节也极易被弱化。苗木与工程一体的操作模式是否完善、对接度如何等仍需探讨，其供应商议价能力很强，外购苗木不具成本优势。

（3）个体散户　经营者一般从业时间较长，有一定的苗木种植技术和资本，生产规模相对不大，经营方式灵活，土地自有居多，劳动力不计入成本，限于资金和技术，一般选择小乔木及花灌木等投资回收快、对技术要求不高的产品类型，进出壁垒都较低。经营上往往盲目跟风，抵御市场风险能力较差。随绿化市场容量和质量的双向演变影响，部分无产品和销售渠道优势的个体经营者极易被市场淘汰。

（4）家庭园艺企业　这种经营方式在发达国家已经取得成功，但在我国还处在探索阶段。此类企业特点是消费季节性明显，消费人群特定性强，定位精细，企业注重销售渠道和终端销售模式的探索。受国民消费水平和消费观念影响，家庭园艺、庭院经济还未有充足的市场空间，此类企业现阶段首要任务是国内目标消费市场的培育。另外，进入园艺超市、园艺中心的苗木产品规格和质量有特定及较高要求，包括配套产品在内的供应商对接度不高，供应链管理也是此类企业的经营重点。

（四）电子商务

电子商务在我国的快速发展已经有目共睹，园林苗木业应用电子商务也是大势所趋。目前苗木主产区政府部门、花木城、花卉协会、产业合作社以及大型园林公司已经在进行电子商务应用的有益探索。园林苗木的非标准化、活体生物资产、物流成本高等特点是其实现在线交易的难点，但是随着全行业电子商务的应用，这些难点有望通过其他方式化解。

随着电子商务在园林苗木业的深度应用，必将会给园林苗木业乃至整个园林行业带来爆发性的变革和突破性的发展。

电子商务可以产生大量的交易数据，对于数据的开发和应用，有助于提升苗圃的管理水平。如苗木的销售价格和库存信息大数据，园林设计师将会根据苗木的库存数量和状态以及历史交易价格设计出可执行的园林景观规划图；施工单位可以根据这些数据改进招投标环节；苗圃生产单位在进行生产规划时，可以根据大数据统计出主流品种的价格波动曲线，以及主流规格段的价格波动曲线，结合对竞争对手数据的分析，比较容易进行种植规划决策。

电子商务对于苗木的营销渠道也将产生重要影响，传统的苗木销售主要通过现场展示营销以及人际关系营销，苗圃业主需要在交通便利的地方建设苗圃或者在花木城高价租门店展示苗木，维系人际关系也将耗费大量的时间和接待成本。电子商务应用后，苗圃的展示渠道主要依靠在线网络，采购方从依靠人际关系进行采购决策转为依靠苗木的性价比和卖家的服务水平，对于诚信经营的苗圃业主将会是利好消息。

电子商务的诚信交易数据对于金融机构支持苗圃业主进行融资贷款也会起到重要的推动作用。如交易记录有助于提升苗圃业主在银行的信用记录，苗圃的资产评估有助于获得苗木抵押融资，从而解决苗圃发展过程中的资金短缺困境。

三、园林苗圃学相关学科

园林苗圃学是研究园林植物种子、种球、苗（木）生产、繁殖、培育的理论和技术的科学。园林植物苗木生产的目标是快速、规模化生产出品种纯正、发育良好的健康苗木，全面实现园林植物苗木产业的社会效益、生态效益和经济效益。园林苗圃学是以生物学、园艺学和农业设施科学等为基础的一门综合性课程。

园林苗圃学涉及的学科有：与植物生长发育基础知识相关的，如化学、植物学、植物生理学等学科；与园林植物繁育知识和专业技能相关的，如园艺学、园林树木学、遗传学、植物育种学、土壤肥料学、植物保护学等学科；与环境调控和工厂化育苗知识相关的，如物理学、生态学、气象学、农业设施与机械、计算机科学等学科；以及与苗木企业经营管理相关的学科。

四、园林苗圃学课程的学习方法与要求

园林苗圃学课程的任务是使园林专业、观赏园艺专业（方向）的学生熟悉园林植物种子、种球、苗（木）生产、繁殖、培育的基本理论和常规生产技术；掌握园林植物苗木科研的基本方法和种苗生产的基本技能；了解园林植物苗木生产新理论、新技术、新设备、新机具和新材料的研究成果。

园林苗圃学课程的主要内容有：园林苗圃地的规划、建设与经营，园林植物播种生产，营养繁殖生产，绿化标准苗生产，容器苗生产。同时，介绍了华南地区的主要园林植物。其主要特点是较为系统地阐述园林植物苗木繁育的基本原理和方法；介绍国内外园林苗木生产的新技术、新设施（设备、器具和基质等）、新工艺，以及最新理论和技术的研究成果；以现代园林苗木企业的生产实例阐述园林苗木现代化生产的流程和技术应用。

园林苗圃学是一门应用性课程，在具备一定基础课程知识的前提下，学好园林苗圃学课程应做到以下两方面。

首先，从园林苗木繁育的基础理论到种苗规模化生产运作，循序渐进地了解和掌握种苗繁育各主要环节的知识点：①掌握园林苗木繁育基础知识，如苗圃地选择、种子繁育、常规营养繁殖等的基本理论，以及这些繁育技术的基本原理。如园林苗圃的规划与建设，从圃地的环境入手论述了园林苗圃地的要求，以及正确选择、规划和建设的基本原则与方法，因地制宜选择和建设苗圃是降低种苗生产（储运）成本、减灾防灾、提高效益的基础。②了解常用园林植物种苗繁育的特性，善于总结和归纳共性，了解各类园林植物优质种苗繁育的特异性，初步掌握园林苗木繁育的技术方案、生产流程和注意事项。③掌握环境控制的理论和设施控制技术要领，学习和了解容器苗生产等园林种苗现代设施工厂化生产的特点。④通过实习，了解园林种苗繁育的规模生产要求，以及市场流通特点与趋势。

其次，应掌握正确的学习方法：①理论联系实际，实践验证理论，成功的种苗生产实践积累将促进种苗繁育理论的进一步发展。要学好园林苗圃学，实践操作和技能学习十分重要，只有结合实践的学习才能真正掌握园林苗木繁育的原理与技术。②动手、动脑、多看、多问。园林苗木生产涉及生物学、机械工程学和环境控制等科学，因此应借鉴相关学科的研究成果，扩大视野，综合运用多学科知识，力争做到举一反三，触类旁通，提高理解和运用交叉学科知识的水平，以及分析问题和解决问题的能力。③了解和掌握国内外园林苗木生产理论、技术、设施的研究成果，尤其是及时了解园林苗木生产发达国家的良种、设施、机械、技术等方面的进展，提高创新能力。

第一章　园林苗圃的规划与建设

新建园林苗圃，规划先行。苗圃的定位与选址，苗圃的规模与经营策略都必须慎重决定。现代苗圃的规划建设要考虑我国经济社会的发展，采用先进的技术和设备设施，更新管理理念。成功组建一个苗圃需要大量土地、设备的投资，需要了解政府制定的相关法律和规定，还需要组建有效率的运营团队，经验是非常关键的因素，有苗圃从业经验者对于建圃更具优势。选址之前，应考虑和衡量各方面的因素；听取农业资产经纪人、土壤学、园艺学、昆虫学、病理学、水资源和相关领域专家的建议；争取地方农业协会、国土局和当地高校专家的支持。

第一节　园林苗圃定位与选址

一、园林苗圃的分类

近几年，随着国民经济的高速增长、现代园林城市建设步伐的加快、人们对城市绿化、美化效果和景观质量的要求不断提升，对绿化苗木的需求空间日益扩大，园林苗圃建设进入快速扩张时期，逐步呈现规模化、多样化、现代化、专业化的发展趋势。按照不同角度，园林苗圃有4种分类方式。

(一) 按照面积分类

1. 大型苗圃　大型苗圃面积在 $20hm^2$ 以上。苗木品种齐全，生产技术和管理水平高，拥有先进设施和大型机械设备，生产经营期限长。

2. 中型苗圃　中型苗圃面积为 $3\sim20hm^2$。苗木品种多，生产技术和管理水平较高，设施先进，生产经营期限长。

3. 小型苗圃　小型苗圃面积为 $3hm^2$ 以下。苗木品种较少，规格单一，生产经营期限不固定，随市场需求变化调整生产苗木种类和品种。

(二) 按照经营模式及发展方向分类

1. 生产性苗圃　生产性苗圃作为长期战略发展需求，选择生产和储备具有应用前景的苗木种类与品种，并定向培养适合的规格。以生产地栽苗为主，一般为10年以上的生产储备期。选择土地成本和劳动力成本低的乡村地区建圃。先期投入大，经营成本高。生产技术和管理水平成熟。

2. 流转性苗圃　流转性苗圃作为苗木的中转地，选择运输方便的市区或郊区，就近供应所在城市绿化用苗。苗木流转速度快，生产周期短，以容器苗为主，需配备假植场，对生产技术和管理水平要求更高。

3. 综合性苗圃　综合性苗圃是生产性苗圃与流转性苗圃两者的结合。

（三）按照育苗种类分类

1. 专类苗圃　专类苗圃面积一般较小，生产苗木种类单一。培育少数几种或者一类苗木。

2. 综合苗圃　综合苗圃多为大、中型苗圃，生产的苗木种类齐全，规格多样化，设施先进，生产技术和管理水平较高，经营期限长，技术力量强，并将引种试验与育种研发工作纳入其生产经营范围。

（四）按照经营期限分类

1. 固定苗圃　固定苗圃规划建设使用年限通常在 10 年以上，面积较大，生产苗木种类较多，机械化程度较高，设施先进。大、中型苗圃一般都是固定苗圃。

2. 临时苗圃　临时苗圃通常是在接受大批量育苗合同订单、需要扩大育苗生产用地面积时设置的苗圃。经营期限仅限于完成合同任务，之后往往不再继续生产经营园林苗木。

二、园林苗圃的定位

建立园林苗圃前应根据实际情况及发展需要，对拟建园林苗圃的类型、数量、位置、面积、功能进行科学定位。既要考虑拟建苗圃的合理性、实用性、影响力、投资大小及其回报率、回报时间，还要考虑市场定位、发展方向以及后期产出值等重要指标。因此园林苗圃的定位应该具有合理性、可行性和前瞻性。

（一）苗圃类型及规模选择

根据市场需求、自身优势、发展需求、资金等因素确定苗圃的类型。如果企业用苗量大而集中，且资金充足，可以选择建设固定、大型、综合性苗圃。如果是新开拓区域，则可建设临时、流转性、小型苗圃。

根据已有地块范围确定规模，进行苗木种植规划，面积较大时可进行分期规划，每期种植面积可根据投资额确定。

（二）树种及品种选择

树种及品种的选择是苗圃经营的基础。根据植物观赏性、需求量、发展前景等因素慎重考虑，切勿跟风，应有一定的前瞻性，也就是说种植那些能适应将来发展趋势的种类与品种。一般来说，应以本地的优良绿化观赏植物为主，引入国外或外地新优品种为辅。同时，在引种时应特别注意引入品种的生活习性和生态适应性，以防止不必要的损失。

随着苗木业的不断发展，经营苗圃竞争越来越激烈，苗圃的生产方式必定向着专业化、规模化发展。地区性苗圃进行专业化生产的同时，带动了整个苗木行业的规模化生产。在投资筹建苗圃时，应确定专业化的发展方向，以少数几种苗木为主，切不可"小而全"，否则难以形成规模，也难以快速进入市场。

苗木生产要考虑长期与短期相结合。大规格乔木占地面积大，培育时间长，资金周转慢，投入成本高，但其是园林绿化不可缺少的种类，利润高。一般为大中型苗圃的主营项目，可作为长线品种生产储备。而一些繁殖养护周期短、繁殖率高、技术要求简单的苗木可作为短线品种生产，资金回收快，但易供过于求，风险大。

三、园林苗圃选址

苗圃的位置对经营成败影响很大。土壤、水源、可用劳动力、便利的交通以及环境条件都是苗圃选址的要素,各项因素都要考虑,且要衡量其对整体的影响。这些因素可归纳为4个方面:生态因素、经济因素、社会因素和生物因素。

(一) 生态因素

1. 气候 无论地栽还是容器种植,较长的生长季、温和的气候以及充足的降水量对于苗木生产都是非常有利的。应选择不易出现风灾和冰点以下低温的区域,避免选择经常出现极端温度,尤其是温度急剧增减或出现大风、冰雹等天气的地方。

2. 地形 苗圃应选择排水良好、地势较高且地形平坦的开阔地带。坡度以1°~3°为宜,坡度过大易造成水土流失,降低土壤肥力,同时不便于耕作和灌溉。在坡度较大的山地育苗时,应注意选择适宜的坡向。就华南地区而言,山地如有灌溉条件,选东南坡较好,冬季不受西北风危害;山地育苗时应修水平梯田。容易积水的洼地、重盐碱地、寒流汇集地或风害严重的风口地带,不宜选作苗圃用地。

3. 土壤 容器苗的栽培基质通常是人工混合的,因此,土壤不是此类苗圃的关键因素,但排水性和运输能力等因素很重要,应尽量将所选地址的环境条件对容器苗生产的影响降到最低。选择土壤渗透性低的地方以减少地下水污染的可能性,也可以增加地表水的储水效率。容器苗苗圃不应建在市政管辖区或公共水源附近。容器苗苗圃需要河沙、泥炭、水源、肥料、容器等资源的稳定供给,且价格合理。

地栽苗的土壤类型选择视生产的苗木种类而定,宜选用石砾含量少、土层深厚、土壤肥力较高的土地作苗圃。沙质壤土是较理想的土壤类型,适合多数树种生长。轻壤土和壤土也可以选用,它的养分含量比沙质壤土高,具有较好的水、肥、气、热条件和良好的耕作性能。沙土结构过于疏松,养分含量低,保肥力低,保水力差,苗木移植时土球易散开,夏季地表温差变化大,容易灼伤幼苗,不宜选用。黏土养分含量高,但结构紧密,通气性和排水性均差,有碍根系生长,雨后泥泞,土壤易板结,过于干旱易龟裂,耕作困难,不宜选用。

大多数木本植物生长的适宜pH为5.0~7.2,苗圃土壤的推荐pH也应接近或在此范围内。土壤pH应低于7.2,否则pH很难调低,且成本过高。酸性土壤可以用生石灰调节pH,成本相对较低。

4. 水分 理想的苗圃,水源方面应确保在整个苗木种植及生长季节都有充足的降水量,而在起苗和运输过程中雨量尽量减少。考虑到实际情况,苗圃最好建在尽可能接近固定水源的地方。

水源的获取主要从市政水系统或溪流、河流、水塘、湖泊或水井,碱性水、含盐量过高的水或工业废水等对苗木生长不利。用于幼苗和幼树移植的灌溉水所含的固体不溶物应少于0.02%。大型地栽苗苗圃或容器苗苗圃的苗木需水量可能是此数量的2~3倍。可以用溶解度来衡量此指标。25℃时,溶解度0.3 mS/cm相当于含有0.02%的固体不溶物。含钙量超过0.05%的灌溉水可能会提高土壤的pH,对植物的生长非常不利。

除了苗木水资源的供应,还应考虑员工安全用水的供应。在苗圃选址最终确定之前,应向相关部门咨询水源利用权等相关国家法律,确定准许进行井水抽取的文件证明并确定水资源使用权是否随土地所有人的更改而变动。

5. 空气 苗圃选址还应考虑空气质量。被二氧化硫(SO_2)、氟化物(如HF)、臭氧(O_3)和光化学烟雾(阳光和污染物的交互作用产生)污染的环境不宜建立苗圃,这些污染物主要由工业、汽车运输和电力生产产生。苗圃宜建在可能导致潜在污染工业区的逆风向地区，或者光化学烟雾不集中的区域。

土壤、水源、空气污染已经成为苗圃苗木生产的问题之一，在一些区域最好在苗木买卖前取得一份关于土壤和水资源的环境评估报告。评估服务作为买方的保障，要求卖方产品的土壤不含污染物。评估机构也要求买方杜绝土壤或水污染，以防卖方的产品销售后受到污染。为了获取贷款或提高产品质量，评估是有必要的。环境评估可以向专业的水土质量检测机构咨询，他们与环境和公众健康息息相关。

(二) 经济因素

1. 土地 土地原始成本往往是租地建圃的决定性因素之一。通常大型苗圃无法承担高额的土地成本，可根据自身的经济实力和对市场的判断，选择合理地点，综合考虑土地租金费用。

2. 劳动力 园林建设和苗圃生产需要大量劳动力，因此必须确保其来源。苗圃运营的季节性特征导致劳动力需求的流动性很大。由于季节性需求，部分地区会雇用技术生手，有些可能不是本地人；有些苗圃雇用兼职的高校学生、退休人员、家庭主妇；还有些种植者也会分包部分生产流程（例如起苗和包装）或者使用一些机械化操作来代替人工。除了体力工，苗圃也需要增加技能型工人（如扩繁工人、病虫害综合防治管理者等）以及管理人员。苗圃管理者应该大力支持职业中学、技校、高校培养苗圃专业技术人才，为学生实习实践提供方便。

3. 设备 所有的设备都需要电源，各种设备情况有所不同。电灯和作业设备需要单相电源，主要包括灌溉水泵、冰箱、封装机、电脑、打印机等。大型设备操作（如泥土搅拌机、浇灌机）需要三相电源。如果三相电源不靠近苗圃所在地，其引入成本很高，苗圃选址时需仔细考察。

高效的运输设备对大多数苗圃十分重要。由于卡车是我国苗木运输最主要的形式，而地区道路常有载重限制，因此苗圃选址时应该注意道路限重能否满足苗木正常运输的需要。

宜将苗圃定位在方便运输的公路或高速公路附近，不宜建在小公路或未铺装公路附近等运输困难的地方。潜在交通能力及未来 5~10 年的自然运输增长量是在建圃租地时需重点考虑的因素。

4. 竞争 面向局部地区销售市场的苗圃，建圃之前应该考虑竞争因素，对同质竞争的出现及数量增长应做仔细调查。应该预先提出："在有竞争力的价格基础上我们能提供什么样的服务或产品以满足客户需求？其他苗圃是否也能提供同类服务？"但对拟在大型苗木集散地附近建圃的苗木种植者来说，竞争不是主要问题。种植者可以跟其他苗圃合作使用苗圃专项设备、劳动力资源或者集中安排运输。

(三) 社会因素

人口增长、健康状况和休闲生活都对苗木产品有更大的需求。但这些因素因区域不同而差异很大，苗木种植者必须了解相关趋势。生活方式和消费背景可能影响产品和服务的被接受程度以及产品的交易方式。

租地、建圃或更新现有设备之前，应该与城镇相关工作人员交流以明确有关地区限制、建筑规范、建筑许可证、营业执照等方面的规定。国家法律和地方法规可能禁止或限制在特定地点建苗圃和园艺中心。

(四) 生物因素

各种生物因素包括各类致命虫害、病害以及杂草危害,应该提前进行调查。另外,在部分地区牲畜会大量破坏苗木,也被视为一种危害。各地的农业协会可提供所在地区近期的病虫害信息。推广专家和当地的高校可提供病虫害防控治理措施。

第二节 园林苗圃规划设计

苗圃的组建和土地利用均应提前规划,苗圃最优质的土壤和最佳位置用于苗木种植。每个环节都应采取最佳的生产方式,以保证出圃苗木的质量,同时确保种植、养护和销售等环节劳动力资源的有效利用。这就需要通过详细规划苗圃布局实现。

一、园林苗圃面积计算

苗圃用地面积必须进行科学合理的计算,使土地利用最大化。园林苗圃用地一般包括生产用地和辅助用地两部分。生产用地指直接用于培育苗木的地块,包括播种繁殖区、营养繁殖区、苗木移植区、大苗培育区、设施育苗区、采种母树区、引种驯化区等所占用的土地及暂时未使用的轮作休闲地,占苗圃总面积的75%~85%。辅助用地又称非生产用地,是指苗圃的管理区建筑用地、苗圃道路、排灌系统、仓库建筑等土地,面积占苗圃总面积的15%~25%。

1. 生产用地面积计算 生产用地面积要根据计划培育树种的年计划产苗量、出圃年限、苗木规格要求及质量标准、单位面积产量、育苗方式等因素进行计算。计算公式如下:

$$P = NA/n$$

式中:P——某树种所需育苗面积;

N——该树种的年计划产苗量;

A——该树种的培育年限;

n——该树种的单位面积产苗量。

由上述公式计算的面积为理论值。在实际工作中,苗木会有一定的报损率,不同树种生长习性及适应能力不同,其死亡率也不同,一般为3%~5%。所以,要根据该树种的一般报损率增加每年的计划产苗量,以增加计划种植面积。

由上述公式可以计算某一树种育苗所需要的面积,各树种所需面积的总和就是全苗圃的生产用地总面积。

2. 辅助用地面积计算 道路面积=路宽×路长,加上其他辅助用地面积,总和即为辅助用地面积。苗圃辅助用地面积一般不超过总面积的15%~25%,大型苗圃辅助用地一般占15%~20%,中、小型苗圃一般占18%~25%。依据适度规模经营原则,应减少小型苗圃建设数量,特别是不要建设综合性的小型苗圃,以提高土地利用效率。有些小型苗圃为增加生产用地比例而削减道路、渠道等必要的辅助用地,会给生产管理带来不便,间接增加生产成本,是不可取的。

二、园林苗圃规划设计准备工作

1. 踏勘 在规划设计之前,到已确定的圃地范围内进行实地踏勘和调查访问工作,了解圃地的现状、地势、土壤、植被、水源、地下水位、病虫害、历年旱涝、地权地界、历史、交通、周边环境、人力资源、人文民风等情况，形成初步苗圃建设评估书。

2. 土壤调查　土壤状况是合理区划苗圃辅助用地和生产用地等区域的重要依据。进行土壤调查时，应根据圃地的地形、地势、指示植物的分布，选择典型地域挖掘土壤剖面，调查土层厚度、地下水位等各种情况，并取样进行土壤成分分析。分析项目包括土壤有机质、速效养分（氮、磷、钾）含量、土壤质地、pH、含盐量及含盐种类等的测定。条件允许的情况下应充分调查圃地土壤种类、分布情况、肥力状况等，绘制土壤分布图，以便合理使用土壤。

3. 病虫害及附近植被状况调查　主要是调查圃地、周围植被常见病虫害种类及感染程度和地下害虫危害情况。调查地下害虫时，可以采用抽样法，每公顷挖样方土坑10个，每个面积0.25m^2，深10cm，统计害虫数目及种类。

4. 绘制地形图　地形图是进行苗圃规划设计的重要参考依据。地形图的比例尺要求为1/500～1/2 000，等高距为20～50cm。与设计相关的各种地形及地物等应尽量绘入图中，重点是高坡、水面、道路、建筑等。土壤分布及病虫害情况也应在地形图中标注清楚。

5. 气象资料的收集　掌握当地气象资料不仅是进行苗圃生产管理的需要，也是进行苗圃规划设计的需要。如各育苗区设置的方位、防护林的配置、排灌系统的设计等，都需要气象资料作依据。因此，有必要向当地的气象台或气象站详细了解有关的气象资料，如全年及各月份平均气温、绝对最高和最低气温、土表及50cm土深的最高和最低温度、年降水量及各月份分布情况、最大一次降水量及降水历时数、空气相对湿度、主风方向、风力及旱涝状况等。此外，还应详细了解圃地的特殊小气候等情况，特别是台风的影响。

三、园林苗圃规划设计

苗圃规划要考虑其合理性、实用性、前瞻性、可持续性，根据各种客观因素，如地势、土壤情况、病虫害等情况，合理布局。根据培育苗木的种类、数量和种植面积，以及苗圃地不同立地条件和管理便利，将圃地分成不同区域即作业区。同时，还应考虑生产与景观生态相结合，做到可持续发展。

（一）生产用地的区划

1. 作业区的设置

（1）作业区的定义　作业区可视为苗圃育苗的基本单位，是根据耕作的需要划分的。如一个苗木生产区的面积过大时，可将其划分为几个作业区。一般以排水沟或者道路作为界限。为了方便管理，一个作业区只栽植一个主要树种，有必要时可以间种和套种其他次要树种。

（2）作业区的规格　每个作业区的面积和形状，应根据各自生产特点、苗圃地形或者机械化程度决定。一般机械化程度高的大型苗圃，小区可呈长方形，长度视使用机械的种类而定，如中小型机具200m，大型机具500m。小型苗圃作业区划分应灵活，以50～100 m为宜。作业区的宽度根据土壤质地、排水情况而定，排水良好则较宽，同时要考虑喷灌、机械喷雾、机具作业等要求的宽度。如生产大规格苗木时，要考虑常用吊机吊臂的长度。作业区的方向应根据苗圃地的地形、坡向、主风方向和圃地形状等因素综合考虑。坡度较大时，应修建梯田作业。作业区的长边应与等高线平行。一般情况下，作业区长边最好采用南北向，使苗木受光均匀，有利于苗木生长。

2. 作业区的类型

（1）播种繁殖　播种繁殖区是培育播种苗的作业区。由于播种苗在幼苗期对不良环境条件抵抗力弱，管理要求精细，需要及时灌溉。因此，播种区应设在苗圃内自然条件、经营条件最有利的地段。地势较高而平坦，坡度小于2°；靠近水源，便于灌溉；土质优良，深厚肥沃，通气性良好；背风向阳，防霜冻。如果是坡地，则应选择最好的坡向。

（2）营养繁殖　营养繁殖区是培育扦插苗、压条苗、分株苗和嫁接苗的作业区。应将其设置在土层深厚、地下水位较高、排灌方便的地区。硬枝扦插苗区要考虑灌溉和遮阴条件，嫩枝扦插育苗需要插床、遮阴棚等设施，可将其设置在设施育苗区。嫁接苗区需要先培育砧木播种苗，应选择与播种繁殖区相当的自然条件好的地段。压条和分株育苗的繁殖系数低，育苗数量较少，不需要占用大面积的土地，通常利用零星分散的地块育苗。

（3）移植区　移植区是为培育移植苗而设置的生产作业区。由播种繁殖区和营养繁殖区繁殖出来的苗木，需要进一步培养成较大规格的苗木时，则应移入苗木移植区培育。依据培育规格要求和苗木生长速度的不同，需要逐渐扩大株距、行距，增加营养面积。苗木移植区要求面积较大，地块整齐，土壤条件中等。可以根据苗木的生态习性，选择合适的地块建立作业区。如喜湿润土壤的苗木种类，可设在低湿地段；而不耐水渍的苗木种类，则应设在较高燥而土壤深厚的地段。进行裸根移植的苗木，可以选择土质疏松的地段栽植；而需要带土球移植的苗木，则需选择较干燥而土壤深厚的地段。

（4）大苗区　大苗区是为培育根系发达、有一定树形、苗龄较大、可直接出圃用于绿化施工的大苗而设置的生产作业区。定向培育成合适规格的苗木，如树冠、形态、干高、干粗等指标达到高标准的大苗。大苗区的特点是株行距大，培育的苗木大，规格高，根系发达，所占面积大。在园林苗圃的规划设计中，应充分考虑大苗区对面积的需求，将其分布在苗圃四周靠近移植区和交通主干道，以利于苗木的外运。大苗的抗逆性较强，对土壤要求不太严格，以土层深厚、地下水位较低的整齐地块为宜。

（5）假植　假植区是为培育容器苗、假植苗而设置的作业区。生产大型观赏植物容器苗，满足非季节性绿化施工需要。由于与田间栽培不同，不用考虑土壤的结构、肥力等因素，可充分利用废弃地，以缓坡、排水良好、交通便利、靠近水源以保证生长用水的地块为宜。

（6）母树区　母树区是为获得优良的种子、插条、接穗等繁殖材料而设置的生产区。母树区占地面积小，可利用零散地块以及防护林带和沟、渠、路的旁边等处栽植。但要求土层深厚、肥沃，地下水位较低。

（7）引种驯化区　引种驯化区用于栽植从外地引进的园林植物新品种，观察其生长、繁殖、栽培情况，从中选育出适合本地区栽培的新品种。应设置在地形和土壤比较复杂的地段，并使引进的苗木尽可能在与原产地条件相似的地方生长。小型苗圃可不设此区。

（8）其他育苗　其他育苗区根据具体任务、要求决定。如温室区用于培育不能露地栽培、需要稳定环境过渡的苗木，或者是反季节育苗。

（二）辅助用地的设计

苗圃辅助用地包括道路系统、排灌系统、防护林带、管理区等，辅助用地是为苗木生产服务所占用的土地，又称为非生产用地。辅助用地的设计与布局，既要满足苗木生产和经营管理上的需要，又要少占土地。

1. 道路系统的设计 苗圃道路包括主路、支路、步路。大型苗圃还应设置环路。

（1）主路 主路也称主干道。一般设置于苗圃的中轴线上，应连接管理区和苗圃出入口，能够通行载重汽车和大型耕作机具。通常设置1条或相互垂直的2条主路，设计路面宽度一般为6~8 m，其标高应高于耕作区20cm。

（2）支路 支路也称副道、支道，是一级路通达各作业区的分支道路，应能通行载重汽车和大型耕作机具。通常与一级路垂直，根据作业区的划分设置多条支路，设计路面宽度一般为4~6m，标高应高于耕作区10cm。

（3）步路 步路也称步道、作业道，是作业人员进入作业区的道路，与支路垂直，设计路面宽度一般为2~4m。

（4）环路 环路也称环道，设在苗圃四周防护林内侧，供机动车辆回转通行使用，设计路面宽度为4~6m。

大型苗圃和机械化程度高的苗圃注重苗圃道路的设置，通常按上述要求分三级设置。中、小型苗圃可少设或不设二级路，环路路面宽度也可相应窄些。路越多越方便，但占地多，一般道路占地面积为苗圃总面积的7%~10%。

2. 灌溉系统的设计 苗圃必须有完善的灌溉系统，以保证苗木对水分的需求。灌溉系统包括水源、提水设备、引水设施三部分。

（1）水源 水源分为地表水和地下水两类。

①地表水：指河流、湖泊、池塘、水库等直接暴露于地面的水源。地表水取用方便，水量丰沛，水温与苗圃土壤温度接近，水质较好，含有部分养分，可直接用于苗圃灌溉，但需注意监测水质有无污染，以免对苗木造成危害。采用地表水作为水源时，选择取水地点十分重要。取水口的位置最好选在比用水点高的地方，以便能够自流给水。如果在河流中取水，取水口应设在河道的凹岸，因为凹岸一侧水深，不易淤积。河流浅滩处不宜选作取水点。

②地下水：指井水、泉水等来自于地下透水土层或岩层中的水源。地下水一般含矿化物较多，硬度较大，水温较低，应设蓄水池以提高水温，再用于灌溉。取用地下水时，需事先掌握水文地质资料，以便合理开采利用。钻井开采地下水宜选择地势较高的地方，以便自流灌溉。钻井布点力求均匀分布，以缩短输送距离。

（2）提水设备 提取地表水或地下水一般均使用水泵。选择水泵规格型号时，应根据灌溉面积和用水量确定。一般使用40kW的潜水泵，1口机井能满足30hm^{2}地栽苗灌溉用水。

（3）引水设施 引水设施有地面渠道引水和地下管道引水两种。

①地面渠道引水：修筑渠道是沿用已久的传统引水形式，只适用水资源丰富且稳定的地区。土筑明渠修筑简便，投资少，但流速较慢，蒸发量和渗透量较大，占用土地多，引水时需注意管护和维修。为了提高流速，减少渗漏，可对其加以改进，如在水渠的沟底及两侧进行硬化处理。

地面渠道一般分为三级，即主渠、支渠和毛渠。主渠从水源直接将水引出，一般主渠顶宽1.5~2.5m。支渠将水从主渠引向各作业区，一般支渠顶宽1~1.5m。毛渠直接进行作业区灌溉，一般宽度1m。主渠和支渠的渠底应高出地面，毛渠的渠底应与地面平。以免把泥沙冲入苗床，埋没幼苗。中小型苗圃可只设两级渠道。

各级渠道的设置常与各级道路相协调，可使苗圃的区划整齐。支渠与主渠垂直，毛渠与支渠垂直，同时毛渠应与苗木种植行垂直，以便灌溉。灌溉渠道还应有一定的坡降，以保证一定的水流速度。一般坡降为1/1 000～4/1 000，水渠的边坡采用45°为宜。落差过大时，应设置跌水构筑物。通过排水沟和道路时可使用渡槽或虹吸管。引水渠道占地面积一般为苗圃总面积的1%～5%。

②地下管道引水：地下管道引水是将水源通过埋入地下的管道引入苗圃作业区进行灌溉的形式，可实施喷灌、滴灌、渗灌等节水灌溉技术。主管和支管均埋入地下，其深度以不影响机械化作业为宜，一般埋入20～50cm。开关设在地面，使用方便。虽然投资较大，但在水资源匮乏地区尤为关键，且管道引水不占用土地，也便于田间机械作业。喷灌、滴灌、渗灌等灌溉方式比地面灌溉节水效果显著，灌溉效果好，节省劳力，工作效率高，能够减少对土壤结构的破坏，保持土壤原有的疏松状态，避免地表径流和水分的深层渗漏。

喷灌是通过地上架设喷灌喷头将水射到空中，形成水滴降落地面的灌溉技术。喷灌节省用水，容易控制灌溉量；灌溉效果好，不破坏土壤结构，土壤不板结，能防止水土流失；不受地形限制，喷灌均匀；工作效率高，节省劳力；设备占地少；能提高土地利用率。喷灌系统分为固定式、半固定式、移动式3类。固定式喷灌需铺设地下管道和喷头装置，还要配置动力设备、水泵、过滤器、泄压阀、逆止阀、水表、压力表等设备。半固定式喷灌采用人工地面管道和喷头灌溉，比较麻烦。移动式喷灌采用喷灌机移动进行喷灌。半固定式喷灌和移动式喷灌投资较少，但要花费较大人力，常用于中小型苗圃。

滴灌是通过铺设于地面的滴灌管道系统把水输送到苗木根系生长范围的地面，从滴灌滴头将水滴或细小水流缓慢均匀地施于地面，渗入植物根际的灌溉技术。能减少水分的蒸发消耗，苗木对水分的利用率高，是最省水的方法，在干旱地区尤为适用。而且能保持土壤通气良好，有利于苗木生长。滴灌系统造价高，投资较大，滴头和管道容易淤塞。

渗灌是通过埋设在地下的渗灌管道系统，将水输送到苗木根系分布层，以渗漏方式向植物根部供水的灌溉技术。

比较上面三种节水灌溉技术的节水效率，渗灌和滴灌优于喷灌。喷灌在喷洒过程中水分损失较大，尤其在空气干燥和有风的情况下更严重。但由于园林苗木培育过程中经常需要移植，不适宜采用渗灌和滴灌。因此，喷灌是园林苗圃中最常用的节水灌溉形式。

3. 排水系统的设置　地势低、地下水位高、降水量大且集中的地区应重视排水系统的建设，如华南地区。排水沟有明沟和暗沟两种。暗沟可减少占地面积，造价高，目前大多数采用明沟，分为大排水沟、中排水沟、小排水沟三级。排水沟的宽度、深度和设置要考虑苗圃的地形、土质、雨量等因素。排水沟的坡降略大于渠道，一般为3/1 000～6/1 000。大排水沟应设在苗圃最低处，直接通入河流、湖泊等；中小排水沟通常设在路旁；作业区内的小排水沟与步道相结合。在地形、坡向一致时，排水沟与灌水渠往往各居道路一侧，形成沟、路、渠整齐并列格局。排水沟与路、渠相交处应设涵洞或桥梁。一般大排水沟宽1m以上，深0.5～1.0m；耕作区的小排水沟宽0.3m，深0.3～0.6m。

苗圃四周宜设置较深的截水沟，防止苗圃外的水侵入，并且具有排除内水、保护苗圃的作用。排水系统占地面积一般为苗圃总面积的1%～5%。

4. 防护林的设计　华南地区台风频繁，设置防护林带可避免苗木遭受台风危害，降低风速，减少地面蒸发及苗木蒸腾，创造适宜苗木生长的小气候条件。防护林带的规模依苗圃大小和台风危害程度而定。一般小型苗圃，在迎风面与主风方向垂直营造一条林带即可；中型苗圃在苗圃四周设置林带；大型苗圃除周围林带外，还应在圃内设辅助林带。辅助林带与圃内道路、沟渠相结合，与主风方向垂直。如果不垂直，偏角不得超过30°。一般防护林的防护范围是树高的15～17倍。

防护林带的结构以乔、灌木混交半透风式为宜，既可降低风速，又不因过分紧密而形成回流。林带宽度和密度依苗圃面积、气候条件、土壤和树种特性而定。一般主防护林带宽8～10m，株距1～1.5m，行距1.5～2m；辅助防护林带一般为1～4行乔木。

林带的树种应尽量选用适应性强、生长迅速、树冠高大的乡土树种。同时也要注意速生和慢长、常绿和落叶、乔木和灌木、寿命长和寿命短的树种相结合。也可结合栽植采种、采穗母树和有一定经济价值的树种，如用材、蜜源、油料、绿肥等，以增加收益。但应注意不要选用苗木病虫害的中间寄主树种和病虫害严重树种。

苗圃防护林带占地面积一般为苗圃总面积的5%～10%，没有台风影响的地区可适当降低比例或不构建防护林。

5. 管理区的设计　园林苗圃管理区包括办公室、宿舍、食堂、仓库、种子储藏室、工具房、机动车库等，应设在交通方便、地势高燥、接近水源、电源的地方或不便于育苗的地方。大型苗圃的管理区最好设在苗圃中央，以便于经营管理。中、小型苗圃办公区、生活区一般选择在靠近苗圃出入口的地方。堆肥场等则应设在较隐蔽但便于运输的地方。一般管理区占地面积为苗圃总面积的1%～2%。

四、园林苗圃规划项目方案书编制

园林苗圃规划项目方案书包括总论、设计图、施工方案书。

1. 总论　总论编写内容包括苗圃的具体位置、界限、面积；育苗的种类、数量、出圃规格、苗木供应范围；苗圃的灌溉方式；苗圃必需的建筑、设施、设备；苗圃管理的组织机构、工作人员编制；苗木生产计划；项目成本预算等。同时应有苗圃建设任务书和各种有关的图纸资料，如现状平面图、地形图、土壤分布图、植被分布图等，以及其他有关的经营条件、自然条件、当地经济发展状况资料等。

2. 设计图　以苗圃地形图为底图，在图上绘出主要道路、渠道、排水沟、防护林带、场院、建筑物、生产设施构筑物等。根据苗圃的自然条件和机械化条件，确定作业区的面积、长度、宽度、方向。根据苗圃的育苗任务，计算各树种育苗需占用的生产用地面积，设置好各类育苗区。按照地形图的比例尺，将道路、沟渠、林带、作业区、建筑区等按比例绘制在图上，排灌方向用箭头表示。在图纸上应列图例、比例尺、指北方向等。各区应编号，以便说明各育苗区的位置。

设计内容包括苗圃的面积计算：各树种育苗所需土地面积计算、所有树种育苗所需土地面积计算、辅助用地面积计算。

苗圃的区划说明：作业区的大小、各育苗区的配置、道路系统的设计、排灌系统的设计、防护林带及防护系统（围墙、栅栏等）的设计、管理区建筑的设计。

育苗技术设计：培育苗木的种类及繁殖方法、各类苗木栽培管理的技术要点等。

3. 施工方案书　施工方案书包括施工组织、进度安排和种植计划，合理安排时间、工序和各种机械进场的顺序等。

第三节 园林苗圃建设

园林苗圃的建设需按照规划项目方案书进行，合理组织和协调分工是按时保质完成建设的关键，也为后续苗圃经营打下良好的基础。

（一）水、电、通信的引入和建筑工程施工

水、电、通信是搞好基建的先行条件，应最先安装引入。偏远山区没有自来水供应可打井供水饮用。如果电力不稳定，应购置或租用发电机以保证电力供应。

苗圃内应建设一定规模的管理用房，用于办公、工人居住、工具存放、材料堆放、农机车辆的存放等。根据前期规划进行统一的设计施工，保证其功能和使用的需要，才能更好地管理苗圃。办公用房、宿舍、仓库、车库、机具库、种子库等最好与管理区一起兴建。

（二）圃路工程施工

根据设计图定出主干道的实际位置，以主干道的中心线为基线，进行道路系统的定点、放线工作，然后进行修建。圃路的种类有土路、石子路、沥青路、水泥路等。主路应以硬化道路为主，如苗圃使用年限较长，经济等条件允许，可修建沥青路和水泥路，便于雨季车辆驶入，减少每年道路维修费用。支路以素土碾压为主，施工时由路两侧挖土填于路面，形成中间高、两侧低的抛物线形路面，注意平整度及坡度。路面应夯实，两侧挖土处应修成整齐的排水沟。沥青路和水泥路可以外包给建筑商修建。整个道路系统尽量形成循环路，利于大车掉头、转弯。

（三）灌溉工程施工

苗圃内水源主要来自雨水、河水、湖水、井水等。苗圃内要有稳定的水源保证苗木生长，否则要修建蓄水池或者挖人工湖蓄水。

灌溉工程主要是修建引水渠道。修建引水渠道时，最重要的是渠道的落差均匀，符合设计要求，施工时要用水准仪精确测定，并打桩标清。如修明渠，则按设计的渠顶宽度、高度及渠底宽度和边坡的要求进行填土，分层夯实，建筑土渠，达到设计高度时，再在堤顶开渠、夯实即成渠道。修建暗渠应按一定的坡度、坡向和深度要求埋设。

灌溉系统中的提水设施，如泵房的建造、水泵的安装工作，应在修建渠道前请有关单位建造。

（四）排水工程施工

一般先挖向外排水的总排水沟。中排水沟与道路的边沟相结合，在修路的同时修成。小区内的小排水沟可结合整地修建。要注意排水沟的坡降和边坡符合设计要求（3/1 000～6/1 000）。为了防止边坡下蹋，可在排水沟修好后，种植苗木。排水系统的修建应根据苗圃勘察实际情况确定，苗圃本身地势较高，面积较小，可在较宽地块挖1～2条排水沟与外界相连即可。苗圃面积较大时，可结合道路在路肩外挖掘排水沟，一方面解决道路基层修筑时土方的需要，另一方面利于道路排水，防止道路长期浸泡，造成损坏。在部分路口修筑过路管，使排水系统连为一体，如苗圃地势过低，可在一些点位建立强排点，雨季时利用水泵进行强排。

（五）土地平整

苗圃坡度不大者，可在路、沟、渠修成后结合土地翻耕进行平整，或在苗圃投入使用后结合耕种和苗木出圃等，逐年进行平整，以节省苗圃建设施工的投资，也不会造成原有表层土壤的破坏。坡度过大时必须修筑梯田，这是山地苗圃的主要工作项目，应提早进行施工。地形总体平整，但局部不平者，按整个苗圃地总坡度进行削高填低，整成具有一定坡度的圃地。

（六）土壤改良

在苗圃中如有盐碱地、沙土、重黏土或城市建筑墟地，土壤不适合苗木生长时，应在建圃时改良土壤。对盐碱地可采取开沟排水、引淡水洗盐等措施加以改良；轻度盐碱土可采用深翻晒土、多施有机肥和雨后及时中耕除草等措施，逐年改良。对沙土，最好用掺入黏土和多施有机肥料的办法加以改良。对城市建筑废墟或城市撂荒地的改良，应以清除耕作层的砖头、石块、石灰等建筑废弃物为主，清除后进行平整、翻耕、施肥，即可育苗。

（七）防护林营建

一般在路、沟、渠施工后立即营建防护林，以保证尽早发挥防护作用。造林方法可采用植苗、埋干或插条、埋条等，最好用大苗栽植，以便尽快成林，发挥防护作用。栽植的株行距按设计规定进行，种植点呈三角形配置，栽后浇水，并经常抚育以保证成活。

具体苗圃的规划与建设过程参考第七章第三节"园林苗圃建设经营案例"。

第二章 园林苗圃的生产设施与设备

在市场对花卉苗木消费大幅增长的同时，对花卉苗木供应的均衡性及商品品质也提出了更高要求。为了生产出优质的花卉苗木，一方面，应提倡按照预先制定的销售或生产计划确定具体的生产措施和时间安排。另一方面，一些花卉苗木要求在外界不适宜其自然生长的条件下进行繁育栽培。此外，新的繁殖方式、方法的应用，对环境条件的要求比传统方式更加严格。因此，为了不受地区、季节限制，周年生产优质高档花卉苗木，实现均衡供应，满足市场对花卉苗木日益增长的需求，必须具有相应的栽培设施与设备。

第一节 栽培设施

栽培设施是指人为建造的适宜或保护不同类型的花卉正常生长发育的各种建筑及设备，在华南地区主要包括温室、塑料大棚、荫棚。

一、温 室

（一）温室的概念

温室是以玻璃、塑料等透光材料作为全部或部分围护结构建成的，并附有防寒、加温设备的特殊建筑，包括其围护的土地及地面设施。在各种栽培设施中，温室对各个环境因子的调节和控制能力最强、最完善，是花卉苗木生产中应用最广泛、最重要的栽培设施。

（二）温室的作用

温室在苗圃生产中的作用主要表现在以下方面。在华南地区园林苗圃中，温室主要用于育苗、热带植物越冬等。

1. 扩展栽培空间，打破生产的地域限制 利用温室可在不适于一些花卉苗木生态要求的地区栽培这些植物，丰富该地区的植物种类。如在冬季严寒干燥、春季寒冷多风的北京地区，利用温室则可终年栽培热带兰、鸟巢蕨、变叶木等原产热带亚热带的花卉。

2. 延长栽培时间，打破生产的季节限制 利用温室的环境调节设备，可在不适于花卉苗木生态要求的季节创造出适于其生长发育的环境条件，达到反季节生产，满足人们对花卉苗木周年供应的需求。如在酷热的夏季，一些要求气候凉爽的花卉，如仙客来、郁金香等在高温下被迫进入休眠，若利用温室降温设施栽培，可以保证花卉不受高温影响，继续生长开花。

3. 加快种苗的繁育速度，提早定植 在温室栽培条件下，菊花、香石竹可实现周年扦插，其繁殖速度是露地扦插的 10~15 倍，扦插成活率提高 40%~50%。万寿菊、一串红等草花在温室内播种育苗，可提高种子发芽率和成苗率，且缩短育苗时间，使花期提前。花卉组培苗的炼苗和驯化也多在温室内进行，有利于提高成苗率，培育壮苗。

4. 进行花期调控 随着花卉生理学研究的深入，结合温室环境调控设备的发展，通过温室栽培，调控花期，使其提前或延后开花，实现周年供应，满足特殊时期的花卉市场需求。如菊花的光照结合温度处理，郁金香、风信子、唐菖蒲等球根花卉的低温储藏结合温室栽培。

5. 提高花卉品质 通过温室栽培，创建花卉生产最优环境，提高花卉品质。如广东、海南等地普通塑料大棚内生产的蝴蝶兰，开花迟、花茎小、叶色暗无光泽，观赏品质差；花卉生产基地云南由于缺乏先进的设施，产品的数量和质量得不到保证，大大削弱了其在国际市场上的竞争力。

6. 提高生产集约化程度，提高单位面积产量和产值 随着现代温室环境工程的发展，花卉生产的工厂化、自动化和集约化程度越来越高，劳动生产率大幅提高。单位面积的产量和产值一般是露地花卉产值的5～10倍。

（三）温室的类型

温室可依据不同分类方法对其进行分类。

1. 根据建筑形式分类 温室的屋顶形状对温室的采光性能影响很大。生产性温室屋顶形状可分为单屋面、双屋面、拱圆顶三类。观赏性温室因要求美观性，建筑形式多样，有方形、多边形、圆形、半圆形等多种形式。

2. 根据屋面覆盖材料分类 用于温室的覆盖材料种类很多，不同材料其光学特性、热特性、湿度特性、机械特性、耐候性及成本都不同。覆盖材料选择应综合考虑多方面因子，如温室用途、资金状况、当地气候条件及温室结构要求等。可以分为玻璃温室、塑料薄膜温室、硬质塑料板温室等。

3. 根据维持的温度分类 根据温室内维持的温度，可将温室分为高温温室、中温温室、低温温室、冷室等。

4. 根据用途分类 温室根据用途可分为观赏温室（展览温室、陈列温室）、生产温室、试验研究温室（人工气候室）。

（四）华南型温室

华南型温室是针对华南地区气候特点设计和建造的温室。华南地区气候的共同点为光照充足，降水量大，夏季炎热，热带风暴等灾害性天气较多。夏季炎热，温室内大量余热积累，会造成温室内温度很高，伤害其中种植的作物，因此夏天降温成为温室设计和建造的关键之一。台风或热带风暴产生强大的压力，抗风是华南型温室必须考虑的因素。台风伴随着暴雨，降雨量大而集中，华南型温室设计必须充分考虑排水问题。

华南型温室降温主要通过自然通风降温、遮阳降温和水帘风机降温。前两者更能节约能源、降低成本，设计时应充分考虑。

温室选址、开窗结构、开窗面积等因素影响自然通风降温的效果。温室选址应四周通风条件好，容易形成温室内外气体密度差和压力差，实现温室内外气体交换，达到降温目的。温室内热量聚集在温室顶部，温室顶部设置天窗降温效果好，天窗应背对常年主导风向，便于带走上升的热气，使温室内形成负压，侧窗的设置配合了空气流动和交换，达到了降温的目的。遮阳系统分为外遮阳和内遮阳，华南型温室中常二者同时配置。外遮阳一般为平顶可移动遮阳系统，采用一面反光的遮阳网效果更好。遮阳系统容易遭受台风的破坏，其结构强度必须优先考虑。

华南地区的温室常见类型为锯齿形连栋温室。这种温室采用拱形连栋结构，钢结构经过特殊工艺处理，以提高抗腐蚀能力。温室一侧设竖直的卷膜天窗，确保室内外空气充分对流，简单实用，降温效果明显。温室四周设卷膜系统。温室顶部设活动式平顶遮阳系统，调节温室光照和温度。锯齿形连栋温室常见规格为跨度8m，脊高5.1m，肩高3.3m，内柱距离4m，边柱距离2m。内部配置水帘风机降温系统、燃油加温系统、补光系统、施肥系统和灌溉系统，有的还配置计算机控制系统、物流系统，实现自动化控制和自动化生产。

二、塑料大棚

（一）塑料大棚的特点

塑料大棚简称大棚，是随着塑料薄膜应用于农业生产中发展起来的一种简易的保护地形式，是华南地区花卉苗木生产的主要设施。

塑料大棚与温室相比，具有结构简单、建造和拆卸方便、造价低廉等特点；与中、小型拱棚相比，具有坚固耐用，光照时间长且分布均匀、无死角阴影，便于环境调控，棚体空间大，利于操作和作物生长发育等优点。同时，因大棚夜间没有保温覆盖，散热面大，冬季没有加温设备，棚内气温季节差异明显。

（二）塑料大棚的结构类型及性能

塑料大棚一般南北延长，长30~50m，跨度6~12m，脊高1.8~3.2m，占地面积330~667m²，主要由骨架和透明覆盖材料组成，骨架主要由拱架、纵梁、立柱、连接卡具和门等部件组成。透明覆盖材料多采用聚氯乙烯（PVC）薄膜、聚乙烯（PE）薄膜，近年乙烯-醋酸乙烯（EVA）膜逐渐用于设施花卉生产。

根据骨架材料的不同，简单介绍目前我国常用的几种大棚及其特点：

1. 竹木结构大棚 竹木结构大棚用竹竿作拱杆、纵梁，杂木作立柱，建筑简单，拱杆有多立柱支撑，比较牢固，建造成本低，但多立柱造成遮光严重，操作不便，使用寿命较短。

2. 混合结构大棚 混合结构大棚由竹木、钢材、水泥构件等多种材料构建骨架，既坚固耐用，又节省钢材，造价较低。

3. 无柱钢架大棚 无柱钢架大棚采用轻型钢材焊接成桁架式拱架，桁架下弦设钢筋纵向拉梁。这种大棚无立柱，透光性好，作业方便，抗风力强，是目前主要的棚型结构，但造价较高，钢材容易腐蚀。

4. 装配式镀锌薄壁钢管大棚 装配式镀锌薄壁钢管大棚以内外热浸镀锌薄壁钢管作为骨架，由卡具、套管连接组装而成，覆盖薄膜用卡膜槽固定。这种大棚属定型产品，规格统一，结构合理，耐锈蚀，组装拆卸方便，坚固耐用，在我国南方城市郊区应用普遍。

三、荫　棚

荫棚是用来遮阴，防止强烈阳光直射和降低温度的一种栽培设施。荫棚具有避免日光直射、降低温度、增加湿度、减少蒸发和蒸腾等作用，为耐阴和喜阴花卉植物的繁殖、栽培、养护创造了适宜环境，是花卉栽培与养护中必不可少的设施。

荫棚由棚架和遮阳材料等部分组成，建造时应选择在地势高燥、通风排水状况良好的场地。其种类和形式很多，依据建筑材料和用途分为临时性与永久性两类。

1. 临时性荫棚 临时性荫棚供季节性应用，方便搭建和拆卸。

2. 永久性荫棚 永久性荫棚多用于温室花卉和兰花栽培，在江南地区还常用于栽培杜鹃等喜阴植物。一般高2.0~2.5m，用钢管或钢筋混凝土柱做成主架，棚架上覆盖竹帘、苇帘或遮阳网等。多设于温室近旁不积水又通风良好之处。荫棚的遮光程度可根据植物的不同要求而定。为避免阳光从东西面照射进棚内，东西两端还需设倾斜的遮阳帘，遮阳帘下缘距地表50cm以上，以利通风。棚内地面最好铺煤渣、粗沙或卵石等，以利排水，又可减少泥水溅到枝叶或花盆上。

目前，还有一种可移动性荫棚，即遮阴幕可由一套自动、半自动或手动机械转动装置控制。这种荫棚在中午高温、高光照期间遮去强光利于降温，同时又能有效利用早晚的光照。大型现代化连栋温室的外遮阴系统即是此类装置。

四、灌溉设施

在设施环境的调控中，土壤水分和空气湿度的调控是最重要的环节之一，因而灌溉设备是花卉苗木栽培设施内必备的设施。

1. 滴灌系统 滴灌系统由首部枢纽、管路和滴头三部分组成。滴灌是将水增压、过滤，再通过低压管道送达滴头，以水滴或微细流的形式，均匀地分配于植物根部土壤。其优点是灌溉效率高，不沾湿叶丛，不冲击介质，各盆给水互相分开，不易传染病害。缺点是装置费用高，安装费力，易堵塞。滴灌主要用于盆栽植物。

2. 喷灌设备 喷灌是利用专门的设备，将具有压力的水通过喷头喷到空中，再散成小水滴落到植物上的一种灌溉方式。喷灌系统一般由动力机、喷灌泵、输水管道及其附件、喷头等组成。水源动力机、喷灌泵辅以调压和安全设备构成喷灌泵站，与泵站连接的各级管网及其附件等构成输水系统。喷灌设备由末级管道上的喷头或行走装置组成。按其在喷灌过程中的可移动程度分为三种系统：半固定式喷灌系统、移动式喷灌系统、固定式喷灌系统。

目前生产上广泛采用移动式喷灌系统，由喷灌主机、轨道、吊臂、跨间转移装置和上水系统组成。移动式喷灌机是一种双臂双轨运行的自走式喷灌机，是工厂化育苗以及草花、盆花生产的有利工具。具有灌水均匀、适量、及时、高效等特点，缺点是沾湿叶丛，使病害易于蔓延，还会使已开的花朵被水打湿。

第二节 机械设备

机械化生产是提高园林苗圃生产效率和苗木生产质量的重要手段。与世界发达国家相比，我国苗圃业园林机械在机型、数量、质量等方面均有差距，但随着园林绿化与花卉设施生产程度的提高以及人工成本的日益高涨，机械设备逐步进入园林绿化产业各个环节。目前园林苗圃中需要的机械设备主要有草坪机、割灌机、绿篱机、打药机等，并逐步引入了一些大型机械。

一、草坪机

(一) 组成
草坪机由发动机（或电动机）、刀盘、刀片、行走轮、行走机构、扶手和控制部分组成。

(二) 分类
草坪机按动力可分为以汽油为燃料的发动机式、以电为动力的电动式和无动力静音式；按行走方式可分为自走式、手推式和坐骑式；按集草方式可分为集草袋式和侧排式；按刀片数量可分为单刀片式、双刀片式和组合刀片式；按刀片剪草方式可分为滚刀式和旋刀式。

(三) 工作原理
刀盘装在行走轮上，刀盘上装有发动机，发动机的输出轴上装有刀片，刀片利用发动机的高速旋转，对草坪进行修剪。

(四) 使用条件及注意事项

1. 使用条件 2 000m^2以下的草坪，可以选用手推式草坪机；2 000m^2或2 000m^2以上的草坪，可以选用自走式草坪机；草坪上树木和障碍物较多时，可以选择前轮万向的草坪机。面积较大时，可以选择草坪拖拉机，一般割草宽度1.07m的草坪拖拉机适用于12 000~15 000m^2的草坪；割草宽度1.17m的草坪拖拉机适用于20 000m^2以下的草坪。

2. 使用注意事项

(1) 初次使用　使用人员经过培训后，初次使用草坪机时，一定要熟读草坪机操作和维修保养指导手册。新的草坪机初次使用时，应于5h后更换机油，磨合后每使用50h更换一次；汽油要使用93号以上标号的无铅汽油。

(2) 个人安全防护　剪草时一定要穿坚固的厚底鞋和长裤，不能赤足或者穿着开孔的凉鞋操作剪草机，防止刀片打起石块伤人。草坪机作业时，10m范围内不能有人，特别是侧排时侧排口不可对着人。

(3) 清理检查　修剪草坪前，清除剪草区域内的杂物，一定要检查清除草坪内的石块、树枝、木桩和其他可能损害剪草机的障碍物。发动机的机油液面不能低于标准刻度，且颜色正常，黏度适当。检查汽油是否足量，空气滤清器是否清洁，保持过滤性能。检查发动机、控制扶手等的安装螺丝是否拧紧。检查刀片是否松动，刀口是否锋利，刀身是否弯曲、破裂。

(4) 调节底盘高度与启动　根据草坪修剪的"1/3原则"和草坪的高度以及草坪机的工作能力，确定合理的草坪草修剪量和留茬高度，并调节草坪机的底盘高度。如果草坪草过高，则应分期分次修剪。高度调节后启动，冷机状态下启动发动机，应先关闭风门，将油门开至启动位置或最大，启动后再适时打开风门，调整油门位置。

(5) 安全手柄的作用和使用　草坪机的安全控制手柄是控制飞轮制动装置和点火线圈的停火开关。按住安全控制手柄，则释放飞轮制动装置，断开停火开关，汽油机可以启动和运行。放开安全控制手柄，则飞轮被刹住，接上点火线圈的停火开关，汽油机停机并被刹住。即只有按住安全控制手柄，机器才能正常运行，当运行中遇到紧急情况时，放开安全控制手柄则停机。运行时，千万不可用线捆住安全控制手柄。

(6) 剪草　根据草坪的品种和密度，采用合适的速度剪草，如果剪草机前进速度过快，可能导致剪草机负荷过重或剪草面不平整。剪草时，如果剪草区坡度太陡，则应顺坡剪草；

若坡度超过30°，最好不用草坪剪草机；若草坪面积太大，草坪剪草机连续工作时间最好不超过4h。

（7）机械的保养 每次工作后，拔下火花塞，防止在清理刀盘、转动刀片时发动机自行启动。刀片要保持锋利，修剪出的草坪才平齐好看，剪过的草伤口小，且不易染病。

（8）其他注意事项 其他注意事项主要包括：①在发动机运转或者处于热的状态下不能加油，加汽油时须禁止吸烟。加油时如果燃料碰洒，一定要将附着在机体上的燃料擦干净后，方可启动引擎。燃料容器需远离草坪机5m以外，并扭紧盖子。②发动机运转时不要调节轮子的高度，一定要停机待刀片完全静止后，再在水平面上进行调节。③如果刀片碰到杂物，要立即停机，将火花塞连线拆下，彻底检查剪草机有无损坏。④对刀片进行检测或对刀片进行其他任何作业前，要先确保火花塞连线断开，避免事故。⑤刀片磨利后要检测是否仍然处于平衡状况，如不平衡则会造成振动太大，影响草坪机的使用寿命。⑥剪草机跨过碎石人行道或者车行道时，一定要将发动机熄灭且要匀速通过。⑦在病害多发季节，剪草前后一定要对刀片和底盘消毒，以免传播病害。⑧为了延长集草袋的寿命，每次剪完草坪草必须清除袋内的草屑，并经常检查集草袋，如发现集草袋缝线松了或损坏了，要及时修理或更换新的集草袋。

二、割灌机

（一）组成

割灌机由发动机、传动机构、工作头等组成，即包括传动和切割部分。

（二）分类

割灌机按动力可分为以汽油为燃料的发动机式、以电为动力的电动式；按发动机运行方式可分为二冲程割灌机和四冲程割灌机；按传动方式可分为直杆侧挂式和软轴背负式。

（三）使用条件及注意事项

1. 使用条件 割灌机适用于庭院小块草坪、树下和墙角的草坪、杂草、公路和铁路边的杂草、林带内小灌木等。

2. 使用注意事项

（1）初次使用 使用人员经过培训后，初次使用割灌机时，一定要熟读割灌机的操作和维修保养指导手册。

（2）个人安全防护 割草时要戴好防护眼罩、作业帽，穿好工作服，要穿坚固的鞋，不能赤足或者穿着开口的凉鞋操作割灌机。

（3）清理检查 割草区域如果有人员走动，则在割草前必须先清除割草区域内的石块，以防飞溅伤人。四冲程割灌机使用前应先检查机油液面位置，注意不能低于标准刻度；并检查汽油是否足量，空气滤清器是否清洁，保持过滤性能；检查发动机、连杆、护罩等的安装螺丝是否拧紧；打草头或刀片安装是否松动，各润滑部位是否缺少润滑剂。

（4）启动 检查燃料箱盖是否关紧。关闭阻风门，把油门打到较大，拉动启动器直到发动机启动，打开阻风门，调整油门。每次启动时，一定要在挂上启动爪后再用力，以免损坏启动器。

（5）割草 割草时割灌机要平稳摆动，周围15m内不能有其他人；若草坪面积太大，则割灌机连续工作时间最好不超过40min。

（6）其他注意事项　其他注意事项主要包括：①自油箱外部检查燃油面，如果燃油面低，则加燃油至上限。在发动机运转或者处于热的状态下不能加油，也不能在室内加油，加汽油时禁止吸烟。加油时如果燃料碰洒，则一定要将附着在机体上的燃料擦干净后，方可启动引擎。燃料容器需远离割灌机5m以外并密封。②二冲程发动机的燃油采用无铅汽油与二冲程机油（25∶1～40∶1）混合配制，具体比例和使用的机油品牌型号有关，绝不能使用纯汽油以及含有杂质的汽油。③在中途移动或检查刀片、打草头、机体或加油时，要先将引擎关闭，让切割部分完全停止后再进行上述作业。④引擎运转时，切勿用手触摸火花塞或高压线，以免触电。

三、绿篱机

(一) 组成

绿篱机由发动机（或电动机）、传动机构、刀片、操作手柄、开关和挡板等部件组成。

(二) 分类

绿篱机按动力传导方式可分为绿篱机和宽带绿篱机；按发动机运行方式可分为二冲程绿篱机和四冲程绿篱机；按刀片可分为单刃绿篱机与双刃绿篱机，双刃绿篱机主要用于修剪出球形绿篱，单刃绿篱机主要用于修剪出墙状绿篱。

(三) 工作原理

发动机的转动通过偏心连杆机构转化为往复运动，连杆带动上下两片刀片相对运动，上下两片刀片有锋利的刀口，可剪断枝条。绿篱机适用于修剪人工建植的绿篱墙、绿篱球等的一年生枝条。

(四) 使用注意事项

（1）初次使用　使用人员经过培训后，初次使用绿篱机时，一定要熟读绿篱机操作和维修保养指导手册，掌握机器的性能以及使用注意事项。

（2）个人安全防护　启动绿篱机修剪前，工作人员要戴好防护眼罩、作业帽、劳保手套，穿好工作服、防滑工作鞋。

（3）清理检查　修剪绿篱前，必须先清除绿篱区域内的杂物，如木桩、铁丝、蔓藤类杂草等可能损害绿篱机或阻止移动的障碍物。四冲程绿篱机使用前应检查机油液面位置，不要低于标准刻度。此外，还应检查汽油是否足量，空气滤清器是否清洁，发动机的安装螺丝是否拧紧；检查刀片的松紧和锋利程度，刀片是否弯曲、有裂纹，传动部位是否缺少润滑剂。

（4）启动　冷机状态下启动发动机，应先关闭风门，将油门开至启动位置或最大，启动后再打开风门，热机状态可打开风门启动。

（5）修剪　修剪时，避免切割太粗的树枝，否则会损伤刀片，缩短驱动系统的寿命。切割角度为5°～10°，易切割且作业效率高。切割作业时不要使身体处于绿篱机汽化器一侧。每耗完一箱油后，应休息10min。工作时周围10m内不能有其他人员。

（6）其他注意事项　每工作0.5～1h，要给刀片滑动面加注机油，以保持刃口的锋利和良好的润滑。定期检查上下刀刃的间隙，并及时调整，调整时先把刀片的紧固螺钉拧紧，然后回转半圈，用螺栓拧紧。储存时，必须清理机体，加注润滑油；放掉混合燃料，把汽化器内的燃料烧净；拆下火花塞，向汽缸内加入1~2mL二冲程机油，然后拉动启动器2~3次，装上火花塞。条件允许时可把机器放到经销商处做保养。

四、打药机

(一) 组成

打药机由发动机、高压泵、传动机构、药桶、高压管和喷枪等部件组成。

(二) 分类

打药机按照外形可分为背负式、担架式、车载式、高压打药机；按照药箱容积有160L、200L、300L；按照行走方式可分为骑式、推式、抬式、电动式。

(三) 使用注意事项

(1) 初次使用 使用人员经过培训后，初次使用打药机时，一定要熟读打药机的操作和维修保养指导手册，掌握机器的性能以及使用注意事项。新打药机使用5h后要更换机油。

(2) 个人安全防护 打药时穿好长衣长裤、长筒靴并带好口罩、手套、防护眼镜，以防中毒。

(3) 清理检查 清洗药桶，以避免上次打药遗留的药剂造成不必要的损失。检查发动机的机油液面位置，不要低于标准刻度，并且颜色正常，黏度适当。检查高压泵的润滑油液面，不能低于刻度线。检查汽油是否足量，空气滤清器是否清洁。各种固定螺丝是否拧紧，高压管的长度是否够用、是否有破损。

(4) 启动 启动前关闭出水阀，打开卸荷手柄使之处于卸压状态，并将高压泵的压力调节到最小。冷机状态下启动发动机，应先关闭风门，将油门开至启动位置或最大，启动后再适时打开风门。热机状态可打开风门启动。

(5) 打药 打开出水阀，并调节高压泵到所需压力，匀速喷洒。打药机连续工作时间最好不超过4h。

(6) 其他注意事项 其他注意事项主要包括：①在发动机运转或处于热机状态时不能加油，也不能在室内加油，加油时禁止吸烟。加油时如燃料碰洒，一定要将附着在机体上的燃料擦净后，方可启动引擎。燃料容器需远离绿篱机5m以外，并密封。②注意对高压管的保护。③打药时，要远离人群，避免药剂对人员的伤害。

五、大型机械

大型机械包括运输机械、苗木管理机械、整地机械。运输机械常用的有拖拉机、货车、吊机等，苗木管理机械包括种子采集及处理机械、育苗机械、苗木移植机、高空修枝机、起苗机等，整地机械包括整地机、开沟机等。

(一) 运输机械

现代苗圃中常用的运输机械为拖拉机。它的主要特点是：机动灵活，外形尺寸小，在林中行驶不会损伤树木；装有前、后和侧方动力输出轴，以带动悬挂在不同位置上的工作装置；拖拉机重量分布为前轴2/3，后轴1/3，以便在悬挂后置式机械时保持机组的纵向稳定性；驾驶室向前移，空出驾驶室后壁到后桥的空间，以安装绞盘机、种子箱和药粉箱等工作装备；增设低速挡，以适应低速作业的要求。

(二) 苗木管理机械

1. 种子采集机械

(1) 提升机具 包括爬树脚踏子、爬树梯、吊式软梯和多工位自动升降平台等。升降平台安装在拖拉机或汽车上，由钢索或液压机构控制升降。由于其机体庞大，行走不便，只适宜在平坦的疏林地、林木种子园和母树林中使用。

（2）种子采集机　包括分离装置和收集装置。分离装置将种子从立木或伐倒木的枝条上采下，其工作部件有梳齿、剪刀、锯、钉齿滚和气流采种器等，由人力、小型汽油机或电动机带动。种子收集装置用于收集落在地面的种子，有转滚式和空气吸力式两种。

（3）种子抖落机械　主要有两种：一种由偏心锤式振动子和夹紧装置组成。作业时利用夹紧装置将振动子夹固在树干上，利用振动子的振动力直接摇动树干将种子抖下。另一种由夹紧装置、往复运动机构和传力杆组成。夹紧装置装在传力杆上端，传力杆下端与往复运动机构的滑块相连。作业时夹紧装置夹在树木粗枝上，往复运动机构经传力杆带动树枝摇动，将种子抖下。为了提高抖落机的生产率，种子抖落机多配备有种子收集机。此外，还有间断气流种子抖落机和吊在直升机上的球果采集机，尚处于试验阶段。

2. 种子处理机械

（1）球果脱粒机　分机械式和热烘式两种：机械式球果脱粒机是利用机械力将球果破碎，使种子脱出；热烘式球果脱粒机是利用加热干燥使球果鳞片变形开裂，取出种子。

（2）种子去翅机　利用摩擦的方法除去种翅的机械，有干式和湿式两种。

（3）种子清选机　利用种子不同的机械物理特性对种子进行清选和分级。

种子去翅机和种子清选机可以单机独立作业，也可和球果脱粒机一起组成球果脱粒、去翅、清选联合作业流水线，实现自动化控制。

3. 育苗机械

（1）苗木移植机　由机架、开沟器、压实轮和植苗装置组成。植苗装置由行走轮驱动，根据底盘结构不同分为拖拉机牵引式、拖拉机悬挂式和自走式三种。根据作业的机械化程度分为简单式、半自动式和自动式。简单移植机只完成开沟、覆土和压实工作，苗木需由植苗员向沟中栽植。半自动移植机装有栽植装置，除开沟、覆土和压实工作外，还可将苗木按规定的株距和深度栽在沟中，但苗木仍需由植苗员放入栽植装置的苗夹。自动移植机作业时完全不需手工操作，苗木由递苗装置自动送入栽植装置并植于沟中。苗木移植机还可用于插条。

（2）容器育苗设备　20世纪70年代以来，随着育苗容器的不断改进和定型，出现了容器填土播种机械化设备和自动化生产作业流水线，主要包括容器仓、培养土加工设备、填土装置、播种装置、覆土装置和育苗温室等。培养土加工设备由泥炭粉碎机和传送机组成，用于生产培养土并输送到填土装置。填土装置由土箱、分土轮及夯锤组成，完成填土和捣实工序。播种装置一般采用气力式精量播种器。覆土装置由土箱和配土轮组成，对播下的种子进行覆土。育苗温室多采用塑料大棚。容器育苗生产流水线使室外育苗作业成为可由人工控制温度、湿度和光照条件的室内工厂化生产，缩短了苗木的培育时间，提高了生产率。

（3）立木修枝机　多以油锯发动机作动力，锯切装置采用链锯，全部装置装在环形框架上，框架上装有斜向配置的胶轮，胶轮由发动机驱动旋转。修枝时把框架绕装在树干上，胶轮旋转时，修枝机绕树干沿螺旋线向上爬行，链锯将枝锯下。

（4）起苗机　起苗作业包括挖苗、拔苗、清除苗根上的土壤、分级及捆包等工序。目前，多数起苗机只能完成挖苗，其他工序仍为手工作业；能完成挖苗、拔苗、抖土、计数、装箱或捆苗的多工序联合起苗机只在发达国家有使用。起苗机按与拖拉机连接方式分牵引式和悬挂式两种；按作业种类分垄作起苗机、床作起苗机和大苗起苗机等。其结构形式各有差异，主要工作部件包括挖苗刀、带式拔苗装置、抖土装置、输送装置和苗箱等。其中挖苗刀的入土角及水平刃夹角是影响挖苗质量的主要因素，入土角一般为15°～25°，过大会增加土壤对刀刃面的正压力及摩擦力，损伤苗木根系；过小挖苗刀不易入土，影响抬土和松土作用。抖土装置用于抖落苗木根部的土壤，可分为板式、转轮式和摆杆式等，其中摆杆式抖土装置的碎土效果较好，不伤苗、不缠根，但有惯性力，使机器产生振动。随着园林苗圃中劳动力成本越来越高，机械起苗的应用将越来越广，特别是将大规格地苗改作大型容器苗时很有应用潜力。

（三）整地机械

1. 整地机 苗圃育苗前均需进行整地作业，主要的整地机械有铧式犁、圆盘犁、旋耕机、圆盘耙、钉齿耙、弹齿耙等。

2. 开沟做床机 整修苗床的机械多为拖拉机悬挂式，其结构主要包括悬挂架、工作部件及传动装置等。工作部件有旋耕器、步道犁和成形器。旋耕器由刀轴、刀齿、刀座组成，其安装和配置方式与旋耕机相同，由拖拉机动力输出轴带动工作。步道犁由左、右两个铧式犁体组成，耕深可以调节。成形器用于做成一定形状的苗床。作业时步道犁首先开出苗床步道，将土壤翻到床面上，然后由旋耕器将土堡粉碎，最后由成形器按一定的几何形状做出苗床。

第三节 生产资材

一、栽培平台

（一）栽培床、栽培槽

栽培床、栽培槽主要用于各类保护地栽培中。可直接建在地面上，也可将床底抬高，距地面50～60cm，便于人员操作，槽壁高约30cm，内宽80～90cm，长度不限。床体材料多用混凝土，也可用硬质塑料、发泡塑料、金属材料等，常用于栽植期较长的栽培。

在建造安装栽培床（槽）时，床底要有一定的坡度，且底部要留排水孔道，以便及时将多余的水排掉；栽培床宽度和安装高度的设计，应以有利于人员操作为准，一般床高不宜超过90cm，床宽不宜超过180cm。

（二）种植台、种植架

为充分利用空间，种植植物常设置台架，其质地可为木制、钢筋、混凝土或铝合金。观赏温室的台架为固定式，生产温室的为活动式。活动式的一般为移动式苗床，具有稳定、可靠、美观、高档、实用等特点，最大优点是能够有效提高温室的使用率，达80％以上。苗床所有钢架均为热镀锌处理，边框为专用铝合金型材，左右可移动，上下可微调，具有防翻限位装置，可在任意两个床间形成作业通道。

二、栽培容器

（一）盆花栽培容器

花盆是栽培观赏植物所用容器的总称，是盆花栽培、制作盆景等必备的容器。根据花盆质地可分为以下几类：

1. 素烧盆　素烧盆又称瓦盆，由黏土烧制而成，有红盆和灰盆两种。多呈圆形，盆口径与盆高约相等，一般口径为7～40cm，过大容易破碎，盆底或两侧留有小孔以排水。素烧盆排水通气性好，适宜花卉生长，且价格便宜；但质地粗糙，色泽不佳，易生青苔，欠美观，且易碎，运输不便，不适于栽植大型花木，用量逐年减少。

2. 陶瓷盆　陶瓷盆由高岭土烧制而成，可不上釉制为陶盆，也可上釉制为瓷盆。陶盆多为紫褐色或赭紫色，有一定的排水、通气性。瓷盆多有彩色绘画，外形美观，但通气、透水性差，不适于花卉栽培，仅适合作套盆，供室内装饰及展览之用。陶瓷盆外形除圆形外，还有方形、菱形、六角形等。

3. 木盆或木桶　需要口径40cm以上盆时即用木盆或木桶。其外形上大下小，以圆形为主，也有方形或长方形的。盆的两侧设把手，以便搬动，盆下设短脚以免腐烂。一般选用质坚而不易腐烂的红松、栗杉木、柏木等，外部刷油漆，内面用防腐剂涂刷制成。多用作栽植高大、浅根性观赏花木，如棕榈、苏铁、南洋杉、橡皮树、桂花等。现逐渐被塑料盆或玻璃钢盆所取代。

4. 紫砂盆　紫砂盆形式多样，造型美观，透气性能稍差，多用于室内名贵花卉以及盆景栽培。

5. 纸盆　纸盆特别适合培养不耐移栽的花卉幼苗，如香豌豆、香矢车菊等在定植露地前，先在温室内纸盆中育苗。

6. 塑料盆　塑料盆规格多，形状、色彩极为丰富，质轻而坚固耐用，便于运输，虽排水、透气性较差，但可通过改善培养土的物理性状来克服。目前，塑料容器已成为国内外大规模花卉生产及流通贸易中主要的容器，尤其是在规模化盆花生产中应用更加广泛。其类型主要有聚乙烯袋、软塑料筒、吸塑软盆、硬质塑料盆。

还有以无纺布植树袋衍生的无纺布系列花盆、以植物秸秆为原材料制作的可降解花盆，都已投放市场。

（二）育苗容器

1. 穴盘　穴盘育苗技术自20世纪80年代引入我国以来，以其不伤根、成苗快、便于远距离运输、机械化操作和工厂化生产等优点而被广泛应用。穴盘有多种规格，穴格有不同形状，数目为18～800穴/盘，容积7～70mL/穴。可根据花卉苗木的大小选用不同规格的穴盘。常用的穴盘育苗配套机械有混料、填料设备和穴盘播种机等。

目前常用穴盘规格可分为：美国式，多为PE塑料制品，常用规格为54cm×28cm；荷兰式，规格为60cm×40cm。穴格有不同形状、直径、深浅、容积、颜色等差别，穴格数有30～80格不等，容积5～30m³，有50种之多。在花卉播种育苗中多采用128格与240格穴盘，还有72格、200格、280格和392格等规格。

2. 育苗盘　育苗盘也叫催芽盘，用塑料或木板制成，便于调节温度、光照和水分以及种苗储藏和运输。如仙客来育苗常用育苗盘。

3. 育苗钵　育苗钵是用于培育小苗的钵状容器，有塑料育苗钵和有机质育苗钵之分。前者由聚氯乙烯和聚乙烯制成，规格很多，常用规格为口径6～15cm、高10～12cm，底部有小孔排水。后者以泥炭为主要原料制成，还可用牛粪、锯末、黄泥土或草浆制作。有机质育苗钵质地疏松透气、透水，在土壤中能迅速降解，不影响根系生长，移植时可与种苗同时栽入土中，不伤根，无缓苗期，生长快，成苗率高。

(三)特殊花器

1. 吊盆 吊盆最常见的是塑料制品，色彩鲜艳，质量轻，但要注意塑胶盆日久老化。还有用铁网、铁架制作的吊盆，空隙很大，需要在底层先铺上水苔或椰子纤维，再加上一层塑料布防水，最后填上培养土种植。

在植物选择方面，吊盆若放在稍高的位置，则适合种植常春藤、矮牵牛等自然悬垂性的植物，居高临下，随风摇摆，别有一番意境。若放置位置稍低，可以选择大型吊盆，制作成组合盆栽，搭配高矮有致及悬垂性的植物，将更丰富多彩。

2. 半壁 半壁可将盆栽植物错落有致地挂在墙上，组成不同高度的组合，较高位置可种植悬垂性植物，再按视觉角度调整种植的种类。一般半壁按材料分有塑胶盆、陶盆、铁网架等，其中铁网架可以做较多变化，如将容器下半部网架的空隙种上草花，长满后可以形成一个半边花球，非常别致。半壁配植的植物以一年生草花为宜，每3~4个月更换整理一次，可展现不同的风貌。

3. 阳台花箱 阳台花箱一般是指长方形的花箱、花槽，用来美化装饰阳台及窗台，常用的有塑料制品、木槽或铁架网等。最好带垫盘，以防浇水时向下滴水。

三、栽培基质

栽培基质指代替土壤提供植物固定支持和物质供应的固体介质。栽培基质为土壤的替代品，应具备以下条件：来源广，成本较低，具有一定的肥力，疏松且富含有机质；理化性状良好，重量轻，保湿、通气、透水性强；不带病原菌、虫卵和杂草种子；质轻，便于运输。

苗圃生产中的栽培基质包括育苗基质和大苗栽培基质两类，常见的有腐殖质土、泥炭、火烧土、黄心土、圃地土、锯屑、蛭石、珍珠岩、有机肥（河塘淤泥、厩肥、土杂肥、堆肥、饼肥、鱼粉、骨粉）等。泥炭和岩棉价格较贵，且属于不可再生资源，使用受到限制。按照基质的配制材料不同，可分为以下三种：①主要以各种营养土为材料，质地紧密的重型基质；②以各种有机质为原料，质地疏松的轻型基质；③各种营养土和有机质各占一定比例，质地重量介于前两者之间的半轻基质。

1. 泥炭 泥炭又称草炭、泥煤，是由植物残体在低温、潮湿、缺氧环境下未充分分解而成的煤化程度最低的煤，及矿物质和腐殖质组成。

泥炭是目前常用的效果良好的无土栽培基质之一。育苗生产上常以泥炭为主体，配合沙、蛭石、珍珠岩等基质构成栽培基质。目前，国外园艺事业发达国家在花卉栽培尤其是在育苗和盆栽花卉生产中多以泥炭作为主要盆栽基质，代替腐叶土、腐殖土等。近几年来，泥炭在我国种植业中开始普及。

泥炭保水性好、蓄肥力强，但氮、磷、钾含量不高，而灰分偏高，酸性大。因此，在育苗时最好选用有机质含量超过40%的泥炭，并与沙、煤渣、珍珠岩或蛭石配合使用。

2. 岩棉 岩棉又称岩石棉，是由辉绿岩、石灰石、焦炭以3∶1∶1或4∶1∶1的比例，或由冶铁炉渣、玄武岩和沙砾混合后，在1 500~2 000℃高温炉内熔融，喷成纤维丝压制而成。由于经过了高温烧制，所以新的岩棉无毒、不含有机质且不会变形。

岩棉外观呈白色或浅绿色，吸水性很强，物理性质优良，化学性质稳定，因而能为植物提供保肥、保水、无菌、空气充足的根际环境，适于进行苗木生产。

3. 蛭石 蛭石是云母类次生硅质矿物在800~1 100℃炉体内受热膨胀所形成的紫褐色、

有光泽的平行海绵状小片。蛭石具有较好的通气性和较高的缓冲能力及离子交换能力,与其他基质配合作为育苗基质,效果理想。

4. 珍珠岩 珍珠岩是火山岩加热至1 000℃时膨大而形成的质地均匀的灰白色核状颗粒。珍珠岩所含的矿物质成分几乎不能被植物吸收利用,稳定性好,能抗各种理化因子的作用而不发生变化,通气性好,吸水量大,但密度较小,易漂浮在基质表面。

5. 火烧土 火烧土是经高温烧制而成,专门用来栽培植物的基质,有大、中、小之分,颗粒中空,表面细孔多而圆整,吸水性和保水性好,洁净卫生,在盆中久浇不碎,从而大大改善了盆内的通风透气条件,为植物营造了适宜的生长环境。它具有以下优点:火烧土已经火化,使用时无需杀虫灭菌;pH7.5~9.0,对霉菌有一定抑制杀灭作用,对线虫、蛞蝓等害虫有很强的杀灭作用,对昆虫、螨类有驱逐作用;呈颗粒状,透气性能好,能形成适合植物生长的小气候;草皮土中有大量草根,经火化呈多孔状,吸水性强,保温性好,管理省工。

6. 沙 沙是无土栽培应用最早的一种材料。沙的来源广泛、价格便宜,但容重很大、持水力差,其成分与性质因来源不同而差异较大。沙作为栽培基质,首先应确保不含有害物质,使用前先用清水冲洗。其次,不同粗细的沙粒对苗木生长的影响不同,应过筛剔除大的沙粒,用水冲去粉沙和泥土。在育苗过程中,采取合适的管理措施,保持营养液的供应量和供应时间。

育苗基质既可以单独使用,也可按照一定的比例混合使用。混合使用时,各种成分的优势互相补充,效果更好。实践表明,在配制时按照组分的养分含量和苗木的需求添加一些肥料的基质,培育出的苗木品质较好。目前,育苗常使用泥炭和蛭石按2∶1或3∶1比例混合的基质。

第三章 苗木种子与播种育苗

播种繁殖是园林苗圃育苗的重要方式。当前我国大多数园林树种育苗用种在采集、处理等方面还处于初级阶段，规范化、标准化程度差，质量保证度低，与林业常用树种的种子采集、处理技术相比尚有一定的距离。

第一节 苗木种子

种子是园林苗木生产中播种材料的总称，包括植物学真正意义上的种子、果实或果实的一部分。种子是园林绿化产业最基本的生产资料，是绝大多数乔木、灌木树种和草本植物繁殖后代的主要材料，是育苗和绿化不可缺少的物质基础，需要在数量和质量两个方面给予保证，有了足够数量的优良种子，才能保证园林绿化任务的完成。良种是指遗传品质和播种品质（即使用品质）两个方面都优良的种子。优良的遗传品质主要表现在用此种子形成的园林苗木具有速生、优质、一致、抗逆性强等特点，而播种品质优良则体现在种子物理特性和发芽能力等指标达到优良水平。遗传品质是基础，播种品质是保证，只有在两者都优良的情况下才能称为良种。遗传品质的优劣决定于母株的遗传性，根据不同绿化目的有不同的要求。播种品质的优劣除遗传性的影响外，还与母株的环境条件及种子的生产和经营技术水平关系密切。所以，为了实现苗木良种化，必须建立良种基地，包括采种母树林、种子园和采穗圃等。

一、苗木种子的来源

从目前情况看，我国现有的园林种子资源尤其是良种基地比较缺乏，在规划、抚育和保护好现有的种子林的基础上，考虑长远发展的需要，积极开展良种繁育工作，迅速培育新的种源，建立优良种子园。

（一）种源

1. 种源 种源是指树种分布区中某一批种子的来源或产地，也称地理起源。园林绿化除遵循适地适树的原则外，还要做到适地适种源，才能保证营造的园林植物景观效果佳、稳定性强。同一树种由于长期处在不同的自然环境条件下，必然形成适应当地条件的遗传特性和地理变异，如种植地条件与种源地条件差异太大，会出现植物生长不良，甚至死亡的现象。大量研究证明，使用适宜种源区的优良种子生产，不仅能够保证绿化用种的安全，而且能增加效益10%以上。

根据多年种源研究的经验，同一植物的不同种源一般符合以下规律：

①分布在不同气候区的同一植物对环境的适应性不同。其中在某一地区某一个气候因子

可能是关键性的，而在另一地区这一因子可能变为次要的。如西北干旱地区水分为重要因子，而在华南地区，水分可能不是一个关键性因子。

②一般当地植物的种子在当地的适应性较强，使用起来相对比较安全。植物选择时强调选用乡土植物，但有的乡土植物的生长能力不一定很强，也可利用外来植物，但对外来植物的特性不了解时必须进行种源试验。

③同一植物，由产自较温暖南方地区的种子培育的苗木生长较快，生长期较长，但容易感染病虫害，且抗寒性较差，容易受霜冻；而从北方调入南方的种子培育的苗木生长期较短，春天萌动早，秋天提早封顶，较抗寒，但有时容易产生二次生长现象，受冻害。

我国种源研究始于20世纪50年代，70年代后全国各地进行了大规模的种源试验和种子区划试验研究，涉及树种达十多个。研究发现，同一树种由于地理起源不同，其生长特点、适应能力存在明显差异。种源地理变异的基本规律是种源间在绝大多数性状上存在显著差异，从中心产区到边缘产区，多数性状呈南北渐变趋势，中心产区生长快，但适应性不如非中心产区。认识这些规律，对做到选优建园和防止普遍建园可能引起的弊端，制定适合不同植物自身特点的最佳良种繁育体系，以及合理调运、用种具有重要意义。

2. 植物的生态型　我国园林植物种类繁多，同一植物分布在不同的立地条件上，形成不同的生态型。同一植物在其分布区范围内由于地理位置、气候、土壤等条件不同，在长期生长和适应过程中形成遗传上有差别的各种群体，这些植物种类的变异群体称为生态型。如马尾松从广东到河南均有分布，但抗寒能力有一定差别。

同一生态型通常表现在群体对一定环境条件（如温度、光周期、土壤、降水量等）有共同的或近似的变异反应，但在外部形态上不同生态型间不一定有显著的差别。

根据导致植物形成不同群体类型的主导因子，可以将生态型分为两类：

（1）气候生态型（地理生态型）　同种植物由于分布在一定地区和气候条件下，长期受当地气候（包括温度、光照和降水等，纬度、海拔等）的影响而形成的最适宜该地区气候条件的生态类型。如马尾松，不同气候生态型的生理及抗性等方面都有适应各自气候条件的特性。

（2）土壤生态型　在同一气候生态范围内，同一树种的不同群体由于长期生长在不同条件土壤上，经过自然选择所形成的最适于该土壤条件（pH、理化性质等）的生态类型。如植物的抗盐型和不抗盐型等。

生态型是可以遗传的变异，因此在进行选种、引种、种子调拨以及母树林和种子园的建立时，必须重视植物的生态型。如生态型选择不对，在实际工作中可能会造成较大的损失。

（二）种子调拨的原则

种子区是生态条件和植物遗传特性类似的种源单位，也是绿化用种的地域单位。种子亚区是在一个种子区内划分为可更好控制用种需要的次级单位，即在同一个种子亚区内生态条件和植物的遗传特性更为类似。因此，在绿化用种时，应优先考虑绿化地点所在的种子亚区内调拨种子，若种子满足不了绿化要求，再到本种子区内调拨。

园林植物的种源选择和种子调拨时要注意以下基本原则：

①本地种源最适宜当地的气候和土壤条件，应尽量采用本地种子，就地采种，就地育苗绿化。当地种子的适应性一般相对较强。

②若本地种子不足，可适当从邻近气候、土壤条件相同或相似的地区调进种子，以适应

生产的需要。

③由于植物一般对高温高湿的适应性比对低温干旱的适应性强。故树木种子调运的一般规律是，由北向南和由西向东调运的范围可比相反方向的大。如马尾松种子，由北向南调拨纬度不宜超过3°，由南向北调拨纬度不宜超过2°；在经度方面，由气候条件较差的地区向气候条件较好地区调拨范围不应超过16°。

④地势、海拔的变化对气候的影响很大，在山区垂直方向调拨种子时，海拔高度的差异不宜过大，一般从高海拔向低海拔调运的范围比相反方向的大，海拔高度不宜超过300～500m。

⑤采用外来种源时最好先进行种源试验，成功后才可以大量调拨种子。

不同植物的适应性不同，在生产中做到适地适树和适地适种源，最重要的是加强种源试验，在不同地区选用最佳种源的种子进行苗木生产。

二、采种技术

(一)采种母株的选择

园林植物种类繁多，每种植物又有许多栽培品种。正确选择采种母株，首先应对该种植物的生长发育习性如开花结实的时期和年龄、果实和种子成熟的特征、影响种子生长发育的因子等有深入的了解。

木本园林植物，通常应选择该树种的适生分布区域内，进入稳定正常结实的壮龄植株作为采种母株。采种母株除应具有该种植物典型的生长习性和观赏特征、生长健壮、无病虫害等外，用作庭荫树的树种，还应具备主干明显、枝叶茂密、冠大荫浓等特点；用作行道树的树种应具备主干通直、树冠整齐匀称等特点；花灌木则要求冠形饱满，重点观赏部位如花色、花型、果色、叶色等纯正且具有典型性。

草本园林植物，多数1～2年可开花，且花期较长，花序有的也较大，选择采种母株除应考虑株型、株高、花期、花色和花型等该种植物的典型特征外，还要注意采种时期和采种部位，如在母株上开花较早者所结的种子的成熟度、千粒重、发芽率等均较好。菊科的一些种如波斯菊（*Cosmos bipinnatus*）、翠菊（*Callistephus chinensis*）、万寿菊（*Tagetes erecta*）、矢车菊（*Centaurea cyanus*）等，花序外缘的种子能更好地保持母株的特征，而瓜叶菊（*Senecio cruentus*）花序中间的种子则优于外缘放射花所结种子。有些草本植物为保持品种的纯正，对采种母株应采取控制授粉的方法，如异地种植、分期播种或设置纱罩等。

为了获得稳产高产且品质优良的种子和用于营养繁殖的种条（插穗和接穗），从长远来看，一个城市在完成树种规划和选定主要骨干树种以后，结合城市绿化规划，建立种子园和采穗圃是非常必要的。尤其是那些通过优树选择可直接获得遗传增益的树种，以营养繁殖方法获得种株以后，在短期内可获得优良的种子或种条。当然，也可根据对优树及其家系（实生苗）的选择，建立实生种子园。总之，建立园林树木种子园，是繁育优良的园林树木种子和建设高产稳产种子生产基地的重要手段，有利于种子生产的基地化和区域化。

(二)园林树木的结实规律

为了便于采种育苗，常把园林树木生长发育的全过程人为地划分为四个时期。

1. 幼年期 从种子萌发开始至第一次开花结实以前为幼年期。幼年期主要是进行营养生长，枝、干、树冠等不断生长、扩大，但绝不出现生殖器官。

2. 青年期 从第一次开花结实起至能够稳定大量地结实以前为青年期。在青年期，随着植株树龄的增长，树体仍在不断地增长，开花和结实量也不断增加。但青年期的初期开花和结实量均少，而且种子多为空瘪粒，随着树龄的增长，种子质量不断提高，结实量也渐趋稳定。

3. 壮年期 从能够稳定地大量结实起至结实量开始下降以前为壮年期。在此时期内植株大量结实，而且种子质量好，树体的营养生长和生殖生长保持相对平衡稳定的状态。

4. 老年期 从结实量开始明显下降起至树体衰退消亡为老年期。营养生长和生殖生长明显衰退，树冠出现枯梢现象，结实量少，种子质量变劣。

不同树种具有不同的种性（遗传性），其生命周期长短不同，各个不同时期的长短也不同，当然，种内的不同个体由于受环境条件的影响也会产生差异。常见树种开始开花的年龄见表3-1。

表 3-1　几个树种开始开花的年龄

树　　种	实生苗（年）	营养苗（扦插、嫁接等）（年）
银杏（*Ginkgo biloba*）	15～20	8～10
侧柏（*Platycladus orientalis*）	5～8	—
梅花（*Prunus mume*）	3～4	1～2
桃花（*Prunus persica*）	3	1～2
紫薇（*Lagerstroemia indica*）	1	—

营养繁殖苗是由已经达到性成熟时期的枝或芽经过嫁接或扦插而获得的植株，开始开花结实的年龄均较实生苗早。

（三）种子的成熟和脱落

1. 种子的成熟过程 种子的采集必须在种子成熟后进行，采集时间过早影响种子质量，过晚小粒种子脱落飞散后则无法收集。种子成熟指卵细胞受精以后种子发育过程的终结，一般包括生理成熟和形态成熟两个过程。

（1）生理成熟 种子发育到一定大小，内部储藏的营养物质积累到一定数量，种子在生理上发育完全，种胚具有发芽能力时，称为生理成熟。

生理成熟种子的特点如下：①种子含水量较高；②内部营养物质处于易溶状态；③种皮不够致密，保护组织不健全，内部易溶物质易渗出种皮而遭受微生物危害；④采收后种子易失水，种仁收缩而干瘪，不易保存，如处理不当会导致种子失去发芽力，如九里香。但对具有长期休眠特性的种子，如董棕、大王椰等，用生理成熟的种子播种，可缩短出苗期，提高发芽率。

（2）形态成熟 种子在外观上呈现出各树种成熟时所特有的颜色和光泽特征时，称为形态成熟。大多数树木种子成熟后，球果或果实皮色由绿色变为黄褐色、褐色、暗褐色、黄色、紫黑色、紫红色等。

形态成熟种子的特点如下：①种子含水率降低；②种子内部的营养物质积累结束，体内营养物质由易溶状态转为难溶状态的脂肪、蛋白质、淀粉等，种皮致密坚实；③外观上种粒饱满坚硬，抗逆性强；④呼吸作用微弱，开始进入休眠，容易储藏。因此，生产上一般将种子形态成熟作为采种的标志。

有些园林植物种子生理成熟和形态成熟的时间几乎是一致的，如杨、柳、鸡冠花等。大多数园林植物种子均需在生理成熟后隔一定时间才能达到形态成熟。也有些园林植物种子形态成熟后，种胚仍需经过一段时间继续发育，才具备发芽能力，如银杏、针葵、七叶树等，这种生理成熟在形态成熟之后的现象称为生理后熟。有生理后熟现象的植物种子一般需经过催芽处理后才能播种。

2. 影响园林树木种子成熟期的因素 各树种种子成熟的季节、成熟时果实的形态、颜色以及积累营养物质所需的时间等，由树种遗传性决定。

环境条件对科学成熟的具体时间、果实和种子的物理性状等起一定作用。因此，园林树木种子的成熟期因树种的生物学特性（遗传性）以及不同的生长环境而不同。

（1）遗传因素　受树种遗传性的影响，不同树种种子成熟期不同，开花后种子发育和积累营养物质所需时间不同。

开花后经过1～3个月种子成熟，即种子春、夏季成熟的树种有银叶相思、喜树、台湾相思、桑树等。

春季开花，当年秋季种子成熟的树种最多，如杜果、尖叶杜英、大花紫薇、侧柏、柳杉、银杏、樟树等。

开花后要经过1年以上，到翌年秋、冬季种子成熟的树种也较多，如马尾松、云南松、柏木、圆柏、木荷、油茶等。

（2）地理位置　同一树种由于生长的地理位置不同，其种子成熟期也不同，主要是受气温、光照、天气与土壤湿度等影响。一般纬度越高，达到一定积温所需时间越长，成熟期越晚。

一般气候温暖地区的母树因气温较高，生长期长，利于种子积累营养物质，种子成熟期比气候寒冷地区早。寒冷地区因气温低，生长期短，树木开始生长晚，开花晚，不利于积累营养物质，成熟晚。

（3）海拔高度　同一树种在同一地区，母树所处的海拔和立地条件等不同，种子成熟期也不同。从垂直高度而言，低海拔地带的气温高，种子成熟期比高海拔地带的母树早。

坡向不同，会影响树木生长的光、温、水等条件，树木的生长状况不一致，种子的成熟期也不一致。阳坡的母树因温度与光照条件都较好，种子成熟期较阴坡早；同一株母树树冠南侧较北侧种子成熟期早。

（4）年份　同一树种，不同年份由于气候状况（温度、水分）不同，种子成熟期也有差异。如天气晴朗，气温高，有风的地区或年份，种子成熟期早；若夏季炎热干旱，种子的成熟期也会提早，相反则晚。

3. 园林树木种子的脱落及采种期的确定 不同树种种实的脱落方式和脱落期不同。

（1）脱落方式　种实的脱落方式多种多样。

①针叶树：落羽杉的整个球果脱落；马尾松、侧柏等球果果鳞开裂，种子脱落；圆柏、龙柏球果肉质，不开裂。

②阔叶树：肉质果类、核果类的部分树种整个果实脱落；蒴果、荚果等果皮开裂种子飞散或脱落。

(2) 脱落期 种实脱落的早晚及延续的时间也具有多样性，主要受树种遗传特征的影响，也受环境因子的影响。可以根据种实的脱落方式、脱落期及其持续时间来确定采种的初步要求。脱落方式，决定树种的采种期及采种方式。

（四）确定采种期（种子成熟）的方法

种子成熟是一种物候现象，每一树种有其相对固定的采种期。鉴别种子成熟的方法主要有形态鉴别法、相对密度测定法和物候预报法。

1. 形态鉴别法 一般根据种实的外部形态特征变化来确定是否成熟，这种方法使用较多，多凭经验。

①颜色的变化：种实未成熟时，一般呈现淡绿色，随着成熟过程逐渐变化。

②果皮的变化：肉质果成熟时肉质化，含水量较高，较软；干果及球果类因果皮失水及木质化而致密坚硬。

2. 相对密度测定法 种子成熟时因水分的蒸发密度下降，可通过测其相对密度鉴定球果相对成熟与否。如美国西部黄松的球果相对密度从 0.94 降到 0.74 时，其种子发芽率从 0% 增加到 74.1%。

3. 物候预报法 物候预报法是一种理论方法，主要依据树木种实成熟所需要的积温值确定。

（五）种子的采种方式

采种方法要根据种子成熟后散落方式、果实大小以及树体高度来决定，一般有以下几种：

1. 地面收集 种子成熟后，直接脱落或需打落的大粒种子，如栎果、扁桃、油桐等，可从地面收集。采用地面收集法，需在种实脱落前清除地面杂物，以便收集。对于中小粒种子，如尖叶杜英等散落后不易收集时，可在母树周围铺垫尼龙网，再摇动母树，使种子落入网内。发达国家有专门的收网机，在收网过程中去除杂物，可获得较纯净的种子。

2. 树上采种（立木采集） 对于小粒种子或散落后易被风吹散的种子，如杨、柳等，以及成熟后虽不立即散落但不便于地面收集的种子，如大叶紫薇、九里香和大多数针叶树种，可采用树上采种。上树方法有人工采用绳套、脚踏蹬、上树环、折叠梯等，也可采用升降机上树，还可用机械采种。

3. 水上收集 如生长在水边的枫杨等种子脱落后，常漂浮于水面，可以在水面上收集。

种子的脱落分三个阶段：初期阶段、中期阶段（盛期）和后期阶段。在早期和中期落下的种子质量好，在落种中期（盛期）落下的种子数量多，质量最优，千粒重大、发芽率高，苗木长势好。针叶树的球果在后期脱落的种子质量差。

三、种实采后处理技术

（一）种子的调制

由采集的园林树木果实中获取成熟的种子叫种子调制。果实采收后，要在最短的时间内完成该项工作，防止发热、霉变影响种子质量。种子调制包括去杂、脱粒、干燥、净种等。根据果实的类型和特性采用相应有效的调制方法。

1. 脱粒

（1）球果类　针叶树需从球果中取出种子，它的取种工序最具代表性。首先经过干燥，使球果的鳞片失水后反曲开裂，种子即脱出。干燥方法有自然干燥法和人工加热干燥法。

①自然干燥法：利用日光曝晒，使球果干燥，鳞片失水后向外反曲而开裂，种子脱出。这种方法在生产上应用很广，如湿地松、柳杉（Cryptomeria fortunei）等球果鳞片容易开裂的树种。球果采集后可选择向阳、通风、干燥的地方，放在席子、油布或场院上曝晒。经过3～10d球果可开裂。鳞片开裂后，大部分种子能自然脱出，其余未脱净的用木棒轻轻敲打即可脱出，然后进行去翅净种，即得纯净种子。

马尾松球果含松脂较多，鳞片不易开裂，用自然干燥法脱粒时，先把球果堆放在阴湿处进行堆沤。将球果堆成高60～100cm，用40℃左右的温水（凉水也可）或草木灰水淋浇。经过10～15d，球果变成黑褐色，并有部分鳞片开裂时，再摊晒于阳光下，促进鳞片开裂，并常翻动，经7～10d，鳞片开裂，种子即脱出。该法因球果堆中温度易升高，若控制不当，易使种子质量下降。

自然干燥法调制的种子一般质量较高，不会因温度过高而降低种子品质，适用于果鳞较薄、较软的球果。

注意事项：做到随脱粒随收取，否则易降低种子含水率；受天气的影响较大，干燥时间较长，生产效率低。

②人工加热干燥法：如果处理大量种子，最好采用人工加热干燥方法，在干燥室内进行。

注意事项：干燥处理的温度应从低温逐渐升高；常检查温湿度，随时调节；及时运出干燥室；烘炉温度过高时，警报器应报警；尽可能缩短种子的加工时间；产地或采种期不同的球果，不能混在一起干燥。

③去翅：某些树种（如枫杨、松等）种子带种翅，脱粒后人工或机械除去种翅（或果翅）的过程。目的在于减小体积，提高种子净度，便于储藏、运输和播种。手工去翅，是把种子装在口袋或其他容器中，用手揉搓去掉种翅。

（2）干果类　干果（开裂的和不开裂的）的调制是使果实干燥，清除果皮、果翅，取出种子，并清除各种碎枝、残叶、泥石等混杂物。由于干果种类甚多，含水率不同，调制方法不同。开裂的可直接置于太阳下晒干，不开裂的一般用阴干法干燥。另外，有的干果晒后能自行开裂，而有的需在干燥的基础上进行人工加工调制。根据果实构造分述如下：

①蒴果类：含水率较高的蒴果，采集后应立即放入通风干燥的干燥室进行干燥，使蒴果开裂以便脱粒，不能曝晒。如山茶（Camellia japonica）的果实含水量高，宜阴干脱粒；杨属（Populus）、柳属（Salix）的果实也因种皮薄、种子易随种絮飞散等，只能在室内干燥、去种絮脱粒。成熟后含水量较低的蒴果，如大花紫薇、紫薇等，可盛容器内在阳光下晾晒，果实开裂后种子脱出，再辅以木棒轻击，用簸箕、筛子等净种，除去枝叶、果皮、种翅等杂物。

②坚果类：栎属（Quercus）、栗属（Castanea）等坚果类果实，一般含水率较高，在阳光下曝晒容易失去发芽力。采种后立即用水选或手选，除去虫蛀粒（如蛀粒不多，可不用水选），然后摊于通风处阴干，摊铺厚度15～20cm，经常翻动，待种子由壳斗或总苞中脱出

后，实行粒选，除去空粒、虫蛀粒及其他杂质。当种子湿度达到要求的安全含水率时，即可储藏。

③翅果类：多数翅果类果实如枫杨等经日晒干燥后，除去果序、小枝等杂物，去翅或不去翅储藏均可。

④荚果类：荚果类如合欢（Albizzia julibrissin）、相思树（Acasia confusa）、双荚决明等的果实，一般种皮保护性能较强，含水量较低，可以通过阳光曝晒后自行开裂，或干后用木棒敲打，使种子脱出。然后清除夹杂物，即得纯净种子。

(3) 肉质果类　肉质果类包括浆果、核果、聚花果以及浆果状的球果等。

九里香等的果实含有果胶、糖及大量水分，易霉烂，必须及时调制，防止降低种子生活力。这类果实可用木棒捣碎果肉，再用清水漂洗，除去杂物，获得纯净种子。桑树的果实质地柔软、种粒小，可先拌以草木灰，用揉搓的方法将种子与果肉分离，再用清水漂洗除去果肉及瘪粒。果肉含水量低且种皮坚硬者如圆柏（Sabina chinensis），可用木棒杵捣，或用碾（石磙）轧碎，使种子与果肉分离。有些树种如杧果、梅等除自行调制获取种子外，还可由食品罐头厂获取，但在取出种子前的生产过程中，温度不应超过45℃，以保证种子的发芽力。

用水漂洗过的种子不宜曝晒，应放在通风处阴干，使种子的含水量控制在安全含水量范围之内。

2. 净种和种子分级

(1) 净种　净种是指清除混杂在种子堆中的夹杂物（如鳞片、果皮、果柄、枝叶碎片等）、空瘪粒和破伤种子，提高种子净度的工作。净种可以防止种子堆吸湿受潮而霉变腐坏，保证种子质量。净种工作越细致，种子净度越高，等级越高，利于储藏。

根据种子和夹杂物的大小及比重，净种可采用风选、筛选、水选和手选等方法。

(2) 种子分级　种子分级是把某一树种的一批种子按种粒大小加以分类的工作，这对育苗工作具有重要意义。种粒大小在一定程度上能反映种子质量的优劣。种子分级的目的在于提高种子整齐度和利用率，减轻苗木的分化。种子分级可用种子分级器或筛孔大小不同的筛子。采用不同孔径的筛子，将大小种子分开，或利用风选，将轻重不同的种粒分级，有利于提高种子品质。用分级后的种子播种，出苗整齐，生长均匀，便于更好地进行抚育管理。

(二) 种子的储藏

1. 影响种子生命力的主要因子　种子保持发芽、成苗的年限称为种子的生命力，以年为单位。保持种子生命力的年限也称种子的寿命。

影响种子生命力的因子可分为两类，一类是种子的内部因子，另一类是种子所处的环境因子。首先，由于不同物种的种子具有不同的遗传性，决定其种子具有异质性；其次，种子的结构尤其是种皮的致密程度，种子的成熟度，种子主要内含物的种类（脂肪、蛋白质、淀粉、水等）和含量等，都对种子的生命力有直接的影响。一般正常成熟的种子的种皮比较致密，含水量较低，生理代谢及呼吸作用等都处于较低水平，因而生命力容易保持；如果种子的储藏物质为脂肪或蛋白质类等缓释的高热量物质时，也利于种子生命力的保持。种子的含水量除与种子的特性有关外，还受种子成熟度的影响较大，成熟的种子仅含维持种子生活力必需的少量水分，未成熟或不完全成熟的种子则含水量较高，这主要是由于种皮的结构、胚及胚乳的形态及内含物的转化和积累等尚未达到种子成熟时的最佳状态所致，这类种子的生命力不易保持。

夏季成熟的种子（如九里香、杧果等）寿命较短且无休眠期，可以采种后立即播种，而多数种子秋季成熟，采收后不立即播种，需要储藏一段时间。在储藏期间影响种子生命力的主要因子是温度、湿度和储藏环境的通气状况等。一般情况下，温度较低时，种子的新陈代谢活动较低，对保持种子生命力有利，但温度过低，甚至产生冻害时，则会破坏种子的生命力。储藏温度在0℃以上时，每增加5℃可使种子寿命缩短1/2，一般无种子室（库）的苗圃，多选用通风良好、无直射阳光的室内储藏。有些种子成熟时含水量较高，如竹柏（*Podocarpus nagi*）、七叶树（*Aesculus chinensis*）、棕榈（*Trachycarpus fortunei*）等，一般多采用混湿沙的方法储藏。而大多数种子在湿度较低时对生命力的保持有利，可以避免种子吸水后新陈代谢活动增加，消耗种子内储藏的营养物质；其次，湿度大使空气中或附着在种子上的微生物的活动增强，危害种子的健康。调节空气湿度主要采用通风的方法，使种子呼吸产生的二氧化碳及时排除，增加空气中氧的含量，避免无氧呼吸。

种子的寿命与种子的储藏方法直接有关，应根据种子的特性制定相应的措施，以保证育苗生产的需要。种子寿命在3年以下者称为短命种子，种子寿命在3～15年者称为中寿命种子，种子寿命在15～100年者称为长寿种子。常见种子的寿命如表3-2所示。

表3-2 室温干燥条件下种子储藏效果

种　名	储藏年限（年）	发芽率（%）
合欢（*Albizzia julibrissin*）	47	4
杉木（*Cunninghamia lanceolata*）	4	84.1
百日草（*Zinnia elegans*）	10	64
万寿菊（*Tagetes erecta*）	5	53
三色堇（*Viola tricolor*）	5	45
香石竹（*Dianthus caryophyllus*）	10	47
紫罗兰（*Matthiola incana*）	9	49

2. 种子的储藏　种子储藏分干藏和湿藏两种方法，通常是根据不同种子的特性，主要是种子安全含水量的高低来确定采用干藏或湿藏，有条件时，可建地下或半地下的可以控制温度和湿度的种子库，也可选用一般的房屋，但要求通风和干燥。

（1）干藏法　以干燥状态的种子储藏于干燥的环境条件下。一般适用于安全含水量较低的种子，如刺槐、白蜡、合欢等阔叶树种及大多数针叶树种。干藏法又可分为以下几种：

①开放（普通）干藏法：将种子储藏在干燥但空气可以自由流通的地方。适用于安全含水量低且在自然条件下不易失去发芽力的种子，一般多用在不能人工控制温度与湿度的储藏条件下。储藏效果较差，但不需特殊设备，简便易行，成本低。

凡是含水量低，在自然条件下又不会很快失去发芽力的种子，如大多数针叶树种（杉木、柳杉、侧柏等）、楝树、合欢、金合欢、相思树、黑荆等的种子，采后短期储藏均可采用此法，但易失去发芽力的杨树、柳树、桉树等的种子不宜采用此法。

具体方法：将经适当干燥、已达到储藏所要求的安全含水量的种子，装入容器（如布袋、麻袋、桶、箱、缸等）内，放在经过消毒、温度较低、干燥、通风良好的储藏室、地窖、或地下室内。易遭虫蛀的种子（如刺槐、皂角、相思树等），可拌以石灰粉、木炭屑，以防生虫。为防屋内湿度升高，可在屋四角堆放生石灰。储藏期间要定期检查，如发现种子发热、潮湿、发霉时，应立即采取通风、干燥、摊晾等有效措施。

普通干藏效果远不及密封干藏的好。如油松种子藏于地下室2年后，发芽率为74%，而密封干藏的为90.8%。

②密封干藏法：种子在储藏期间与外界隔绝，没有气体交换，不受外界环境湿度变化的影响。种子可以长期保持干燥，新陈代谢作用微弱，种子保持生命力的时间长。它是长期储藏种子效果最好的方法。密封干藏的储藏效果较好，适用于安全含水量较低的种子，但需要有一定的储藏设施。

具体方法：将种子装入不通气的容器中，密封容器口，将容器放入温度较低的环境中，一般将容器置于0~5℃的种子库中，称低温密封干藏法。

装种子的容器有金属的，如镀锌铁桶的效果很好，还有铝箱等。

为防止种子含水量升高，应在密封容器内放入干燥剂。常用的干燥剂有变色硅胶、氯化钙、木炭等。

③气藏法：即控制气体储藏法。在储有种子的密闭容器中充入N_2、CO_2等气体，降低环境的O_2浓度，抑制种子的呼吸强度，同时可控制病原微生物及害虫的生长和增殖。这种方法最早用于储藏蔬菜和水果等。东北林业大学的试验表明，在室温下向塑料袋充入N_2、CO_2储藏红皮云杉种子319d后，发芽率明显高于对照，其中充N_2效果最好。

（2）湿藏法　湿藏法是将树木种子储藏在湿润的环境中，在储藏期间使种子保持湿润状态。此法适用于安全含水量较高的种子，如银杏、板栗、七叶树、栎类、山核桃、油桐、油茶、檫木等的种子用干藏法储藏效果较差，可将种子储藏在湿润的环境中，使种子在储藏期间经常保持湿润状态。

湿藏法的温度应控制在0℃左右，最高不超过3℃为宜。如果种子含水量高且温度也高，会促使种子呼吸作用旺盛，引起种子发霉而变质，失去生命力。安全含水量低的种子也可以用湿藏法，如厚朴种子用湿藏法储藏23年发芽率为78%；金合欢储藏24年发芽率由92%降为83%。储藏措施和低温催芽相似，因此在进行湿藏的同时也可以部分解除种子的休眠，相当于前期催芽。

湿藏法又分为室外埋藏与室内埋藏两种。

（三）种子的包装和运输

种子的运输实质上是特定环境条件下的一种短期的储藏方法。要做好包装工作，以防止种子过湿、发霉或受机械损伤等，确保种子的生活力。

对于一般含水量低并进行干藏的种子，可直接装入布袋、麻袋运输，每袋不宜过重或过满，既便于搬运，又可减少挤压损伤，对于含水量高的和易失水而影响生活力的种子，用塑料布或油纸包好再放入木箱或箩筐中运输，如樟树、楠、七叶树、檫木、木通、柑橘、枇杷等。橡栎类的种子多用箩筐填入稻草分层包装。对于极易丧失发芽力的种子，需要密封储存，在运输过程中，应保持密封条件，可用瓶、罐、桶装运，目前多采用塑料袋装运，效果比较好。

种子在运输过程中要注意覆盖，防止雨淋、暴晒和冻害。并要附上种子登记证，以防止种子混杂，运到目的地应立即检查，并根据情况及时进行摊晒、储藏或播种等。

四、种子检验技术

（一）种子检验的重要性

对园林植物来说，种子品质的优劣直接影响苗木的产量和质量，进而影响城市绿化景观的效果。

只有优良的种子才能培育出优良的苗木，开展种子检验工作、选用优良种子、淘汰劣质种子是保证播种用种子具有优良品质的关键环节。种子检验工作具有如下作用：①确定种子的使用价值，制定正确的育苗措施，预见苗木的产量和质量；②杜绝使用不合格的种子，避免造成生产上的损失；③防止病虫害的传播和蔓延。

种子检验方法在国内园林树木可参照执行《林木种子检验规程》（GB 2772—1999）中的各项规定；在国际交流中，则应执行国际种子检验协会（ISTA）制定的《国际种子检验规程》。主要检验项目有种子净度、种子含水量、种子重量（千粒重）、种子发芽率和种子优良度、种子病虫害感染度等。

（二）种子批及其划分

种子批是指具备以下各项条件的同一树种的种子：①在一个县、市（或园林局、园林处或风景区、森林公园等）范围内的相似立地条件下，或同一个种子生产基地（种子园等）采集的种子；②采种母树的树龄大致相同；③采种的时期大致相同；④种子的加工（脱粒、精选等）、储存方法相同；⑤重量不得超过下列限额：特大粒种子（如桄果、核桃、板栗、油桐等）为10 000kg，大粒种子（如银杏、尖叶杜英等）为5 000kg，中粒种子（如散尾葵、马尾松、樟树等）为3 500kg，小粒种子（如双荚槐、合欢等）为1 000kg，特小粒种子（如杨、柳、桑、木麻黄等）为250kg。每个种子批要附有种子采收登记表（表3-3）。

表3-3 种子采收登记表

树种名称			采收方式	自采、收购
采种地点				
采种时间			本批种子重量（kg）	
采种林地情况	林分类别	一般林分：天然林、人工林 优良林分：天然林、人工林 散生树、母树林、种子园		
	树、林龄		坡向	
	海拔高度（m）		坡度	
加工	方法			
	时间		出种果率（%）	
储藏	方法		容器、件数	
	地点		时间	自 至
备注				

* 在应填写的相应小项目上画上圈表示。

种子采收单位：（盖章）

登记人： 年 月 日

(三) 扦样

由供检验的种子批中，扦取能代表该种子批全貌的供检验用的种子样品称为扦样（抽样）。一个种子批的种子质量检验结果是否准确，决定于扦取样品的代表性，也就是取样方法是否科学、合理。种子检验是对一个数量适宜的供检样品的检验，所以，扦样的目的是获取一个与该种子批具相同的各种成分和比例的供检样品。在扦样工作中必须做到随机性，杜绝主观性，取样的部位要分布全面、均匀，每次取样数量要一致。扦样次数由种子批的大小和盛种子的容器数量而定，袋（或其他容器）装种子批扦样次数的最低要求：5 个容器以下，每个容器均扦取，即扦取 5 个初次样品，初次样品是由种子批的一个点直接扦取的种子；6～30 个容器，每 3 个容器至少扦取 1 个，但总数不得少于 5 个；31～400 个容器，扦取 10 个初次样品，或每 5 个容器扦取 1 个，以扦取样品数量多的为准；401 个容器以上，扦取 80 个容器，或 7 个容器扦取 1 个，以扦取样品数量多的为准。在库房或围囤内散装的种子，可由堆顶的中心及四角设 5 个扦取样点，每点按上、中、下三层扦样。由正在装入容器的种子流或其他散装种子扦样时，500kg 以下至少扦取 5 个初次样品；501～3 000kg 每 300kg 扦取 1 个初次样品，但不得少于 5 个；3 001～20 000 kg 每 500kg 扦取 1 个，总数不得少于 10 个；20 001kg 以上每 700kg 扦取 1 个，总数不得少于 40 个。

将同一种子批的初次样品均匀混合后称为混合样品。混合样品过大，可用分样器或四分法分取，缩小至送检样品规定的数量。一般送检样品的重量参照种子的千粒重制定，小粒和特小粒种子至少应相当于 10^4 粒种子的重量；中粒种子至少相当于 3×10^3～5×10^3 粒种子的重量；大粒和特大粒种子至少相当于 3×10^2～5×10^2 粒种子的重量（表 3-4）。

表 3-4 树木种子的种子批和样品的重量

（摘自《国际种子检验规程》）

中 名	学 名	种子批的最大重量（kg）	样品最低重量（g）	
			送检样品	净度分析样品
金合欢类	Acacia spp.	1 000	70	35
鸡爪槭	Acer palmatum	1 000	100	50
香椿类	Toona spp.	1 000	80	40
日本柳杉	Cryptomeria japonica	1 000	25	10
柠檬桉	Eucalyptus citriodora	1 000	40	15
桑类	Morus spp.	1 000	20	5
黑松	Pinus thunbergii	1 000	70	35
紫薇类	Rosa spp.	1 000	50	25
紫杉类	Taxus spp.	1 000	320	160
榔榆	Ulmus parvifolia	1 000	20	8
榆	Ulmus pumila	1 000	30	15

(四) 播种品质的测定

1. 种子净度的测定 净度测定的主要目的是通过测定被检验样品纯净种子、废种子和夹杂物的重量，计算纯净种子占测定样品总重量的百分比，进而测算该种子批的纯净程度，为育苗生产提供准确可靠的依据。

具体方法：先用分样器或四分法由送检样品中进行分样，以取得该树种用于净度测定所需的重量（树木种子批和样品的重量）。用于净度测定的样品量，除种粒大的种子为300～500粒外，其他种子要求在净度测定后有纯净种子2 500～3 000粒。将测定样品放在玻璃板上，按纯净种子、废种子和夹杂物分为三部分，并分别称重，精度要求见表3-5。

表3-5 净度分析样品的精度要求

测定样品重量（g）	称重至小数点后位数	测定样品重量（g）	称重至小数点后位数
<1	4	100～999.9	1
1～10	3	1 000以上	0
10～99.99	2		

纯净种子是指完整的发育正常的种子，不能识别的、外部形态正常的空瘪种子和虽已破损仍能发芽的种子。废种子包括能识别的空、腐坏粒等不能发芽的种子、严重损伤和无种皮的裸粒种子。夹杂物包括除以上两项外的所有其他杂质，如枝叶、树皮、种子附属物、不属于检验对象的其他植物种子等。

当所测样品纯净种子、废种子和夹杂物重量之和与原测定样品质量之差在容许范围内时（表3-6），即可计算净度，否则需重做。

表3-6 测定样品的容许误差

测定样品重量（g）	容许误差（g）
<5	≤0.02
5～10	≤0.05
11～50	≤0.10
51～100	≤0.20
101～150	≤0.50
151～200	≤1.00
>200	≤1.50

净度计算公式如下：

$$净度 = \frac{纯净种子}{纯净种子 + 废种子 + 夹杂物} \times 100\%$$

进行复检或仲裁检验时，计算两次测定的平均值，如果不超过表3-7规定的容许差距，则可以认为两次测定的结果相符合。

表3-7 两次净度测定间的容许差距（有稃壳种子）

两次净度测定的平均值（%）		容许差距（%）
净度>50%	净度<50%	
99.95～100.00	0.00～0.04	0.16
99.90～99.94	0.05～0.09	0.24
99.85～99.89	0.10～0.14	0.30
99.80～99.84	0.15～0.19	0.35
99.75～99.79	0.20～0.24	0.39
99.70～99.74	0.25～0.29	0.42
99.65～99.69	0.30～0.34	0.46

(续)

两次净度测定的平均值（%）		容许差距（%）
净度＞50%	净度＜50%	
99.60～99.64	0.35～0.39	0.49
99.55～99.59	0.40～0.44	0.52
99.50～99.54	0.45～0.49	0.54
99.40～99.49	0.50～0.59	0.58
99.30～99.39	0.60～0.69	0.63
99.20～99.29	0.70～0.79	0.67
99.10～99.19	0.80～0.89	0.71
99.00～99.09	0.90～0.99	0.75
98.75～98.99	1.00～1.24	0.81
98.50～98.74	1.25～1.49	0.89
98.25～98.49	1.50～1.74	0.97
98.00～98.24	1.75～1.99	1.04
97.75～97.99	2.00～2.24	1.09
97.50～97.74	2.25～2.49	1.15
97.75～97.49	2.50～2.74	1.20
97.00～97.24	2.75～2.99	1.26
96.50～96.99	3.00～3.49	1.33
96.00～96.49	3.50～3.99	1.41
95.50～95.99	4.00～4.49	1.50
95.00～95.49	4.50～4.99	1.57
94.00～94.99	5.00～5.99	1.68
93.00～93.99	5.50～5.99	1.81
92.00～92.99	6.00～6.99	1.93
91.00～91.99	7.00～7.99	2.05
90.00～90.99	8.00～8.99	2.15
88.00～89.99	10.00～11.99	2.30
86.00～87.99	12.00～13.99	2.47
84.00～85.99	14.00～15.99	2.62
82.00～83.99	16.00～17.99	2.76
80.00～81.99	18.00～19.99	2.88
78.00～79.99	20.00～21.99	2.99
76.00～77.99	22.00～23.99	3.09
74.00～75.99	24.00～25.99	3.18
72.00～73.99	26.00～27.99	3.26
70.00～71.99	28.00～29.99	3.33
65.00～69.99	30.00～34.99	3.44
60.00～64.99	35.00～39.99	3.55
50.00～59.99	40.00～49.99	3.65

实际操作时填表如表 3-8 所示：

表 3-8　净度测定记录表

树种：

	测定样品重量（g）			
	纯净种子（g）		净度（%）	
夹杂物	废种子重量（g）			
	虫卵块（g）			
	成虫（g）			
	幼虫（g）			
	蛹（g）			
	其他夹杂物（g）			
	总重量（g）			
	误差（g）			
备注				

* 除已列在表中的夹杂物以外的夹杂物种类（g,%）可计入备注中。

检验员：　　　　年　月　日

2. 种子含水量的测定　种子中含适量的水分是保持种子生命活动的重要物质之一，水分含量过高或过低均影响种子的正常代谢作用。

种子中的水分可分为两种：一种是存在于种子表面和种子内细胞间隙的水分，一般称自由水或游离水，它们具有水的一般特性，能在细胞间隙流动，沸点为100℃、冰点为0℃，且容易蒸发；另一种是与种子内的亲水胶体（如淀粉、蛋白质等）结合在一起的水分，称其为胶体结合水或束缚水，它们一般不能在细胞间隙自由流动，也不易受外界条件的影响而蒸发，只有将种子加热至100～150℃时，才能把这部分水排除。

种子水分的具体测定方法如下：

（1）样品的选取　将送检样品在防水容器内充分混合，除去夹杂物，并尽量减少样品在实验室空气中暴露的时间。种粒小、种皮薄的种子可直接进行干燥处理，大粒种子可从送检样品中随机选取50g（不少于8粒），将其切开或打碎、充分混合后称取重量，2次重复。每一重复的测定样品重量根据所用样品盒直径大小决定，直径小于8cm的取4～5g，直径等于或大于8cm的取10g。称量单位为克(g)，称量精度要求小数点后3位。大粒种子及种皮坚硬的种子可以切片，粒径15mm以上至少切成4～5片，动作要快。

（2）测定方法　最常用的方法是低恒温烘干法，也称标准法，适用于所有园林树木种子。将称取的样品分别放入预先烘干和称量过的铝盒或称量瓶内，置入已经保持在103℃±2℃的烘箱中烘17h±1h。盒（瓶）盖搭在盒（瓶）旁。达到规定时间后，迅速盖好样品盒盖，然后放入有干燥剂的干燥器内，冷却30～45min后称重，两次重复间的误差不得超过表3-9中的规定值，超过则需重做。含水量计算公式如下：

$$含水量 = \frac{测定样品烘干前重量 - 测定样品烘干后重量}{测定样品烘干前重量} \times 100\%$$

当两次重复测定的含水量不超过容许误差时，两次测得数据的平均数即为所测种子含水量，计算至小数点后 1 位小数。实际操作时填表如表 3-10 所示：

表 3-9　含水量测定两次重复间的容许误差

种子大小类别	平均原始水分含量		
	<12%	12%～25%	>25%
小种子	0.3%	0.5%	0.5%
大种子	0.4%	0.8%	2.5%

注：1. 小种子指每千克超过 5 000 粒的种子
　　2. 大种子指每千克最多为 5 000 粒的种子

表 3-10　含水量测定记录表

树种_____样品号_____样品情况_____
测试地点_____
环境条件：温度_____℃　空气相对湿度_____%
测试仪器名称_____编号_____
测定方法_____

容器号
容器重量（g）
容器及测定样品重量（g）
烘至恒重（g）
测定样品原重量（g）
水分重量（g）
含水量（%）
平均值
实际误差（%）　　　　　　　　　　　　　　容许误差（%）

本次测定：有效　□　测定人：
　　　　　　无效　□　校核人：
测定日期：

3. 种子千粒重的测定　种子千粒重测定通常也称种子重量测定。目的是通过对送检样品 1 000 粒纯净种子重量的测定，以此来表示种粒的大小及种子的饱满程度，是计算播种量的重要依据之一。

测定种子千粒重的方法有：

（1）百粒法　百粒法是国内外广泛应用的方法，从净度测定所得的纯净种子中，随机数出 100 粒，重复 8 次，分别称重，称量精度同净度测定（表 3-11）。标准差（S）和变异系数（CV）计算公式如下：

$$S=\sqrt{\frac{n(\sum x^2)-(\sum x)^2}{n(n-1)}}$$

式中：x——各组的重量（g）；
　　　n——重复次数；
　　　$\sum$——总和。

$$CV=\frac{S}{X}$$

式中：X——各组种子重量的平均值。

具木质化硬壳或其他附属物的种子、种粒大小悬殊的种子，变异系数小于 6.0，其他种子变异系数小于 4.0 时,则可由 $10X$ 计算千粒重,如果变异系数超出上述规定,则应再数取 8 个重复称重后,计算 16 个重复的标准差。

凡与平均值之差超过 2 倍标准差的各重复略去不计,以剩余的各组求 100 粒种子重量的平均值,以此平均值乘 10 即得千粒重。

(2) 千粒法　种粒大小、轻重极不均匀的种子可采用此法 (表 3-12)。将净度分析后的纯净种子用四分法分成 4 份,从每份中随机数取 250 粒;共 1 000 粒为 1 组,取 2 组,即 2 个重复 (千粒重在 50g 以上时,以 500 粒为 1 组;千粒重在 500g 以上时,以 50 粒为 1 组)。然后分别称重,计算两组的平均重量。当两组重量之差小于平均数的 5% 时,此平均数即为千粒重的数值;当两组重量之差超过平均数的 5% 时,则应重做,如仍超过,则应计算 4 组样品的平均数;并以此作为千粒重的数值。

(3) 全量法　当纯净种子少于 1 000 粒时,可将其全部称重后,换算成千粒重。但在使用此数值时应加以说明。

表 3-11　种子千粒重测定记录表 (百粒法)

树种:

组号	1	2	3	4	5	6	7	8	9	10	11	12	13	14	15	16	…
x (g)																	
x^2																	
$\sum x^2$																	
$\sum x$																	
$(\sum x)^2$													备注				
标准差 (S)																	
X																	
变异系数 (CV)																	
千粒重 ($10X$)																	

检验员:　　　　　测定日期:　　　年　月　日

表 3-12　种子千粒重测定记录表 (千粒法)

树种:

各组样品				粒
组号	1	2	3	4
样品重 (g)				
平均重 (g)				
容许误差 (g)				
实际误差 (g)				
千粒重 (g)				
备注				

检验员:　　　　　测定日期:　　　年　月　日

4. 种子发芽力的测定　种子发芽力的测定是种子检验中的一项重要工作,目的是提供该种子批种子的使用价值,为确定播种量提供依据。发芽力的测定内容包括发芽率和发芽势。

表 3-13　发芽测定记录表

树种　　　　　　　　　　　　　样品编号　　　　　　　　　　　　年　月　日
检验员

预处理方法	其他记载																				温度			未发芽率					光照			
	组号	1	2	3	4	5	6	7	8	9	10	11	12	13	14	15	16	17	18	19	20	发芽势 % 天数	发芽率 % 天数	腐烂	异状	新鲜	空粒	硬粒	共计 %	发霉日期及换垫日期	平均发芽势	平均发芽率	附注
预处理日期																																	
置床日期	1										逐日发芽粒数																						
	2																																
开始发芽日期	3																																
	4																																

因为天气环境条件比较复杂，难以人为控制，室外测定缺乏重演性。因此种子发芽力测定一般在实验室进行。

(1) 种子发芽力测定的程序和方法　发芽试验用净度测定后的纯净种子，随机数取100粒，重复4次，即共数取400粒种子；种粒大可以50粒或25粒为1次重复，特大粒种子可切取1cm³带有胚根、胚芽和部分子叶（胚乳）的胚轴；特小粒种子以重量发芽法进行试验时可以0.11～0.25g为1次重复。

为了促使种子发芽，对种皮致密不易透水的种子可用浓硫酸侵蚀，一般种子可用温水（45℃）浸种24h。用发芽皿作发芽床，上垫滤纸，滤纸下面加垫纱布条，下端伸进水箱水面以下，以吸收供种子发芽的水分。发芽用水可使用pH6.5～7.0的蒸馏水。

每个发芽皿放1个重复的种子（100粒），种粒之间不相接触，以防霉菌相互感染。为便于计数，种子应有规律地摆整齐。发芽温度、发芽持续时间、光照等可参照《林木种子检验规程》(GB 2772—1999)及《国际种子检验规程》的规定进行。

观察记载的日期也按上述文件的规定，分别记载正常发芽种子数、异常发芽种子数和腐坏种子数，判别标准如下：

①正常发芽种子：一般树种的种子，幼根长度超过种粒长度的1/2；小粒或特小粒种子，幼根长度超过种粒长度；多胚种子如苦楝（*Melia azedarach*）至少应有1个正常的幼根达到规定的要求；幼根虽已染病，但可判明不是来自种子内部者。

②异常发芽种子：幼根短而生长迟滞；幼根异常瘦弱、腐败或由珠孔以外其他部位伸出者，子叶先出而幼根卷曲者，以及幼苗白化、双胚连接等。

③腐坏种子：指种子内部已经腐坏而不具发芽能力的种子。

发芽测定终止时，对各重复中尚未发芽的活种子应逐一进行检查，并分别按以下内容记载：

新鲜健康的种子：种粒正常，但未发芽；幼根虽已伸出，但未达到规定长度者。

硬粒种子：种皮透性差，种皮坚硬尚未发芽的种子。

空粒种子：种皮内无胚和胚乳。

涩粒种子：种皮内仅具紫黑色单宁类物质，多见于杉木、柳杉种子。

种子发芽测定记录表如表3-13所示。

(2) 发芽率和发芽势的计算方法

①发芽率：发芽率是指在规定的条件和时间内，正常发芽种子的粒数占供试种子总数的百分数。先计算每个重复的发芽率，然后求出4次重复的平均发芽率（以整数计），各重复发芽率的最大值与最小值之差不超过表3-14规定的容许差距时，该测定有效。如果超过容许误差、发芽种子鉴别有误或霉菌等因素严重干扰时，应重新测定。

$$发芽率 = \frac{正常发芽种子粒数}{供试种子粒数} \times 100\%$$

表3-14　发芽测定各重复间的最大容许差距

平均发芽率（%）		最大容许差距（%）
发芽率>50%	发芽率<50%	
99	2	5
98	3	6
97	4	7

(续)

平均发芽率（%）		最大容许差距（%）
发芽率>50%	发芽率<50%	
96	5	8
95	6	9
93~94	7~8	10
91~92	9~10	11
89~90	11~12	12
87~88	13~14	13
84~86	15~17	14
81~83	18~20	15
78~80	21~23	16
73~77	24~28	17
67~72	29~34	18
56~66	35~45	19
51~55	46~50	20

以重量发芽法测定种子发芽率时，取4次重复样品重量及正常发芽种子粒数的平均数，以正常发芽种子粒数/g表示。

②发芽势：一般是把供试种子达到发芽高峰时的累计发芽百分数记为发芽势，并注明达发芽高峰时的天数。发芽势反映该种子批种子发芽的整齐度。

$$发芽势 = \frac{发芽高峰时正常发芽种子粒数}{供试种子粒数} \times 100\%$$

5. 种子生活力的生物化学测定 种子生活力表示种子发芽的潜在能力，用生物化学的方法测定种子生活力的目的在于快速地估测种子样品尤其是休眠种子的生活力。这种方法对所有植物种子都有效。

常用的试剂是氯（或溴）化四唑的0.1%~1.0%水溶液（一般用0.5%）。如蒸馏水的pH不能使溶液保持在6.5~7.5，可将氯化四唑溶于缓冲溶液中，缓冲液由A液（9.078g KH_2PO_4 溶于1 000mL水中）2份加B液（11.876g $Na_2HPO_4 \cdot 2H_2O$ 溶于1 000mL水中）3份配成。将5g氯化四唑溶于1 000mL的缓冲液中，即可配成pH7的0.5%的氯化四唑试剂。

种子用净度测定后的纯净种子，随机数取100粒，4次重复。种子先用40℃温水浸种，然后用清水再浸1~2d；剥取种胚和胚乳，先放入蒸馏水中，然后转入四唑溶液中，在25~30℃恒温无光条件下，以着色稳定不再染色为止，有些树种1~2h，有些树种需24h，如红松（*Pinus koraiensis*）干种子的胚需20h以上，而浸种3d的胚仅需2h即可染色。

氯化四唑法的染色原理是种胚浸入无色四唑溶液后，在活细胞组织中的脱氢酶的作用下，种胚吸收的氯化四唑还原成稳定且不易扩散的红色还原物triphenyl formazan，从而使活细胞组织呈红色。死的或坏损的细胞组织则不能染色，同样浓度的试剂，出现不同程度的红色或染色速度快慢不同时，表明细胞组织生活力强弱不同。

种子生活力计算方法及容许误差同发芽试验。

种子发芽还受种子休眠的影响，具体内容参见"播种育苗"中的相关内容。

第二节 播种育苗

一、播种育苗的特点与利用

利用园林树木的种子，创造条件使其萌发、生长、发育，培育而成的种苗称为播种苗或实生苗。种子是植物在系统发育过程中形成的专用繁殖器官，体积一般较小，采收、储藏、运输、播种等都较简单方便，可以在较短时间内培育出大量的苗木，因而播种育苗在园林苗圃中占有极其重要的地位，是应用最广的繁殖方法。

(一) 播种育苗的特点

1. 方法简便，繁殖数量大 种子来源广，数量多，采集、储藏、运输都较方便简单。利用种子繁殖，一次可获得大量苗木。

2. 生长健壮，适应性强 播种苗主根强大，根系发达，寿命长，抗风、抗寒、抗旱、抗病虫的能力及对不良环境的适应能力较强。异地引种较易成功。如从南方直接引种梅花苗木到北方种植，往往不能安全越冬；而引入梅花种子在北方播种育苗，其中部分苗木则能在-17℃时安全过冬。

3. 一般无病毒 在隔离的条件下，育成的播种苗不带病毒，有利于病毒病的防治。

4. 有遗传变异，性状易分离 这种特点有利也有弊。由于遗传性状的分离，在苗木中常会出现一些好的性状或新类型的单株，有利于园林树木新品种的选育。而对一些遗传性状不稳定的园林树种，用种子繁殖的苗木常不能保持母树原有的观赏价值或特征特性。如重瓣榆叶梅播种苗大部分退化为单瓣或半重瓣花，龙爪槐播种繁殖后代多为国槐等。

5. 童期长，结果晚 播种苗的发育从种胚开始，具有明显的童期和童性，因而开花、结果较无性繁殖的苗木晚。

(二) 播种育苗的利用

播种繁殖是园林树木育苗的主要手段之一，播种育苗在园林苗圃中的应用主要有培育园林苗木、砧木苗和园林树木新品种，培育园林苗木是播种育苗的主要任务。以播种育苗为主要育苗方式的常见园林树种如下：

1. 落叶乔木类 凤凰木、小叶榄仁、木棉、美丽异木棉、水杉、金钱松、水松、栓皮栎、榆树、朴树、构树、合欢、楝树、枫香、七叶树、栾树、梧桐、珙桐、喜树、无患子、重阳木等。

2. 常绿乔木类 海南蒲桃、小叶榕、南洋杉、秋枫、尖叶杜英、塞楝、鸡冠刺桐、黄槐、马尾松、杉木、柳杉、柏木、侧柏、圆柏、铺地柏、罗汉松、红豆杉、广玉兰、樟树、枇杷、杜英、杨梅等。

3. 落叶灌木类 紫薇、石榴、云实等。

4. 常绿灌木类 南天竹、海桐、黄槐、黄杨、女贞、小蜡等。

5. 棕榈型类 大王椰、棕竹、棕榈、蒲葵、鱼尾葵、散尾葵、软叶针葵等。

6. 藤本类 金银花、使君子、五爪金龙、紫藤、爬山虎等。

二、播种前的土壤准备

(一) 整地

整地是为了改善土壤的水、肥、气、热等条件，消灭杂草和病虫害，同时结合施肥，创造适合种苗生长的土壤条件。

1. 选地 播种育苗一般选择地势较高、土壤肥沃疏松、排水通气良好、水源充足的地块。低洼地易产生根腐病、白绢病等危害幼苗生长，甚至造成幼苗大批死亡。

2. 耕翻土壤 耕翻土壤多在春、秋两季进行，华南地区应视土壤含水量而定。播种苗区的耕翻深度 20~25cm，过浅不利于苗木根系伸长及土壤改良，过深易破坏土壤结构，也不利于起苗。

3. 耙地 耙地一般在耕地后立即进行，目的是耙碎土块、混合肥料、平整土地、清除杂草、保蓄土壤水分。

（二）做床

为了给种子发芽和幼苗生长发育创造良好的条件，便于苗木管理，在整地施肥的基础上，要根据育苗的不同要求把育苗地做成床或垄。

1. 苗床育苗 做床时间应与播种时间密切配合，在播种前 1~2 周完成。做床前应先选定基线，测量床宽及步道宽，钉桩拉绳做床，要求床面平整。苗床走向以南北向为宜。在坡地应使苗床长边与等高线平行。华南地区采用高床和平床两种形式（图3-1）。高床其床面高出步道 15~

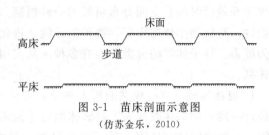

图 3-1　苗床剖面示意图
（仿苏金乐，2010）

25cm，床面宽 100~120cm，步道宽 30~40cm。床长根据播种区的大小而定，一般为 15~20m，过长管理不方便。高床有利于侧方灌溉与排水。一般用于降雨较多、低洼积水或土壤黏重的地区。

2. 大田育苗 大田育苗采用垄作，在平整好的圃地上按一定距离、一定规格堆土成垄，一般垄高 20~30cm，垄面宽 30~40cm，垄底宽 60~80cm，以南北走向为宜。垄作便于机械化作业，适应于培育管理粗放的苗木。南方湿润地区宜用窄垄。

（三）土壤消毒

苗圃地的土壤消毒是一项重要工作。生产上常用化学或物理方法消灭土壤中残存的病原菌、地下害虫或杂草等，以减轻或避免其对苗木的危害。园林苗圃中简便有效的土壤消毒方法主要是采用化学药剂处理。

1. 福尔马林 用量为 50mL/m^2，稀释 100~200 倍于播种前 10~20d 洒在要播种的苗圃地上，然后用塑料薄膜覆盖，在播种前 1 周揭开塑料薄膜，待药味散失后播种。福尔马林除了能消灭病原菌外，对于堆肥的肥效还有增效作用。

2. 硫酸亚铁 用浓度为 2%~3% 的水溶液喷洒苗床，用量 225~300kg/hm^2。也可在播种前灌底水时溶于水池中，或与基肥混拌或制成药土使用。硫酸亚铁除可杀菌外，还可改良碱性土壤，供给苗木可溶性铁离子。

3. 必速灭 必速灭是一种新型广谱土壤消毒颗粒剂。直接撒于苗床，每 20m^2 用量 300g，浇透水后用薄膜密封。3~6d 后揭膜，再等待 3~10d，并翻土 2~3 次后播种。消毒的土壤或基质，其效果能维持几茬。

4. 敌克松 用量为 4~6g/m^2，将药与细沙土混匀做成药土，于播种前撒于播种沟底，厚度约 1cm，把种子撒在药土上，并用药土覆盖种子。加土量以满足上述需要为准。

5. 五氯硝基苯混合剂 以五氯硝基苯为主（约占 75%），加入代森锌或敌克松（约占 25%）。使用方法和施用量与敌克松相同。

6. 辛硫磷 能有效杀灭蛴螬、蝼蛄等地下害虫，常用 50% 辛硫磷颗粒剂，用量 30~37.5kg/hm^2。

三、种子休眠与处理

（一）园林树木种子休眠

有关种子休眠的定义很多，至今没有一个全面认同的定义。目前被普遍接受的是 Baskin 提出的概念：种子休眠是指在一定的时间内，具有活力的种子（或者萌发单位）在任何正常的物理环境因子（温度、光照或黑暗等）的组合下不能完成萌发的现象。种子休眠是植物为了物种的延续和适应环境，在长期的系统发育过程中形成的生理生态特性，也是调节种子在最佳时间和空间分布萌发的一种机制。对植物本身而言，休眠是一种有益的生物学适应性，对植物个体的生存、物种的延续、进化具有积极作用，但在商业播种育苗过程中则成为障碍。种子休眠的分类标准有多种。从实用角度考虑，依其休眠程度分为自然休眠和被迫休眠。

1. 自然休眠 有些成熟的树木种子，即使给予适宜的萌发条件，也不能萌芽生长，必须经过一段时间的休眠或人工打破休眠后才能萌芽生长。这就是种子的自然休眠，又称生理休眠、长期休眠或深休眠。种子具有自然休眠性的园林树种较多，如三药槟榔、圆柏、银杏、七叶树、苦楝等。

2. 被迫休眠 因环境条件不适，种子得不到发芽所需的基本条件而不能萌发的现象。这种休眠是浅休眠或短期休眠。被迫休眠的种子遇到适宜的温度、水分、空气等条件，就能很快发芽。如侧柏、杨树、柳树、榆树等。

（二）园林树木种子休眠的原因

1. 种被的机械障碍 种被即胚覆盖层，主要包括果皮、种皮和胚乳等。种子因种被坚硬致密，或有油脂、蜡质等而不能透水、通气，种胚不能发育，造成休眠。如豆科种子多数透水通气性不良。因种被的机械障碍而休眠的种子，用物理或化学方法破坏其种皮阻碍，能有效促进种子萌芽。另外，用低温层积催芽也能软化种皮，增加透性，打破休眠。

2. 种胚发育不完全 有的果实成熟后从母株上自然脱落，但种胚尚未发育完全，停留于不同的发育阶段，需要经过一段时间继续发育（后熟）才可形成成熟的胚，具备种子萌发的基本条件。如银杏种实脱落时，种胚还很小，其长度约为胚腔长度的 1/3，在储藏过程中，种胚继续生长完成后熟作用，种胚发育完全，再给以适宜的环境才能发芽。

3. 抑制剂与激素的作用 大量研究表明，很多植物种实中含有抑制种子萌发的物质。如脱落酸、有机酸、酚类、醛类、香豆素、芥子油、氢氰酸等，存在于果皮、种皮、胚乳和胚中，依种类而异，其作用机制尚不清楚。如皇后葵及香棕的果肉及胚乳中均含有发芽抑制物，且果肉内抑制物含量较高，而胚乳内抑制物含量较低；桃、杏的种子内含有苦杏仁苷，在潮湿条件下可分解放出氢氰酸起抑制作用。含萌发抑制物质而形成自然休眠的种子，可通过低温层积处理或植物生长调节剂（如赤霉素）处理打破休眠。

4. 光照的作用 有些植物种子没有光线的照射就处于休眠状态不能发芽。光对某些植物种子休眠的解除是通过种子中的光敏素来实现的。光照对干燥种子不起作用，只有在种子吸水膨胀后，光照才能打破种子休眠。如美国五针松、日本绣线菊等在育苗中，覆土过厚，严重影响种子发芽。

5. 遗传对种子休眠的影响 种类、品种不同甚至母株不同，种子休眠特性都存在一定的差异。通过对种子休眠的遗传学分析发现，种子休眠受多个基因位点控制，表现为典型的基因位点数量性状。

(三) 种子催芽的方法

种子催芽是人为调控种子萌芽的环境条件，打破种子休眠，满足种子内部进行一系列生理生化过程所需条件，增强呼吸强度，促进酶的活性，转化营养物质，以刺激种胚的萌发生长，达到尽快萌发的目的。催芽可提高种子的发芽率，减少播种量，节约种子，缩短发芽时间且出苗整齐，有利于播种圃地的管理。苗圃生产中常用的催芽方法有以下几种。

1. 水浸催芽 水浸催芽是一种简单而常用的催芽方法。除一些过细的种子外，大多数园林树木的种子通过浸水可使种皮软化，种子充分吸水，胚细胞吸胀后开始生理活动，提早发芽。

水浸催芽又可分为冷水浸种、温水浸种和热水浸种。种皮薄的小粒种子如杨、柳、泡桐、榆等，一般用冷水（0~30℃）浸种。种皮比较坚硬、致密的种子如马尾松、桑等，宜用温水（40~50℃）浸种。种皮特别坚硬、致密的种子，为加快种子吸水，可采用热水浸种，一般温度为70~80℃或更高。如相思树、合欢等可用70℃的热水浸种；凤凰木种子可采取逐次增温浸种的方法，首先用80℃的热水浸种，自然冷却一昼夜后，选出膨胀变软的种子进行催芽，然后再用90℃的热水浸剩下的硬粒种子，同法再进行1~2次，通过逐次增温浸种，分批催芽，既节省种子，又可使出苗整齐。

浸种催芽具体操作要求如下：浸种时种子与水的体积比一般以1:3为宜，要注意边倒水边搅拌，水温要在3~5min内降下来。如果高于浸种温度应对凉水使其自然冷却。浸种时间一般为1~2昼夜。种皮薄的小粒种子缩短为几小时。种皮厚的坚硬种子可延长浸种时间，如核桃可延长为5~7d。经过水浸的种子，捞出放在温暖的地方催芽，并保持其环境的温度、湿度、透气，每天淘洗种子2~3次，直到种子发芽为止。如环境条件有保证，可用沙藏法，也可用麻袋或草袋分层覆盖。保证种子有足够的水分，有较好的通气条件，经常检查种子的发芽情况，当种子有30%裂嘴时即可播种。

2. 层积催芽 将种子与含有水分的介质混合或相间成层，堆积储藏，促进发芽的方法称为层积催芽。含有水分的介质有河沙、土壤、泥炭、蛭石、珍珠岩、苔藓等，生产上多用河沙，所以又称沙藏处理或沙藏法。层积催芽可分低温层积催芽、变温层积催芽和高温层积催芽等，园林苗圃中常用低温层积催芽法，其适用的树种较多，如银杏、三药槟榔、樟树、楝树等。这里主要介绍低温层积催芽法。

(1) 层积催芽的作用 层积是常用的有效解除种子休眠的方法，尤其对因含萌发抑制物质而形成生理休眠的种子效果显著，对被迫休眠和生理休眠的种子也适用。层积处理可以促使胚形态发育成熟，激素含量发生变化，抑制物质降解，大分子物质转化成小分子物质，提高酶的活性，促进基因的表达，使种皮透性增强以及胚对脱落酸的敏感性降低，减少秋冬不良环境条件影响，使种子发芽率高且整齐，便于集中管理等。

(2) 层积催芽的条件 种子催芽必须创造良好的环境条件，其中温度、湿度、通气条件最重要。在层积催芽过程中，树种的生物学特性不同，对温度的要求也不同。因此，要根据具体情况确定适宜的催芽温度，多数树种为1~10℃，以2~7℃为最宜，一般有效低温为-5℃，有效最高温度为17℃。温度过高，种子易霉变。层积介质的湿度应为其最大含水量的50%，即以手用力握湿沙成团，但不滴水，手松即散为宜。层积催芽还必须有通气设备。种子数量少时，可用花盆，上面盖草袋，也可用秸秆作通气孔，种子数量多时可设置专用的通气孔。

（3）层积催芽的方法　层积催芽可在室外或室内进行堆藏和容器储藏等多种组合形式，生产上多用室内堆藏、露地堆藏。对于珍贵树种或数量少的种子，可在冷库或冰箱中进行。容器可用箱子、桶、罐、玻璃瓶或其他器皿。种子先浸种、消毒，然后将种子与湿沙按体积比1∶3的比例混合，或者一层种子、一层沙子进行堆积催芽。

（4）层积催芽的时间及管理　低温层积催芽所需的时间随着树种的不同而不同，如桧柏200d，女贞60d。一般被迫休眠的种子需1~2个月，生理休眠的种子需2~7个月。应根据具体情况确定适宜的时间和天数，一般采用播种期往前推的方法。如在华南地区，青梅在谷雨至立夏沙藏，霜降至小雪播种；桃、李6~7月沙藏，小寒至大寒播种；乌榄在寒露至霜降沙藏，12月至翌年2月播种。

层积期间要定期检查种子堆的温度，当堆内温度升高较快时，要注意观察，一旦发现种子霉烂，应立即更换容器。在房前屋后层积催芽时，要经常翻倒，在湿度不够的情况下，增加水分，并注意通气条件。

在播种前1~2周，检查种子催芽情况，若种子未萌动或萌动不好，要将种子移到温暖的地方，上面加盖塑料膜，使种子尽快发芽。

3. 机械损伤催芽　有些种子的种皮致密、坚硬，不易吸水，用人工方法将种子与粗沙等混合摩擦，有的可适度碾压锉伤或用刀破壳，迫使种皮破裂，增加透性；也可用超声波处理，促进空气、水分进入种子，而萌发，如荷花、美人蕉、夹竹桃等。

4. 化学处理催芽　对一些种皮坚硬或具蜡质的木本植物种子，可用强碱（如氢氧化钠）、强酸（如盐酸、硫酸）或强氧化剂（双氧水）等腐蚀软化种皮。处理的浓度和时间可依种皮坚硬程度来确定，最好通过试验后再处理，处理后及时用清水冲洗以免产生后效药害。

5. 生长调节物质及其他药剂处理催芽　利用植物生长调节物质（如GA、IBA、NAA、2,4-D、KT、6-BA等）浸种可以解除种子休眠。生长调节物质处理的目的是通过施用外源生长调节物质来调节内源生长调节物质，从而调控生长调节物质平衡。如GA能诱导产生水解酶，使种子中的储藏物质从大分子水解为小分子（如淀粉水解为糖，蛋白质水解为氨基酸），从而为胚所利用，促进胚后熟，有利于萌发。

除生长调节物质外，许多化学药剂也能够促进种子萌发或打破休眠，一般常用的化学药剂有含氮化合物（如硝酸盐、亚硝酸盐）、氰化物及其他呼吸抑制剂（如氢氰酸、叠氮化钠、硫化氢、一氧化碳等）、适当浓度的氯化钠和磷酸等溶液、硫氢化合物、麻醉剂（如氯仿、乙醚）、氧化剂（如氧气、次氯酸钠、高锰酸钾）、微量元素、尿素等。

（四）种子消毒

播种前对种子消毒，不仅可杀死种子本身带的各种病害，而且可使种子在土壤中免遭病菌危害，起到消毒和防护的双重作用。常用的消毒剂和消毒方法有以下几种：

1. 福尔马林溶液浸种　在播种前1~2d，用0.15%的福尔马林溶液浸泡种子15~30min，取出密闭2h后，摊开阴干，播种。1kg浓度为40%的福尔马林可消毒种子100kg。用福尔马林消过毒的种子，应马上播种，否则会降低发芽率。长期沙藏的种子不要用福尔马林消毒。

2. 硫酸铜溶液浸种　使用浓度为0.3%~1.0%，浸泡种子4~6h，取出阴干即可播种。

3. 敌克松拌种 常用粉剂拌种，药量为种子重量的0.2%～0.5%。具体做法：将敌克松药剂与10～15倍的细土混合后拌种。这种方法对预防立枯病有很好的效果。

4. 高锰酸钾溶液浸种 使用浓度为0.5%时，浸种2h；浓度3%时，浸种30min。取出后密闭30min，再用清水冲洗数次。对胚根已突破种皮的种子，不宜采用此法消毒。

5. 氯化汞溶液浸种 使用浓度为0.1%，浸种15min。适用于樟树等。

6. 氯化乙基汞拌种 氯化乙基汞又称西力生。用药量1～2g/kg，拌种后密封储藏，20d后可播种。适用于松柏类，效果较好，具有消毒、防护和刺激种子萌发的作用。

7. 石灰水浸种 用1%～2%的石灰水浸种24h，对落叶松等有较好的灭菌作用。利用石灰水进行浸种消毒时，种子要浸没10～15cm深，种子倒入后，应充分搅拌，然后静置浸种，使表层形成一层碳酸钙膜，达到隔绝空气、杀菌的目的。

8. 温水浸种 水温40～60℃，用水量为种子的2倍。本方法适用于针叶树种或大粒种子，不宜用于种皮较薄或不耐高水温的种子。

四、大田播种育苗技术

（一）种苗密度和播种量

1. 种苗密度 种苗密度是指单位面积（或单位长度）苗圃地上种苗的数量。要获得单位面积上的最大产苗量，同时又要生产出高质量的种苗，必须安排好种苗群体之间的相互关系，采用合理的种植密度。当种苗种植过稀时，种苗空间过大，浪费土地、光能，易滋生杂草，增加土壤水分和养分的消耗，给种苗生长和管理工作带来不利。如果种植过密，每株种苗的营养面积过小，光照不足，通风不良，种苗的光合作用下降，光合作用的产物减少，导致种苗叶量少，根系不发达，侧根少，干物质重量小，顶芽不饱满，易受病虫危害，移植成活率低，严重影响种苗质量。育苗密度因树种、苗木自身、环境条件不同而异。育苗技术水平不同，种苗密度也不一样，要依据树种的生物学特性、生长快慢、苗圃地的环境条件、育苗方式和耕作机具、育苗技术水平等综合考虑。种苗密度的大小取决于株行距尤其是行距的大小，一般播种苗床行距为8～25cm，大田育苗为50～80cm，行距过小不利于通风透光，也不利于管理。

2. 播种量 播种量是指单位面积上播种的数量。播种量确定的原则是用最少的种子，达到最大的产苗量。播种量一定要适中，偏多会造成种子浪费，出苗过密，间苗费工，增加育苗成本；播种量太少，产苗量低，土地利用率低，影响育苗效益。适宜的播种量需经过科学的计算，计算播种量的依据是：单位面积（或单位长度）的产苗量；种子品质指标，如种子纯度（净度）、千粒重、发芽势；种苗的损耗系数等。播种量计算公式：

$$X = C \times \frac{AW}{PG \times 1\,000^2}$$

式中，X——单位面积（或单位长度）实际所需播种量（kg）；

A——单位面积（或单位长度）的产苗量；

W——种子千粒重（g）；

P——种子净度；

G——种子发芽势；

C——损耗系数。

C 因树种、圃地的环境条件及育苗的技术水平而异，同一树种在不同条件下的值可能不同。各地应通过试验来确定，参考值如下：

大粒种子（千粒重700g以上），$C=1$；中、小粒种子（千粒重3~700g），$1<C\leqslant5$；极小粒种子（千粒重3g以下），$C=10~20$。

（二）播种时间

合适的播种时间是促进种苗生长、培育壮苗的重要环节之一。适时播种能促使种子提前发芽，提高发芽率，播后出苗整齐，种苗生长健壮，并具有较强的抗寒、抗旱和抗病能力，从而节省土地和人力。园林植物播种时间主要依树种的生物学特性和当地的气候条件，以及应用的目的和时间确定。种子发芽需要适宜的温度、充足的水分和足够的氧气，在自然条件下，受温度的影响最大。华南地区四季温暖湿润，全年均可播种；而北方则以春播为主。通常按季节将播种时期划分为春播、秋播、夏播和冬播。

1. 春播 春季是主要的播种季节，在大多数地区、大多数树种均可在春季播种。春播若幼苗不受晚霜危害，则播种越早越好。

2. 秋播 秋播是次于春播的重要季节。一些大、中粒种子或种皮坚硬的、有生理休眠特性的种子均可在秋季播种。一般种粒很小或含水量大且易受冻害的种子不宜秋播。秋播种子在土壤中完成休眠、催芽过程，翌春幼苗出土早、整齐，扎根深，能增强抵抗力。秋播省去了种子储藏和催芽工作，可降低育苗成本。但秋播具有种子留土时间长，易受鸟、兽、鼠危害，播种量较春播大等缺点。

3. 夏播 适用于春夏成熟又不宜储藏或易丧失发芽力的种子。随采随播，种子发芽率高。夏播应尽量提早，当种子成熟后，立即采种、催芽和播种，以延长种苗生长期，提高种苗质量，使其能安全越冬。夏季气温高，土壤水分易蒸发，表土干燥，不利于种子发芽，播后要加强管理，经常灌水，保持土壤湿润，降低地表温度。

4. 冬播 冬播实际上是春播的提早，也是秋播的延续。我国南方气候温暖，冬天土壤不冻结，而且雨水充沛，可以进行冬播。

（三）播种方法与播种工序

1. 播种方法 播种方法因树种特性、育苗技术和自然条件等不同而异。常用的播种方法有撒播、点播和条播。

（1）撒播 将种子均匀地撒播在苗床或垄上。撒播主要适用于小粒种子，如秋枫、九里香、杨、柳、泡桐、桑、马尾松等。撒播可以充分利用土地，单位面积产苗量较条播高，种苗分布均匀，生长整齐。但撒播用种量大一般是条播的2倍；另外，撒播种苗抚育不便，且种苗密度大，光照不足，通风差，种苗生长细弱，抗性差，易染病虫害。

（2）点播 按一定的株行距挖穴播种，或按行距开沟后再按株距将种子播于沟内。适用于大粒种子和种球，如杧果、银杏、板栗、唐菖蒲等。点播的株行距应根据植物特性和种苗的培育年限来决定。播种时要注意种子的出芽部位，正确放置种子，便于出芽。点播具有条播的优点，但费工，种苗产量比撒播和条播少。

（3）条播 按一定的行距，将种子均匀地撒在播种沟中。条播种苗集中成条或成带，便于抚育管理，因此工作效率高，应用最广泛。条播比撒播省种子，种苗通风良好。但由于条播种苗集中成条，发育欠均匀，单位面积产苗量较低。为了克服这一不足，常采用宽幅条播，在较宽的播种面积上均匀撒播种子，既便于抚育管理，又提高了种苗的质量和产量，克服了撒播和条播的缺点。

条播一般播幅（播种沟宽度）为2～5cm，行距10～25cm；宽幅条播播幅为10～15cm。为了适应机械化作业，可把若干播种行组成一个带，缩小行间距离，加大带间距离。根据组成的行数不同，可分为2～5行的带播。行距一般为10～20cm，带距30～50cm。距离的大小因种苗生长快慢和播种机、中耕机的构造而异。

播种行的设置可采用纵行条播（与床的长边平行）便于机械作业；也可横向条播（与床的长边垂直），便于手工作业。

2. 播种工序

（1）播种　播种前将种子按每床用量等量分开，进行人工或者机械播种。撒播时为使种子与土壤密切接触，播种前应适当镇压苗床表面；为使播种均匀，可分数次撒播。对细小或带绒毛的种子，可与适量细沙混合播种。条播、点播时，在苗床上预先开沟或划行，使播种行通直，便于抚育管理。

（2）覆土　播后应立即覆土，以免土壤和种子干燥失水而影响发芽。覆土厚度对土壤水分、种子发芽率、出苗早晚和整齐度都有很大影响。覆土过薄，种子易暴露，得不到发芽所需的水分，同时易受干旱、鸟兽、病虫等危害；覆土过厚，易缺氧，不利于种子发芽，增加幼苗出土的困难。通常，覆土厚度为种子直径的2～3倍，极小粒种子以不见种子为度，小粒种子以0.5～1cm为宜，中粒种子1～3cm，大粒种子3～5cm。多雨潮湿季节宜浅播，干旱季节宜深播。黏质土壤保水性好，宜浅播；沙质土保水性差，宜深播。春夏播种覆土宜薄，秋季播种覆土宜厚。覆土可用原床土，也可用沙土混合原床土，覆土要均匀一致，覆土后进行镇压，以便种子和土壤密切接触。

（3）覆盖　覆盖不仅可以减少土壤水分蒸发、保持土壤湿润、减少灌溉次数，而且能防止土壤表面形成硬壳和滋生杂草。播种覆土后，需加覆盖物，特别是小粒种子。大粒种子播后需较长时间才能发芽的也需加覆盖物。覆盖材料可以就地取材，可用稻草、麦秆、蒲包、树叶、锯屑、谷壳等进行覆盖，但不能夹带杂草种子和病虫害且重量要轻。目前常用塑料地膜进行覆盖。覆盖物的揭除应在幼苗出土时及时、分数次进行，最好在阴天或傍晚进行。若覆盖物为锯屑、谷壳等细碎物，可不揭除。

（四）播种后的管理

从播种到幼苗出土及出土后种苗生长期间，主要技术管理措施包括间苗与补苗、截根、幼苗移栽、降温、中耕除草、灌溉与排水、施肥、病虫害防治等。

1. 间苗与补苗　幼苗出土后，通过间苗与补苗调整种苗疏密，为幼苗生长提供良好的通风、透光条件，保证每株种苗需要的营养面积。

间苗又叫疏苗，即将部分种苗除掉。间苗的原则是：间小留大，去劣留优，间密留稀，全苗等距。间苗的时间和次数，应以种苗的生长速度和抵抗能力的强弱而定。一般阔叶树种幼苗生长快，抵抗力强，可在幼苗出齐后，长出两片真叶时一次间完。针叶树种幼苗生长缓慢，易遭干旱和病虫危害，可结合除草分2～3次间苗。第1次间苗宜早，可在幼苗出土后10～20d进行，第2次在第1次间苗后的10d左右进行，最后一次为定苗，定苗留苗数应比计划产苗数多5%～10%。间苗最好在雨后或土壤比较湿润时进行。间苗时难免要带动保留苗的根系，间苗后应及时灌溉，以淤塞间苗留下的苗根空隙，防止保留苗因根系松动而失水死亡。

补苗是补救缺苗断垄的一项措施。补苗应结合间苗进行，要带土铲苗。植于稀疏空缺处，压实、浇水，并根据需要采取遮阳措施。

2. 截根 截根是用利刀或铁锹在幼苗旁边斜切，将主根截断，适用于主根发达而侧根、须根不发达的树种。截根能去除主根的顶端优势，控制幼苗主根生长，促进幼苗多生侧根和须根，扩大根系的吸收面积，提高幼苗质量。截根一般在幼苗期末进行，截根深度8～15cm。有些树种在催芽后就可截去部分胚根，然后播种。

3. 幼苗移栽 幼苗移栽常见于幼苗生长很快的树种，如南洋楹、桉树等，或采用二段式育苗方式的珍贵树种和种子极细小树种的育苗。

通常在专门的苗床或室内播种，待幼苗长出几片真叶时，移栽到苗圃地。移栽时间因树种而异，落叶松以芽苗移栽成活率高，阔叶树种在幼苗生出1～2片真叶时移栽为宜。移栽最好在灌溉后的阴天进行，移栽时要注意株行距一致，根系伸展，移植后及时灌水并适当遮阳保护。

4. 降温

（1）遮阳 遮阳能降低苗圃地表温度，避免幼苗遭受日光灼伤和减少土壤水分蒸发。幼苗刚出土，组织幼嫩，抵抗力弱，难以适应高温、炎热、干旱等不良环境条件，需要进行遮阳保护。有些树种的幼苗特别喜欢庇荫环境，如含笑、桉树、针葵、三药槟榔等，应给予充分的遮阳。遮阳通常在撤除覆盖物后进行，用竹帘、遮阳网等作遮阳材料，建立活动荫棚，其透光度以50%～80%为宜。荫棚高40～50cm，每天9:00～17:00放帘遮阳，其他时间或阴天把帘子卷起。每天的遮阳时间应随种苗的生长逐渐缩短，一般遮阳1～3个月，当种苗根茎部木质化时，应拆除荫棚。

（2）喷水降温 高温期通过喷灌系统或人工喷水，可有效地降低苗圃和地表温度，而且不会影响种苗的正常生长，是一种简单、有效的降温措施。

5. 中耕除草 中耕是在种苗生长期间对土壤进行的浅层耕作。中耕可疏松土壤，减少土壤水分损失，改善土壤结构，同时消除杂草，有利于种苗的生长发育。中耕常在溉灌或雨后土壤稍干时进行。但当土壤板结、天气干旱、水源不足时，即使不需除草，也要中耕松土。一般种苗生长前半期每10～15d一次，深度2～4cm；后半期每15～30d一次，深度8～10cm。中耕要求全面、均匀，不伤害种苗。

除草是种苗抚育管理中一项费时费力的日常工作。杂草不仅与种苗争夺养分和水分，危害种苗生长，而且传播病虫害。除草要"除早、除小、除了"。整地、适时早播、保持合理密度，可以抑制杂草生长。杂草刚刚发生时，容易斩草除根。到杂草开花结实之前必须做一次彻底清除，否则一旦结实，需多次反复或甚至多年清除。除草时应尽量将杂草的地下部分全部挖出，以达到根治效果。若采用人工除草，要做到不伤苗，草根不带土。除草后土壤疏松，同时兼有中耕作用。也可采用化学除草或机械除草等方法。

6. 灌溉与排水 土壤中有机物的分解速度与土壤水分有关，根系从土壤中吸收的矿质营养，必须先溶于水，植物的光合作用、蒸腾作用等各种生理活动也需要水。同时，水分对根系生长影响也很大，水分不足则苗根生长细长，水分适宜则吸收根多。因此，土壤水分在种子萌发和种苗生长发育过程中具有重要的作用。

幼苗期根系分布浅，对水分的需求敏感，灌水应适时，薄水勤灌，始终保持土壤湿润。随着幼苗生长，逐渐延长两次灌水间隔时间并增加每次灌水量。灌水一般在早晨和傍晚进行，用喷灌进行降温时应在高温时进行。灌溉方法主要有以下几种：

（1）侧方灌溉　水从侧面渗入床内或垄中，适用于高床或高垄。这种灌溉方法不易使床面或垄面板结，浇灌后土壤仍保持良好的通透性，有利于幼苗生长。但侧方灌溉耗水量大，灌溉定额不易控制，灌溉效率低。

（2）畦灌　畦灌又称漫灌，适用于低床或平垄。畦灌比侧方灌溉省水，但水渠占地多，灌溉速度慢，灌后土壤板结，灌水量不易控制等。采用畦灌时，水不要淹没苗木的叶子。

（3）喷灌　喷灌的主要优点是节水，便于控制水量，工作效率高，灌溉均匀，节省劳力，减少对土壤结构的破坏，在地形起伏不平的地方也可均匀地进行灌溉，是目前苗圃应用较多的一种灌溉方法。喷灌要注意水点应细小，防止将幼苗砸倒、根系冲出土面或溅起泥土污染叶面，影响光合作用的进行。

（4）滴灌　滴灌是以水滴或细小水流缓慢地施于植物根域的灌溉方法，是机械化与自动化相结合的先进灌溉技术。滴灌除具有喷灌的优点外，还比喷灌节水30%～50%，春季还可提高地温。但设施较复杂，投资较大。

（5）微喷　微喷是将滴灌的滴水头换成微喷喷头，使水在管道水压的作用下，以雾状喷向苗床进行灌溉的方法。微喷不但节水，还具有提高空气湿度及改善小气候的作用。

排水是雨季田间育苗的重要管理措施。雨季或暴雨来临之前要保证排水沟渠畅通，雨后要及时清沟培土，平整苗床。

7. 施肥

（1）肥料种类和性质　苗圃使用的肥料主要有有机肥料、无机肥料和生物肥料三类。有机肥料属于完全肥料，能提供种苗所必需的多种营养元素，肥效长，并能改善土壤的理化性质，促进土壤微生物的活动，发挥土壤的潜在肥力。常用的有机肥有人粪尿、厩肥、堆肥、饼肥、泥炭、腐殖质等。无机肥料以氮肥、磷肥、钾肥三类为主，也包括铁、硼、锰、硫、镁等微量元素。无机肥料易溶于水，肥效快，易为种苗吸收利用。但是无机肥料的成分单一，对土壤的改良作用远不如有机肥料好。连年单纯地使用无机肥料，易造成苗圃土壤板结、坚硬。生物肥料是将土壤中存在的一些对植物生长有益的微生物分离出来，制成生物肥料，如细菌肥料、固氮细菌、真菌肥料（菌根菌）、根瘤菌剂以及能刺激植物生长并能增强抗病力的抗生菌等。

（2）施肥的时间和方法　苗圃施肥分基肥和追肥两种。基肥通常以有机肥为基础肥料，也可适当地配合施用不易被固定的矿质肥料，如硫酸铵、氯化钾等。一般在耕地前，将腐熟或半腐熟的有机肥料均匀地撒在圃地上，然后随耕地一起翻入土中。在肥料少时也可以在播种或做床前将肥料一起施入土中。施肥深度一般为15～20cm。

追肥又叫补肥，分为土壤追肥和根外追肥。基肥肥效发挥平稳缓慢，当种苗需肥急切时必须及时补充肥料，才能满足种苗生长发育的需要。土壤追肥可用水肥，如稀释的粪水可在灌水时一起浇灌。如追施固态肥料，可制成复合球肥或单元素球肥，然后深施，挖穴或开沟均可，一般不要撒施。深施的球肥位置，应在树冠内即正投影的范围内。

根外追肥是将速效肥料溶于水后，直接喷洒在叶面上。根外追肥用量少，肥效快，肥料不易被土壤吸附，常用于补充磷、钾肥和微量元素。根外追肥的浓度要严格控制在2%以下，如尿素0.1%～0.2%，过磷酸钙1%～2%，硫酸铜0.1%～0.5%，硼酸0.1%～0.15%。根外追肥常用高压喷雾器，叶片两面都要喷上肥料，通常在晴天的傍晚或阴天进行。喷后如遇雨，则需补喷。

8. 病虫害防治 幼苗病虫害防治应遵循"预防为主，综合防治"的原则，做好种子、土壤、肥料、工具和覆盖物的消毒，加强种苗田间抚育管理，清除杂草、杂物。此外，还要仔细观察幼苗生长，一旦发现病虫害，应立即治疗，以防蔓延。

第四章 营养繁殖育苗

营养繁殖是苗木业主要的种苗繁育形式，也是比较传统的方式。营养繁殖的形式多样，技术和方法也比较多，传统的扦插、嫁接、分株和压条，现代生物技术如组织培养技术在生产上都广泛使用。扦插技术是生产实践中最常用的营养繁殖方法，结合现代科技和设施，在技术上有不少创新，如全光照喷雾扦插系统，使传统的繁殖方法的生命力更加强大。

第一节 概 述

一、营养繁殖的定义与特点

植物营养繁殖是指由植物体的根、茎、叶等营养器官或某种特殊组织产生新植株的生殖方式。这种生殖方式不涉及性细胞的融合。如果人为地取下植物体的部分营养器官或组织，在离体条件下培养成新植株，则称人工营养繁殖。

园林植物的营养繁殖是利用园林植物的部分营养器官，实质上是通过母体细胞有丝分裂产生子代新个体，后代一般不发生遗传重组，在遗传组成上和亲本是一致的。营养繁殖具有以下特点：①能够保持母本的优良性状。因为营养繁殖不是通过两性细胞的结合，而是由分生组织直接分裂的体细胞所产生，所以其亲本的全部遗传信息可得以再现，能保持原有母本的优良性状和固有的表现型特征，而不致产生种子繁殖的性状分离现象，从而达到保存和繁殖优良品种的目的。②营养繁殖的幼苗一般生长快，可提早开花结实。因为营养繁殖的新植株是在母本原有发育阶段基础上的延续，不像种子繁殖苗，个体发育重新开始。③有些园林植物不结实、结实少或不产生有效种子，可通过营养繁殖进行育苗，提高生产苗木的成效和繁殖系数，如重瓣花类的碧桃、白兰等。④一些特殊造型的园林植物，则需通过营养繁殖的方法来繁殖和制作，如树（形）月季、龙爪槐等。园林中古树名木的复壮，也需促进组织增生或通过嫁接（高接或桥接）来恢复其生长势。⑤方法简便、经济。有些园林植物的种子有深休眠，用种子繁殖比较困难，采用营养繁殖则较容易。⑥长期进行营养繁殖，会因生长势衰退、病毒易感染等造成优良种性的退化。

二、营养繁殖的类型

营养繁殖主要包括分株、扦插、嫁接、压条以及组织培养等类型。

1. 分株 有些园林植物具有分生繁殖的特点，从地下茎的芽眼可长出苗，再由苗端下部长出不定根。根状茎是地下水平生长的主茎，具节和节间，叶、花轴和不定根等可从节上发生。如鸢尾、美人蕉、竹子等均有根状茎。许多重要经济植物如香蕉和姜，蕨类和某些禾本科植物也是靠根状茎繁殖的。

2. 扦插 扦插是自亲本植物体截取根、茎、叶或鳞片等营养器官，在适当条件下，发育成为新植株。草本植物茎切割时，产生不定根；多年生木本植物扦插分为枝插、叶插、叶芽插和根插等。常见的枝插植物有榕树、月季、杜鹃、山茶、金叶假连翘、秋海棠、菊花等。叶扦插繁殖的植物有蟆叶秋海棠、虎尾兰和落地生根等。

3. 压条 压条是将母株的枝条或茎蔓埋压土中，生根后再与母株刈离成株。根据埋压方法和部位的不同，压条可以分顶芽压条、简易压条、根株压条和高空压条4种方式。印度三叶橡胶、桂花和玉兰等植物常用此法繁殖。

4. 嫁接 嫁接是把一种植物的枝或芽，嫁接到另一种植物的茎或根上。嫁接的优点是可以获得遗传性状优良的品种，常用于园林古树名木的繁殖和保护，如桂花、白兰花等。

5. 组织培养 植物组织培养也是一种营养繁殖方法。自从20世纪初开始，植物组织培养经过长期科学与技术实践发展形成了一套较为完整的技术体系。由于植物体根、茎、叶等各种器官均可切刈成很小的组织，每一小块组织都可在人工配制的培养基和适宜的环境条件下培养诱导产生新根或苗端系统，最终形成大量小植株。它是利用植物细胞的全能性，通过无菌操作，把植物体的器官、组织、细胞甚至原生质体，接种于人工配制的培养基上，在人工控制的环境条件下进行培养，使之生长、繁殖，长成完整植物个体的技术和方法。由于用来培养的材料是离体的，故称之为外植体，所以植物组织培养又称为植物离体培养，或称植物细胞与组织培养。它的特点是可以很快获得无病毒植株。

组织培养技术不仅能实现在人工可控环境下进行种苗的工厂化高效生产，而且还能脱去植物的病原菌和病毒，保持优良种性，因而得到广泛采用。20世纪70年代以来，随着种植业尤其是设施园艺业的发展，以及对绿化树木等高品质种苗需求的日益增加，组织培养技术逐步取代了营养繁殖或种子繁殖来生产种苗。目前运用组织培养技术繁殖的园林植物种类已达60余科200多个属1 000余种，已经培养成功的有各种兰科植物、百合、萱草、菊花、秋海棠、虎耳草、桉树、油棕、印度橡胶、天竺葵、一品红、铁树、垂叶榕、多蕊木、绣球、蓬莱蕉、绿萝等。

植物组织培养已走向工厂化，产品已纳入商品生产范畴，2010年全世界组培苗年产量超过15亿株，欧洲每年的组培苗数量即达6亿株，东亚和北美产量之和也接近这一数量。据不完全统计，2010年世界较发达国家已建起商业性实验室几千个，年产试管苗8亿~10亿株，一些主要植物的组培快繁和脱毒快繁技术已经成熟，并初步形成了工厂化生产栽培。世界植物组培苗的年贸易额超过180亿美元，并且以每年15%的速度递增。

第二节 扦插育苗

一、扦插繁殖的技术

扦插繁殖是利用园林植物营养器官发生不定芽或不定根的再生能力，切取植物体的根、茎、叶的一部分，插入基质中，使之生根发芽，发育成一个独立的新植株的繁殖方法。扦插所用的一段营养体称为插穗，通过扦插繁殖所得的种苗称为扦插苗。

与种子繁殖相比，扦插繁殖具有很多优点：通过扦插可以培育出个体之间遗传性状比较一致的无性系。如发现有价值的芽变，通过扦插可以育成优良的无性系；可以扦插繁殖杂交一代的优良个体；对于具有花叶现象的花叶假连翘、虎尾兰和叶子花等，可通过根插、叶插或鳞片插保持品种的斑点或花纹等特征，也可以用不带斑纹的组织分化出的新芽，通过扦插培育没有斑纹的品种。为提高抗病性、耐寒性，以及调节长势，月季等园林植物常选择嫁接在相应的砧木上来达到此目的。而这些砧木用种子繁殖难以保持其优良性状，可采用扦插繁殖保持其优良特性。

有些园林植物的重瓣品种和不育性强的品种或多年才能达到结实的品种等，均可用扦插繁殖。许多园林植物在遗传上都是杂合体，如菊花、现代月季等，种子繁殖的后代性状分离严重，除育种之外，一般不用种子繁殖，而采用扦插等方式，通过诱导植物枝条等器官产生不定根，产生大量与母本完全一样的新个体。

从发育成熟的母本上采取插穗进行扦插繁殖，不必经历幼年期，能提早开花、结实。扦插繁殖具有简便、快速、经济、繁殖量大的优点，可以节省劳力，降低成本。正常的扦插苗根系生长良好，栽植成活率高、生长快，在园林植物生产中应用十分广泛。

（一）扦插繁殖方法

依插穗的器官来源不同，扦插繁殖可分为茎（枝）插、叶插和根插。在园林植物苗木培育中，最常用的是茎（枝）插。此外，根据插穗的方向，又可以分为直插、斜插、平插、船状扦插（适用于匍匐性植物如地锦等）。

1. 茎（枝）插 以带芽的茎（枝）作插穗的繁殖方法称为茎插，也称枝插，是应用最普遍的一种扦插方法。依枝条的木质化程度和生长状况又分为以下几类。

（1）硬枝扦插 硬枝扦插又称休眠扦插，是用已充分木质化的1～2年生枝条作插穗进行扦插。扦插用的枝条已进入休眠期，一般于秋季落叶后，或早春树液流动前剪取，枝条内营养物质最丰富，细胞液浓度最高，呼吸作用微弱，易维持插条内的水分代谢平衡，有利于愈伤组织形成和分化根原基及产生不定根。硬枝扦插常用于木本园林植物的繁殖，如木芙蓉、紫薇、木槿、石榴、紫藤等。硬枝扦插通常分为长枝扦插、短枝扦插和单芽扦插。

①长枝扦插：插穗一般超过4节，长度大于20cm。依据插穗长短、粗细、硬度和生根难易，选择不同的扦插方式和技术。细长而软的插穗（如藤本树种）和生根困难的树种，采用圈枝（将插穗弯成圈）平放或立放的方式扦插，使其充分具备营养物质，增加插穗生根空间和营养面积。平放扦插方式距离床面近，温度高，能促进插穗生根。粗壮、硬度大的插穗可采取斜插或垂直插式，省工、省地。

②短枝扦插：插穗具有2～3节，穗长为10～20cm。采取直插或斜插方式，在基质面上仅露出一个芽，插后要覆盖，以保持芽位湿度，防止插穗风干影响发芽。这是扦插繁殖中最简便、有效的方法。

③单芽扦插：又称芽叶插，是以一叶一芽及芽下部带有一小段茎作为插穗的扦插方法，长度为5～10cm。此法具有节约插穗、操作简单、单位面积产量高等优点，但成苗较慢，常用于山茶、菊花、杜鹃、玉树、天竺葵、金钱树、百合及某些热带灌木，也适用于一些珍贵和材料来源少的园林树木。它对插穗质量和扦插技术要求高，在生长季节选叶片已成熟、腋芽发育良好的枝条，削成带一芽一叶作插穗，以带有少量木质部最好。先在保护地内采用营养钵或育苗盘扦插，待生根并长出4～6片叶时移植到露地管理。如果直接在露地进行单芽扦插，要求扦插后覆盖稻草或河沙，并经常往稻草或沙上喷水保湿，防止插穗风干，待生根、萌芽开始后，撤除覆盖物（图4-1）。

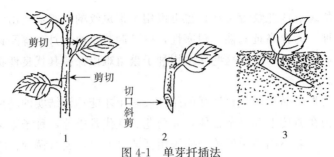

图 4-1 单芽扦插法
1. 剪取一叶腋芽作插穗 2. 下部切口用斜剪 3. 将芽浅埋介质材料中
(引自刘宏涛等，2005)

(2) **半硬枝扦插** 半硬枝扦插又称为半软枝扦插，一般于生长季节采用半木质化、正处在生长期的带叶枝梢进行扦插，具有生根快、成活率高、能当年培育成苗的优点。

半硬枝扦插其扦插期是夏天，必须加强抚育管理。露地半硬枝扦插，江南地区多在6月中旬至7月上旬梅雨季节进行。插穗应尽量从生长健壮、无病虫害的幼年株上剪取当年生半木质化的嫩枝。采插条的时间最好在早晨有露水且太阳未出时，采下的插条用湿布包裹，放在冷凉处，保持新鲜状态，不可在太阳下曝晒。

插穗长 10~25cm，下部剪口齐节下，剪口要平滑，剪去插穗下部叶片，顶部留地上部分枝叶或不带叶。半硬枝扦插应先开沟或打孔，密度以叶片不拥挤、不重叠为原则，插入后用手指将四周压实，扦插不宜过深，一般插入基质的深度为插穗的 1/3，最多为 1/2。插穗剪后立即扦插。插后遮阴，经常喷水（每天喷 3~4 次），待生根后逐步去除遮阴物。常用于常绿或半常绿木本园林植物，如米兰、杜鹃、月季、海桐、茉莉、山茶和桂花等。

(3) **软枝扦插** 软枝扦插又叫绿枝扦插或嫩枝扦插，在生长期用幼嫩的枝梢作为插穗进行扦插，适用于某些常绿及落叶木本园林植物和部分草本花卉。木本园林植物如木兰属、蔷薇属、假连翘属、火棘属和夹竹桃等，草本花卉如菊花、天竺葵属、大丽花、石竹和秋海棠等。软枝扦插在温室内一年四季都可以进行，露地则在生长旺盛的夏、秋季进行。在环境条件适宜时，软枝扦插生根快，20~30d 即可成苗。

软枝扦插选健壮枝梢，剪成长 5~10cm 的插穗，每个插穗至少带一片叶，叶片较大的剪去叶片的一部分。剪口以平剪、光滑为好，通常多在节下剪断，随剪随插。扦插前应在插床上开沟或打孔，将插穗按一定株行距摆放沟内，或者放入事先打好的孔内，然后覆盖基质，插完后浇水。扦插不宜过深，一般插入基质的深度为插穗的 1/3，最多为 1/2。扦插初期应遮阴并保持较高的湿度（图 4-2）。

2. 叶插 叶插是用一片全叶或叶的一部分作为插穗的扦插方法，适用于叶易生不定根又能生不定芽的植物，许多叶质肥厚多汁的园林植物，如秋海棠、非洲紫罗兰、虎尾兰属、景天科的许多种，叶插极易成苗。多数木本植物叶插苗的地上部分由芽原基发育而成。因此，叶插穗应带芽原基，并保护其不受伤，否则不能形成地上部分。叶插法应注意叶片也有极性现象，不可倒插，否则发根难，生芽也难。某些园林植物，如菊花、天竺葵、玉树、印度榕等，叶插虽易生根，但不能分化出芽。

叶插有整叶扦插（包括平插、直插）、切段叶插、刻伤与切块叶插等。

(1) **整叶扦插** 整叶扦插是最常用的方法，适用于草本植物，如落地生根、秋海棠、大岩桐、景天、虎尾兰、百合等。近年来，利用弥雾等扦插设施以及改善扦插基质的透气性等

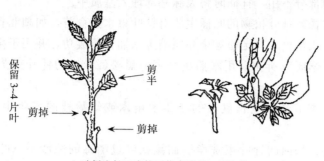

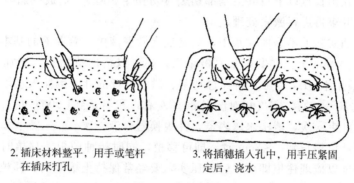

图 4-2 软枝扦插
（引自刘宏涛等，2005）

措施，有些木本园林植物如夹竹桃等也可以进行叶插。许多景天科植物的叶肥厚，但无叶柄或叶柄很短，叶插时只需将叶平放于基质表面（即平插），不用埋入土中，用铁针或竹针加以固定，不久即从基部生根出芽。落地生根属则从叶缘生出幼苗。另一些园林植物，如非洲紫罗兰、草胡椒属等，有较长的叶柄，叶插时需将叶带柄取下，将基部埋入基质中（即直插法），生根出苗后还可以从苗上方将叶带柄剪下再度扦插成苗。

（2）切段叶插　切段叶插又称为片叶插，用于叶窄而长的种类，如虎尾兰叶插时可将叶剪成长 7~10cm 后，将基部约 1/2 插入基质中。为避免倒插，常在上端剪一缺口以便识别。网球花、风信子、葡萄水仙等球根花卉也可用叶片切段繁殖，将成熟叶从鞘上方取下，剪成 2~3 段扦插，2~4 周即从基部长出小鳞茎和根。椒草叶厚而小，沿中脉分切左右两块，下端插入沙中，可自主脉处发生幼株。而蟆叶秋海棠、大岩桐、豆瓣绿、千岁兰等叶片宽厚，也可采用切段叶插。将蟆叶秋海棠叶柄从叶片基部剪去，按主脉分布情况，分切为数块，使每块上都有一条主脉，再剪去叶缘较薄的部分，以减少蒸发，然后将下端插入沙中，不久从叶脉基部发生幼小植株。大岩桐也可采用片叶插，即在各对侧脉下方自主脉处切开，再切去叶脉下方较薄部分，分别把每块叶片下端插入沙中，在主脉下端就可生出幼小植株。千岁兰的叶片较长，可横切成 5cm 左右的小段，将下端插入沙中，自下端可生出幼株。千岁兰分割后应注意不可使其上下颠倒，否则影响成活。

（3）刻伤与切块叶插　刻伤与切块叶插常用于秋海棠属具根茎的种类，如蟆叶秋海棠，从叶片背面隔一定距离将一些粗大叶脉作切口后将叶正面向上平放于基质表面，不久便从切口上端生根出芽。具纤维根的种类则将叶切割成三角形的小块，每块必须带有一条大脉，叶片边缘脉细、叶薄部分不用，扦插时将大脉基部埋入基质中。

（4）针叶束水插　针叶植物的叶插主要有针叶束水插育苗，如湖北省荆州市林业科学研究所研究湿地松、火炬松、马尾松等全光照喷雾水插育苗成功，并用于生产；山东乳山县苗圃、烟台市林业科学研究所相继用水插法培育成黑松、赤松的针叶束苗。针叶束育苗的程序为：

①采叶：秋冬季节选择生长健壮的二年生苗木或幼龄枝的当年生粗壮针叶束作繁殖材料。

②针叶束处理：采回的针叶束洗净后储藏在经过消毒的纯沙中（叶束埋深2/3即可），并浇透水，经常保持湿润，温度控制在0~10℃，约1个月。沙藏起脱脂作用。沙藏后的叶束，可用快刀片在生长点以下将叶束基部切去（勿伤生长点），造成一新鲜伤口，利于愈合生根。切基后的叶束再进行激素处理。

③水插：水插实际上不是插在水中，而是插在营养液中，营养液的基本配方为硼酸50~70mg/L、硝酸铵20mg/L、维生素B_1 20mg/L，还可以根据植物不同添加其他药品如维生素B_6等。营养液用水pH7以下，将经过切基、激素处理的针叶束插入水培营养液中，并固定。温度控制在10~28℃，空气相对湿度80%左右，积温达到1 000℃左右，生根加快。一般一周左右冲洗叶束一次，清洗水培容器，并更换营养液一次。

④移植：当叶束根长到1~2cm时，即可移植，同时接种菌根。移植时用小铲开孔，插入带根叶束，深度以掩埋住根即可，轻轻压实，要经常保持土壤湿润。移植初期，中午前后阳光太强，要适当遮阴。移植后最关键的问题是促进生长点的萌动、发芽、抽茎生长。叶束发芽与叶束的质量有密切关系，叶束健壮，重量大，易发芽，此外接种菌根可促进发芽，还可喷洒赤霉素等促进发芽。叶束苗长出新根、发芽、抽茎以后的管理，同一般的育苗方法。

3. 根插　根插是以根段作为插穗的扦插方法，常用于木本园林植物。一类是用于枝条不易扦插成活的种类，如泡桐、漆树类、香椿、幌伞枫等；另一类是用于根部再生能力较强的种类，如凌霄等。

根插繁殖技术因植物种类不同而异。一般应选择健壮的幼龄树或生长健壮的1~2年生苗作为采根母树，根穗的年龄以一年生为好。通常是在晚秋或冬季植物休眠期间天气晴朗时采根，若从单株树木上采根，一次采根不能太多，否则影响母树的生长。采根时勿伤根皮，采后及时假植在沙土中保存，以保持其根部的良好状态，待到翌年春天截成插穗进行扦插。插根较粗、较长者营养丰富，易成活，生长健壮。根插也有极性现象，注意扦插时不要颠倒。扦插时可横埋土中或近轴端向上直埋。在南方最好于早春随采随插。

我国南方气候温暖地区及北方有温室或塑料大棚等设施的地方，根插一年四季均可进行。根插的适温是10~16℃，供扦插的根条选择较粗大者为好。根段长为5~8cm或10~15cm。草本植物根较细，但不应小于5mm，根段长5~10cm不等。根段剪切时，上口剪平，下口剪斜。

根插可在露地进行，也可在温室和温床进行。具体插法是：在扦插前将插壤整平，扦插前最好灌足底水。也可以先在床面上开深为5~6cm的沟，将插穗直插，或斜插或平埋在沟内，覆土2~3cm，将床面平整，立即灌水，保持土壤适当湿度，之后直到发芽生根前最好不灌水，以免地温降低和由于水分过多引起根穗腐烂。有些植物的细短根段还可以用播种的方法进行育苗。一般10~15d可发芽。

根据根的类型，根插有三种方式：

（1）细嫩根类根插　将根切成长3~5cm的插穗，散布于插床的基质上，再覆盖一层基质。为遮阴保湿，可盖上玻璃或塑料薄膜，外侧盖上报纸等，待发根出芽后移栽。

（2）肉质根类根插　将根剪截成长2.5~5cm的插穗，用沙作插床基质，插于沙内，上端与基质面齐或稍突出。

（3）粗壮根类根插　可直接在露地进行扦插，插穗长10~20cm，横埋于土中，深约5cm。

（二）影响扦插成活的因素

插穗扦插后能否生根成活，除与植物本身的内在因子有关外，还与外界环境因子有密切的关系。影响插穗生根的外因主要有温度、湿度、通气、光照、基质等，各因子之间相互影响、相互制约，因此，扦插时必须使各种环境因子有机协调地满足插穗生根的各种要求，以达到提高生根率、培育优质苗木的目的。

1. 植物种类　不同科、属、种植物，甚至品种间插穗生根的难易不同。如仙人掌、景天科、杨柳科的植物扦插易生根；木樨科的大多数扦插易生根，但流苏则难生根；山茶属中的山茶、茶梅扦插易生根，而云南山茶扦插生根难；菊花、月季等品种间差异大。所以，在扦插育苗前要注意参考已证实的资料，必要时应进行试插。

根据插穗生根难易程度把木本园林植物分为几类。

（1）易生根的树种　如柳树、金叶假连翘、月季、金银花、南天竹、小叶榕、无花果和石榴等。

（2）较易生根的树种　如相思树、罗汉松、山茶、杜鹃、夹竹桃、柑橘、猕猴桃等。

（3）较难生根的树种　如灰莉、圆柏、梧桐、苦楝、君迁子、米兰等。

（4）极难生根的树种　如黑松、马尾松、板栗、核桃、鹅掌楸、柿树等。

2. 插穗的发育状况　插穗的生根能力随着生理年龄的增长而降低。故应选取生长健壮、组织发育充实、叶芽发育饱满的1~2年生枝条作插穗。

插穗的成熟程度不同，其生根能力也不同。一般从当年生枝条上剪取带叶的嫩枝插穗，更易生根成活，这是由于嫩枝处于生长旺盛时期，枝条代谢能力较强，而且嫩枝上的芽和叶能合成内源激素和糖类化合物，有利于不定根的形成。充分成熟的硬枝休眠枝条积累糖类化合物多，芽体饱满，发育完善，在正常通过休眠期后，并给予插穗基部外源生长素，也能促进发芽和生根。一般地，1年生枝的再生能力较强，但具体年龄因树种而异。如杨树类1年生枝条成活率高，2年生枝条成活率低，即使成活，苗木的生长也较差。水杉和柳杉1年生枝条较好，基部也可稍带一段2年生枝段。而罗汉柏带2~3年生的枝段生根率高。

不同营养器官的生根、出芽能力不同。研究表明，侧枝比主枝易生根，硬枝扦插时取自枝梢基部的插穗生根较好，软枝扦插以顶梢作插穗比下方部位的生根好，营养枝比结果枝更易生根，去掉花蕾比带花蕾者生根好，如杜鹃。

3. 插穗的着生部位　同一枝条的不同部位根原基数量和储存营养物质的数量不同，其插穗生根率、成活率和苗木生长量都有明显的差异。但具体哪一部位好，还要考虑植物的生根类型、枝条的成熟度等。一般来说，常绿树种中上部枝条生长健壮，代谢旺盛，营养充足，且中上部新生枝光合作用也强，对生根有利。落叶树种硬枝扦插中下部枝条发育充实，储藏养分多，对生根有利，但若嫩枝扦插，则中上部枝条较好，由于其内源生长素含量最高，而且细胞分生能力旺盛，对生根有利。

针叶树主干上的枝条生根力强，侧枝尤其是多次分枝的侧枝生根力弱，若从树冠上采条，则从树冠下部光照较弱的部位采条较好。在生产实践中，有些树种带一部分2年生枝，即采用踵状扦插法或带马蹄扦插法常可以提高成活率。

4. 插穗极性 插穗是有极性的，扦插时总是上端发芽，下端生根。枝条的极性是距离茎基部近的为下端，远离茎基部的为上端。根插穗的极性则是距离茎基部近的为上端，远离茎基部的为下端。扦插时要注意插穗的极性，不能颠倒。

此外，扦插枝条的粗度、长度、生长期、扦插时的留叶量、插条内部的抑制物质等，对生根、成活率、苗木生长有一定的影响。对于绝大多数树木来讲，长插穗根原基数量多，储藏的营养多，有利于插穗生根，具体长短要根据植物生根快慢和土壤水分条件确定。在生产实践中，应根据需要和可能，采用适当长度和粗细的插穗，合理利用枝条，遵循粗枝短截、细枝长留的原则。

5. 插床的基质 基质直接影响水分、空气、温度及卫生条件，是扦插的重要环境。理想的扦插基质是排水、通气良好，保温，不带病、虫、杂草及有害物质。人工混合基质常优于土壤，可按不同植物的特性配制。

扦插常用的土壤和基质材料有沙土、沙、炉渣、珍珠岩、蛭石、泥炭、水苔以及水（水插）、雾（雾插）等，统称为插壤。一般对易生根的植物，若需要大量扦插，多用大田直接扦插，但要求肥沃、保水性和透气性较好的壤土或沙质壤土。对一些扦插较难生根的植物要实施插床扦插，一般选择清洁无菌、不含养分的河沙、珍珠岩、蛭石等作为基质。

6. 环境湿度 在插穗生根过程中，空气的相对湿度、插壤湿度以及插穗本身的含水量是扦插成活的关键，尤其是嫩枝扦插，应特别注意保持合适的湿度。

（1）空气相对湿度 空气相对湿度对难生根的针、阔叶树种的影响很大。插穗所需的空气相对湿度一般为90％左右。硬枝扦插可稍低一些，但嫩枝扦插空气的相对湿度一定要控制在90％以上。生产上可采用喷水、间隔控制喷雾等方法提高空气的相对湿度。

（2）基质湿度 插穗最容易失去水分平衡，因此要求基质有适宜的水分。基质湿度取决于基质种类、扦插材料及管理技术水平等。有报道表明，插穗由扦插到愈伤组织产生和生根，各阶段对插壤含水量要求不同，通常以前者为高，后者依次降低。尤其是在完全生根后，应逐步减少水分的供应，以抑制插穗地上部分的旺盛生长，增加新生枝的木质化程度，更好地适应移植后的田间环境。

7. 环境温度 温度对扦插生根快慢起决定作用。多数植物生根的最适温度为15~25℃，以20℃最适宜。一般木本植物插穗愈伤组织和不定根形成与气温的关系是：8~10℃，有少量愈伤组织生长；10~15℃，愈伤组织产生较快，并开始生根；15~25℃，最适合生根，生根率最高；25℃以上生根率开始下降；28℃以上生根率迅速下降；36℃以上插穗难以成活。气温太高，插穗的养分和水分消耗大，常会发芽而不发根，且易滋生病菌，引起插穗腐烂；气温太低，发根慢，插穗易遭受寒害。

不同园林植物插穗生根对基质的温度要求不同，一般基质温度高于气温3~5℃时，对生根极为有利。有利于不定根的形成而不适于芽的萌动，在不定根形成后芽再萌发生长。在生产上可用电热线等材料提高地温，还可利用太阳光的热能进行催根，提高其成活率。

温度对嫩枝扦插更为重要，30℃以下利于生根，高于30℃，会导致扦插失败。一般可采取喷雾方法降低插穗的温度。插穗生根时需要氧气,扦插时应注意通气。

8. 光照 光照对扦插繁殖也很重要。扦插生根需要一定的光照条件,尤其是带叶的嫩枝扦插和常绿植物的扦插,需要光照进行光合作用制造有机物质和生长素以促进生根。对这些插穗,在发根初期应给予充足的日光,但忌日光直射,防止水分过度蒸发而导致插穗枯萎,一般接收40%~50%的光照为佳。如果用花盆和浅箱扦插,要放在"见天不见日"的地方。光照度和光照时间对插穗生根、萌芽影响很大,对带叶绿枝扦插的插穗,在基质水分充足时,日照较长和一定光照度能促进生根,提高生根率和发芽率。

研究表明,许多草本花卉如大丽花,以及木槿属、杜鹃花属、常春藤属等木本园林植物,采自光照较弱处母株上的插穗比强光下者生根较好;但有些花卉如菊花却相反,采自充足光照下的插穗生根更好。扦插生根期间,许多木本园林植物,如木槿属、锦带花属、荚蒾属、连翘属,在较低光照下生根较好;但也有许多草本花卉,如菊花、天竺葵及一品红,适当的强光照更有利于生根。

(三)促进插穗生根的方法与技术

1. 生长调节物质及生根药剂处理

(1) 生长调节物质处理 一般用生长素类激素处理。常用的生长素有萘乙酸(NAA)、吲哚乙酸(IAA)、吲哚丁酸(IBA)和2,4-D等。一般可用少量酒精将生长素溶解,然后配制成不同浓度的药液。低浓度(如50~200mg/L)溶液浸泡插穗下端6~24h,高浓度(如500~10 000mg/L)可进行快速处理(数秒到1min)。此外,还常将溶解的生长素与滑石粉或木炭粉混合均匀,阴干后制成粉剂,用湿插穗下端蘸粉扦插;或将粉剂加水稀释成为糊剂,用插穗下端浸蘸;或做成泥状,包埋插穗下端。处理时间与溶液浓度随植物和插穗种类不同而异。一般生根较难的浓度要高些,生根较易的浓度要低些;硬枝浓度高些,嫩枝浓度低些。

(2) 生根促进剂处理 目前使用较为广泛的有中国林业科学研究院研制的ABT生根粉系列,华中农业大学林学系研制的广谱性植物生根剂HL-43,山西农业大学林学系研制并获国家科技发明奖的根宝;昆明市园林研究所等研制的3A系列促根粉等。它们均能提高多种树木如银杏、桂花、板栗、红枫、樱花、梅、落叶松等的生根率,其生根率可达90%以上,且根系发达,吸收根数量增多。

(3) 化学药剂处理 有些化学药剂也能有效地促进插穗生根,如醋酸、磷酸、高锰酸钾、硫酸锰、硫酸镁等。如生产中用0.1%的醋酸水溶液浸泡卫矛、丁香等插穗,能显著地促进生根。用0.05%~0.1%的高锰酸钾溶液浸泡木本园林植物的插穗,一般浸泡12h左右,除能促进生根外,还能抑制细菌发育,起消毒作用。

2. 基质电热温床催根育苗技术 电热温床育苗技术是根据温差促进植物生根的原理,创造植物愈伤及生根的最适温度而设计的。利用电加温线提高苗床地温,目标温度可以通过植物生长模拟计算机人工控制,保持温度稳定,促进插穗发根。具有占地面积小、扦插密度高的特点($1m^2$可排放插穗3 000~7 000株)。

先在室内或温棚内选一块比较高燥的平地,用砖作沿,砌宽1.5m的苗床,底层铺一层黄沙或珍珠岩。在床的两端和中间,放置截面7cm×7cm的方木条各1根,再在木条上每隔6cm钉上小铁钉,钉入深度为小铁钉长度的1/2,电加温线即在小铁钉间回绕,电加温线的两端引出温床外,接入育苗控制器中。其后再在电加温线上铺以湿沙或珍珠岩,将插穗基部向下排列在温床中，再在插穗间填铺湿沙（或珍珠岩），以盖没插穗顶部为止。苗床中要插入温度传感探头，感温头部要靠近插穗基部，以正确测量发根部的温度。通电后，电加温线开始发热，当温度升为28℃时，育苗控制器即可自动调节工作，以使温床的温度稳定。温床每天开启弥雾系统喷水2~3次以增加湿度，使苗床中插穗基部保持足够的湿度。苗床过干，插穗皮层干萎，不会发根；水分过多，引起皮层腐烂。

一般植物插穗在苗床保温催根10~15d，插穗基部愈伤组织膨大，根原体露白，长出1mm左右的幼根突起，此时即可移入田间苗圃栽植。过早过迟移栽，都会影响插穗的成活率。移栽时，苗床要筑成高畦，畦面宽1.3m，长度因地形而定。先挖与畦面垂直的扦插沟，深15cm，沟内浇足底水，插穗以株距10cm竖直排在沟的一边，然后用细土将插穗压实，顶芽露在畦面上，栽植后畦面要盖草保温保湿。全部移栽完毕后，畦间浇足定根水。

电热温床催根育苗技术特别适用于冬季落叶的乔灌木插穗，枝条通过处理后打捆或紧密竖插于苗床，调节最适的插穗基部温度，使伤口受损细胞的呼吸作用增强，加快酶促反应，愈伤组织或根原基尽快产生。如杨树、水杉、桑树、石榴、银杏等植物皆可利用落叶后的光秃硬枝进行催根育苗。

3. 其他促进生根处理

（1）洗脱处理　洗脱处理一般有温水处理、流水处理、酒精处理等。洗脱处理不仅能降低枝条内抑制物质的含量，还能增加枝条内水分的含量。

①温水洗脱处理：将插穗下端放入30~35℃的温水中浸泡几小时或更长时间，具体时间因树种而异。某些针叶树枝如松树、落叶松、云杉等浸泡2h，起脱脂作用，有利于切口愈合与生根。

②流水洗脱处理：将插穗放入流动的水中，浸泡数小时，具体时间因植物不同而异。多数在24h以内，也有的可达72h，甚至更长。

③酒精洗脱处理：用酒精处理也可有效降低插穗中的抑制物质，提高生根率。一般使用浓度为1%~3%，或者用1%的酒精和1%的乙醚混合液，浸泡6h左右，如杜鹃。

（2）营养处理　用维生素、糖类及其他氮素处理插穗，也是促进生根的措施之一。如用5%~10%的蔗糖溶液处理雪松、龙柏、水杉等树种的插穗12~24h，可显著促进生根。若用糖类与植物生长素并用，则效果更佳。在嫩枝扦插时，在其叶片上喷洒尿素，也可促进生根。

（3）低温储藏处理　将硬枝放入0~5℃下冷藏一定时期（至少40d），使枝条内的抑制物质转化，有利于生根。

（4）增温处理　春天由于气温高于地温，露地扦插时，易先抽芽展叶后生根，降低扦插成活率。为此，可采用在插床内铺设电热线（即电热温床法）或放入生马粪（即酿热物催根法）等措施来提高地温，促进生根。

（5）倒插催根　一般在冬末春初进行。利用春季地表温度高于坑内温度的特点，将插穗倒放坑内，用沙子填满孔隙，并在坑面上覆盖2cm厚的沙，使倒立的插穗基部的温度高于插穗梢部，促进插穗基部愈伤组织根原基的形成，从而促进生根，但要注意水分控制。

（6）黄化处理　在生长季前，用黑色塑料袋将要作插穗的枝条罩住，使其处在黑暗条件下生长，形成较幼嫩的组织，待其枝叶长到一定程度后，剪下扦插，利于生根。

（7）机械处理　在树木生长季节，将枝条基部环剥、刻伤或用铁丝、麻绳、尼龙绳等捆扎，阻止枝条上部的糖类化合物和生长素向下运输，使其储存养分，至休眠期再将枝条从基部剪下扦插，能显著促进生根。

(四) 全光照自动喷雾技术

插穗在长时间的生根过程中，能否生根成活，最重要的是保持枝条不失水。

全光照自动间歇喷雾扦插育苗技术与传统露地育苗的主要区别是：需建造全光照自动间歇喷雾扦插床，安装间歇喷雾设备，使其按需要自动喷雾，以降低空气温度，保持叶面湿度，有利于生根。自动喷雾的工作原理是电子叶或湿度传感器输入的电信号，经传递和转换，启动或关闭电磁阀，控制喷头喷水或停止。全光喷雾苗床使用的基质必须疏松通气，排水良好，以防止床内积水使枝条腐烂，但又要保持插床湿润。通常用的扦插基质有较粗的河沙、石英砂、珍珠岩、蛭石、锯末等。选择扦插基质应因地制宜，几种基质混合使用比单独使用一种效果好。国外多用泥炭土、珍珠岩、沙按1∶1∶1混合的基质，扦插多种树种都获得较好效果。

1. 全光自动喷雾装置

(1) 湿度自控仪　接收和放大电子叶或传感器输入的信号，控制继电器开关，继电器开关与电磁阀同步，从而控制是否喷雾。湿度自控仪内有信号放大电路和继电器。

(2) 电子叶和湿度传感器　电子叶和湿度传感器是发生信号的装置。电子叶是在一块绝缘板上安装低压电源的两个极，两极通过导线与湿度自控仪相连，并形成闭合电路。湿度传感器是利用干湿球温差变化产生信号，输入湿度自控仪，从而控制喷雾。

(3) 电磁阀　电磁阀即电磁水阀开关，控制水的开关，当电磁阀接收到湿度自控仪的电信号时，电磁阀打开喷头喷水。当无电信号时，电磁阀关闭，不喷水。

(4) 高压水源　全光自动喷雾要求水源的压力为150～300kPa，供水量要与喷头喷水量匹配，供水不间断。小于此压强和流量，喷出的水不能雾化。

2. 全光自动喷雾扦插注意事项　一般来讲，全光自动喷雾扦插的插穗带叶片越多，插穗越长，生根率越高，较大的插穗成活后苗木生长健壮，但插穗太长，浪费材料。因此一般以15m左右为宜。相反，插穗叶片少而短小，成活率低，苗木质量差，移栽成活率低。插穗下部插入基质中的叶片、小枝要剪掉。

在不同纬度和地区，全光喷雾扦插苗床的使用存在时间的差异。华南地区全年均可使用，其他地区全光喷雾苗床与电热温床结合使用，在温室内建造永久性的水泥扦插苗床。在人工控制温、湿度的条件下，一年四季都能进行扦插繁殖。只要在全光喷雾扦插苗床的底部安装电热线（电热线应埋在沙子或蛭石等基质中）并与湿控仪接通即可。使用全光喷雾扦插苗床及电热温床进行苗木扦插繁殖应注意的事项如下：

(1) 水质　各地水质条件不一，利用地下水的地区，多因矿化度高，使用时间超过2个月时，常因杂质堵塞喷头的喷嘴，电子叶上积存水垢，使喷雾不匀，喷程缩短，电子叶感应不灵，影响使用效果。因此，每2个月将喷头及电子叶卸下，用15％的稀盐酸浸泡喷头和电子叶的叶面。电子叶切不可全浸入稀盐酸中，以免对无垢部分造成腐蚀。

(2) 排水与保洁　如与电热温床结合在温室中用水泥制作永久性苗床，应考虑排水问题。保持插床清洁，及时清除枯叶及未生根的插穗，以免在床内高温、高湿下发霉腐烂。

(3) 吸湿　扦插前应用喷壶喷水，使基质充分吸水，扦插后再喷一次水，起到压实的作用，使基质与插穗紧密结合在一起，以利生根。

(4) 保养　停用时，应将湿控仪及电磁阀、电子叶拆卸下来，擦拭干净存放于干燥处，以备下一季节使用。管内存水应排干净，喷头也应卸下擦拭干净保存，主管口应包封。插床在下一季节使用前，应对基质进行消毒，同时整个装置应该进行一次调试，以便及时发现停用期间管道铁锈堵塞喷头等问题。起苗时不要用花铲等铁制工具，避免切断或划破电热线，最好用手扒苗（带上基质）。

（5）炼苗　电热苗床温度高，为了使幼苗适应外界环境，起苗上盆的前7～10d可停电炼苗，提高扦插苗的成活率。

二、采穗圃建设

采穗圃是利用选育出来的良种专门提供规模化优质无性系种条（插条和接穗）的繁殖圃，其核心目标是无性系枝条的生产，通过枝条扦插育苗为生产提供规模化与标准化的无性系种苗。

（一）采穗圃建立

园林苗木采穗圃与一般生产园不同之处在于没有把直接利用的器官作为经营目标，而是培养穗条为良种无性系种苗生产提供材料。采穗圃在良种繁殖上具有稳定优良性状的特点。采穗圃建设需要依据树种特性遵循"适地适树、适栽优质"的原则，并依据苗木种类选择立地条件，确定栽植密度和栽植坑大小。

1. 采穗圃类型　对于大型的苗木培育基地，一般采用原种采穗圃、中心采穗圃、临时采穗圃的三级建采穗圃形式。三级采穗圃即可防止良种的退化、混杂，又保持了优良性状的遗传稳定性，而且可保证在短期内生产大量良种优质接穗。

（1）原种采穗圃　自某无性系的原始母株上采穗嫁接。其目的是保持原种无性系的优良性状，不使其退化混杂，它只向中心采穗圃和临时采穗圃提供建圃种穗，故其规模不必太大，但应保证穗树品质纯正，种植则略稀，以利永久经营。

（2）中心采穗圃　于中心推广区选交通方便的点建立采穗圃，直接向生产单位提供穗条，规模视需要而定。3～4年生穗树一般每株可提供穗芽300～500个。中心圃的种穗来自原种圃。

（3）临时采穗圃　短期用穗量大和距中心采穗圃远的苗圃点，最好建立临时采穗圃，育苗采穗结束后，可将其改造为园林绿地。

2. 采穗圃建设的立地条件选择　采穗圃建立时的立地选择需要考虑的因素与一般生产园建设相同。一般而言，采穗圃选地需要考虑以下几点：

（1）气候区　选择树种最适宜的地理气候区，并在区内选择适宜的采穗圃建圃地，使采穗圃具有长期稳定与充分发挥遗传潜能的气候环境。

（2）地形地貌　选择地势平坦、四周开阔、通风透气的场地，使种条具有良好的生长环境；交通便利，采穗圃与苗圃地距离较近或者紧邻苗圃地，条件较好时还可以与温室大棚连接，形成较强的无性系苗生产能力。

（3）土壤条件　圃地应选择向阳地带，土层深厚而肥沃的沙壤土或壤土，不积水，排灌与管理方便的地带。

（4）水分条件　应具备良好的水分供给系统，以满足枝穗生长需求。

（二）插穗的准备

1. 采条母株处理　许多木本园林植物扦插生根比较困难，为了使其容易生根，可使插穗在采条前积累较多营养或者幼龄化，为扦插生根创造良好条件，在采集插条之前，对母株进行人工预处理，可以取得较好效果。其处理办法如下：

(1) 绞缢处理　将母树上准备选作插穗的树枝，用细铁丝或尼龙绳等在枝茎部紧扎，阻止枝条上部叶片光合作用产生的营养物质向下运输，使其储存在枝条内部，经15~20d后，再剪取插穗扦插，可显著提高生根能力。

(2) 环剥处理　在母树树枝的基部，进行宽0.5~1cm的环状剥皮，15~20d后剪取插穗扦插，有很好的生根效果。

(3) 重剪处理　冬季修剪时，对准备取条的母树进行截干重剪，使母树下部的茎干产生萌条，选作插穗，可以克服从老龄母树上直接剪取插穗难以生根的缺点。

此外，对于一些稀有、珍贵树种或繁殖困难的园林树种，为使其在生理上"返老还童"，可采取以下途径：绿篱化采穗，即将准备采条的母树进行强剪，不使其向上生长；用幼龄砧木连续嫁接繁殖，即把采自老龄母树上的接穗嫁接到幼龄砧木上，反复连续嫁接2~3次，再采其枝条进行扦插；用基部萌芽条作插穗，即将老龄树干锯断，使幼年（童）区产生新的萌芽枝用于扦插。

2. 穗条的采集处理与储藏　从母树上剪取的穗条，未经剪切加工的称为插条。插条一般应选年轻粗壮、节间延伸慢且均匀的枝条。首先应采取萌芽枝或当年生枝条作插穗。采集插穗可结合母树夏、冬季修剪进行，通常应采用母树中上部枝条。夏剪的嫩枝生长旺盛，光合作用效率高，营养及代谢活动强，有利于生根。冬剪的休眠枝已充分木质化，枝芽充实，储藏营养丰富，也利于生根。

采集的插条应分树种及品种捆扎，拴上标签，标明品种、采集地点和采集时间等。带叶的嫩枝条或草本花卉应随剪随用，不可久留。采后应立即放入盛有少量水的桶中，使插条基部浸泡在水中，让其吸水以补充因蒸腾而失去的水分，以防插条萎蔫。如果从外地采集幼嫩枝条，可将每片叶剪去1/2，以减少水分蒸腾损耗，并用湿毛巾或塑料薄膜分层包裹，茎基部用苔藓包好后运输，运到目的地后立即解开包裹物，用清水浸泡插条茎部。休眠枝较耐旱，一般将插条放在阴凉处，用湿帘盖好，若无风吹，可放4~5d。如果插条需存放1周以上，要用洁净土或其他材料掩埋，其基部用清水浇浸。另外，皮孔粗大、髓心空、易失水的插条，需要全部埋入湿沙中储藏。

春插所需插条量大时，常将休眠枝或种根事先采集并储藏，待扦插适期再用。在插条储藏中，开始2周放在约15℃条件下，然后再在0~5℃条件下储藏，可提高生根率。储藏过程中温度尽量保持在10℃以下。

3. 插穗的剪截与处理

(1) 选取插穗的原则　茎插应选幼嫩、充实的枝条，选取节间还未伸长、粗细均匀的部分。叶插和叶芽插首先选取萌发枝条上的叶片和叶芽，其次，再选取主枝上充实的新生叶。根插应选用直径为0.6~2.0cm的幼嫩且充实的部分作插穗。草本花卉应选用尚未木质化、再生能力强的幼嫩部分作为插穗。

(2) 插穗的剪截　插穗长度因植物种类或培育苗木的大小而定。一般嫩枝插比休眠枝插的要短。插穗的标准长度可以考虑为：针叶树7~25cm，常绿阔叶树7~15cm，落叶阔叶树种10~20cm，草本花卉7~10cm，也可以按芽眼数量剪截成单芽、双芽、三芽、多芽的插穗。

插穗的剪口多剪成马耳形单斜面切口,木质较硬的插穗剪成楔形斜面切口和节下平口,更有利于生根。

为了减少插穗基部切口的腐烂和有利于生根,插穗剪切应当用锋利的枝剪、小刀,对于柔嫩的草本类花卉,用锋利的剃刀更好。

(3) 插穗的处理　剪切后的插穗需根据植物的生物学特性进行扦插前的处理,以提高其生根率和成活率。

①浸水处理:所有经过冬季储藏的休眠枝,其插穗内水分都存在一定损失,扦插或进行处理前,均应用清水浸泡 12～24h,使其充分吸水,以恢复细胞的膨压和活力。

②消毒与防腐处理:为防止插穗因病菌的侵染而腐烂,必须进行消毒处理。其方法是:300 倍等量式波尔多液浸泡插穗 30min,阴干;用 0.1%～0.3%高锰酸钾溶液进行插壤消毒。

第三节　其他营养繁殖方法

一、嫁　　接

嫁接又称接木,就是将园林植物的部分枝或芽,接到另一株带根系的植物枝干上,使之愈合成为一个具共生关系的新植株。用作嫁接的枝或芽叫接穗,承受接穗带有原根的植株叫砧木。用嫁接方法培育的苗木称为嫁接苗。如将观赏四季橘的芽嫁接到枳壳(砧木)上,使其长成一株四季橘苗木。也就是人们常说的"移花接木"中的接木。嫁接通常用符号"+"表示,即砧木+接穗;也可以用"/"表示,一般将接穗放在前面,如桂花/女贞,表示桂花嫁接在女贞上。

植物嫁接能够成活,主要是依靠砧木和接穗结合部分的形成层具有分裂新细胞的再生能力,使二者紧密结合而共同生活的结果。嫁接繁殖是园林苗木重要的无性繁殖方法之一,其特点是:①能保持接穗品种的优良特性,克服了种子繁殖后代个体之间在形状、生长量、品质等方面的差异;②能促进提早开花结果,如月季嫁接后第 1～3 年可开花;③通过嫁接可以利用砧木的抗性(如抗寒、抗旱、抗病虫危害、耐涝、耐盐碱的能力)扩大栽培区域;④可以调节树势使树体乔化或矮化,如比利时杜鹃(西洋杜鹃,$Rhododendron\ hybridum$)经矮化砧嫁接后使树冠矮小、紧凑,提高了观赏性和商业性;⑤可以克服其他方法难以繁殖的困难,如不易产生种子的重瓣花卉如山茶等。

嫁接繁育苗木中,砧木准备可参照种子育苗的相关技术和程序;接穗准备可参照扦插育苗中接穗的相关技术和程序。

(一) 常用嫁接育苗的园林植物

1. 梅花　梅花($Prunus\ mume$)的繁殖方法最常用的是嫁接,扦插、压条次之,播种又次之。砧木南方多用梅或桃,北方常用杏、山杏或山桃。通常用切接、劈接、舌接、腹接。

2. 月季　月季($Rosa\ hybrida$)嫁接繁殖主要用于扦插不易生根的种类和品种,如大花月季、杂种茶香月季中的大部分种类。可用多花蔷薇($Rosa\ multiflora$)作砧木。

3. 桂花　桂花($Osmanthus\ fragrans$)繁殖最常用的方法是嫁接,主要用靠接和切接。嫁接砧木多用女贞($Ligustrum\ lucidum$)、小叶女贞($L.\ quihoui$)等。

4. 白兰 白兰（*Michelia alba*）采用播种、扦插等繁殖方法都较困难，通常采用嫁接和压条法，砧木为黄兰。

5. 碧桃 碧桃（*Prunus persica* f. *duplex*）可用播种、嫁接方法来繁殖，一般采用嫁接。因芽接容易成活，常采用芽接法。

6. 山茶 山茶（*Camellia japonica*）多采用嫁接和扦插繁殖。嫁接又有两种方法：一种是嫩枝劈接，另一种是靠接。常选用单瓣山茶和油茶（*Camellia oleifera*）作砧木。

7. 杧果 杧果（*Mangifera indica*）可用播种和方形芽接法繁殖。一般用实生杧果苗作砧木，嫁接苗作绿化苗开花结果早，观赏效果好。

8. 金橘 金橘（*Fortunella margarita*）常用嫁接繁殖。砧木用枸橘、酸橙或播种的实生苗，嫁接方法有枝接、芽接和靠接。

9. 扶桑 扶桑（*Hibiscus rosa-sinensis*）嫁接是常用繁殖方法之一。砧木可用木槿，此法多用于扦插不易成活的珍贵品种，还可以接成开不同颜色花朵的植株。

10. 蟹爪兰 蟹爪兰（*Zygocactus truncactus*）常用嫁接繁殖，砧木可用量天尺（*Hylocereus undatus*）或仙人掌，不耐低温。用仙人掌作砧木，蟹爪兰生长迅速，开花早，抗病、抗旱、抗倒伏性能强，并能耐较低的温度。

11. 令箭荷花 令箭荷花（*Nopalxochia ackermannii*）一般采用嫁接或扦插繁殖。以仙人掌作砧木。

12. 绯牡丹 绯牡丹（*Gymnocalycium mihanovichii* var. *friedrichii*）主要用嫁接繁殖。必须用绿色的量天尺、仙人球、叶仙人掌等作砧木，以用量天尺效果最佳。

13. 鼠尾掌 鼠尾掌（*Aporocactus flagelliformis*）可用扦插和嫁接繁殖。嫁接砧木用量天尺和仙人掌。

14. 金琥 金琥（*Echinocactus grusonii*）繁殖以播种为主，也可扦插、嫁接。嫁接砧木常用量天尺。

（二）嫁接方法

园林苗木嫁接方法一般可分为枝接、芽接、根接、二重接、高接、茎尖嫁接等，最常用的是枝接和芽接。

1. 枝接法 枝接是用带有一个芽或数个芽的枝段作接穗进行嫁接的方法，在南方苗木培育中广泛应用。常用的枝接法有切接、劈接、皮下接、腹接、舌接、靠接、插接等。嫁接时期多在早春芽萌动前后。

（1）切接法 切接法是目前花卉嫁接中广泛应用的一种方法，具有成活率高、生长健壮、操作简便、包扎快等特点。熟练工人每天可嫁接600～1 000株。操作步骤如下（图4-3）：

①切砧木：根据不同苗木或品种在离地5～25cm处选择皮层光滑的地方剪断砧木，剪口要平，无皮裂现象，在斜削面处皮层内略带木质部纵切一刀，长1.5～2.0cm。

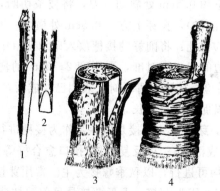

图 4-3　切接法

1、2. 接穗的长削面和短削面　3. 切开的砧木　4. 绑缚

（张玉星，2011）

②削接穗：倒拿枝条，选平滑面用嫁接刀从枝条由上向下，略带木质部纵切一刀，长 2cm 以上；翻转枝条，留切口长 1.3～1.8cm 后斜 30°将枝条削断，然后倒转枝条，左手拿住削好段（勿碰脏切口），留 1～3 个芽将枝条剪（削）断，即削好接穗。

③插接穗及包扎：将削好的接穗切口插入砧木的切口中，使砧穗形成层对齐，然后用宽 3～4cm 的薄膜自下向上包扎，将接穗和砧木的所有伤口都包扎严密即可。

（2）劈接法　劈接法常用于砧木大、接穗小或嫩砧的嫁接上。操作步骤如下（图 4-4）：

①砧木处理：在嫁接部位将砧木剪断或锯断，锯砧木后用刀将粗糙的锯面削平，然后用刀在砧木截面中心处纵劈一刀。劈接口时不要用力过猛，可将刀刃放在劈口处，用木槌轻轻敲打刀背，使劈口深 3～5cm。如劈口不够光滑可用嫁接刀将劈口面两侧削平滑。注意不让泥土等污物落进劈口内。

②削接穗：倒拿枝条，用嫁接刀将枝条基部两侧削成一个长 2～3cm 的对称的楔形削面，削面要平直光滑。然后倒转（顺拿）枝条，留 2～3 个饱满芽后斜削一刀将枝条剪（削）断，即削好接穗。

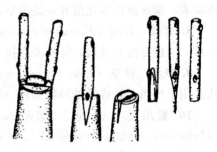

图 4-4　劈接
（付玉兰，2013）

③插接穗及包扎：将削好的接穗插入劈口内，如果砧木较大，可同时在两侧各插一个接穗，但要一侧的形成层对准砧木一侧的形成层。其包扎方法同切接法。

嫩砧劈接的做法是剪砧后用嫁接刀从中心处纵切一刀，深 2～3cm，接穗削成对称的楔形，长 1.5～2cm，插入砧木切口内，包扎同切接法。

（3）腹接法　腹接法广泛用于园林苗木的嫁接。由于嫁接时不剪砧，因此接后发现不成活时，可以多次进行补接。接口愈合好，接位低，剪砧后生长快，操作简单易行。操作步骤如下：

①削砧木：在砧木离地面高 5～15cm 处选一光滑面，用嫁接刀略带木质部纵切一刀，长 1.5～2cm，切去削皮的 1/2。

②削接穗：左手倒拿枝条，在接芽的对面带木质部直削一刀，反转枝条，呈 30°～40°在接芽下约 0.5cm 处斜切一刀，将枝条切断，然后倒转枝条，左手食指、拇指捏紧接芽两侧（勿碰削口），在芽上方约 0.5cm 处横切一刀将枝条切断，即削好接穗。

③包扎：将削好的接穗放入砧木切口中，使两边的形成层对齐，若砧穗切口大小不一时使一边的形成层对准，再用宽 2～3cm 的薄膜带自下向上包扎，膜厚者要露芽眼。经 15～20d 后检查接穗仍青绿时，表明已经成活，待接口完全愈合后，在接位上 1～2cm 处剪断砧木，以促进发芽生长。

2. 芽接法　芽接是以芽片作为接穗进行嫁接的方法，具有操作简单、接穗消耗少、嫁接时期长、成活率高、可反复补接、接口愈合好等优点。芽接多在皮层易剥离时进行。华南地区 3～10 月均可进行，以秋季嫁接为主。常用芽接方法有 T 形芽接、嵌芽接、方块形芽接等。

（1）T 形芽接　T 形芽接是目前园林植物种苗生产中应用最广的嫁接方法，具有操作简便、速度快、成活率高等特点。操作步骤如下（图 4-5）：

①砧木处理：T 形芽接最好是在一年生砧木上进行。砧木直径 0.5～2.5cm。如砧木过

老或过粗，会影响嫁接速度和成活率。根据嫁接高度，选砧木光滑处横切一刀，深达木质部，以刚到木质部为好。然后在横切口中间向下纵切一刀，长约1cm，形成T形切口，纵横切略有交叉以利皮层分离。用芽接刀尾的硬片挑开两侧皮层。

②芽片的削取：左手顺拿接穗，右手拿嫁接刀在芽的上方约0.5cm处横切一刀，深达木质部，横切口超过半径以上。再在芽下约1cm处斜向下削一刀，均匀用力削至与芽上面的横切口相遇。然后用右手食、拇指轻轻扳动将芽片取出。

图4-5 T形芽接
1. 削取芽片 2. 取下芽片 3. 插入芽片 4. 包扎
（张玉星，2011）

③插芽及包扎：将芽片轻轻放入挑开的T形切口内，慢慢往下推压，使芽片的横切口与砧木的横切口对齐，不留间缝。用宽2cm、长20cm的薄膜条自下向上缠缚，每圈应略有重叠。膜厚时宜露芽眼。不露芽包扎的，萌动前需解膜以利芽萌动生长。

（2）嵌芽接 嵌芽接适用于枝梢具有棱角或沟纹的树种。如木质部较软的花木白兰花、月季、杜鹃、仙人掌、蜡梅等。操作步骤如下（图4-6）：

①削砧木：在嫁接高度选光滑面呈35~45°斜切入木质部，深度视接穗的大小而定，然后在切口上方2cm左右处向下斜削一刀，与第一刀相交，取出盾形片。

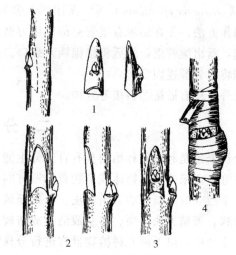

图4-6 嵌芽接
1. 削接芽 2. 削砧木接口 3. 插入芽片 4. 绑缚
（张玉星，2011）

②削接穗：削法似削砧木，削切大小相等或略小些。

③嵌合：将接穗盾形片嵌入砧木切口内，使两侧形成层对齐，如芽片偏小时，可一边对齐；如芽片过大，则影响成活。芽片上端的砧木微露白，再用薄膜条包扎密封好伤口即可。

（3）方块形芽接 方块形芽接也称贴片芽接，在砧、穗双方都容易剥离皮层的树种或时期应用较多。做法是从接穗上切取不带木质部的方形芽片，再在砧木上切开一个与芽片大小相同的方形切口，去掉皮层，将接穗芽片贴上包扎好即可。

3. 多肉多浆植物的嫁接方法 嫁接已成为多肉多浆植物繁殖的一个重要手段。它的主要优点有：①生长快、长势旺。只要选择合适的砧木，嫁接的植株生长速度都比扦插或播种的植株快。如用量天尺嫁接金琥球，生长速度快，株型好，待砧木支持不住时可落地栽培。②促进接穗加速生长发育。有些多肉多浆植物的根系不发达，栽培中如以自根生长则非常迟缓。而利用嫁接苗栽培可以明显地使植株生长健壮和促进开花。③临时急救名贵品种和繁殖特殊的园艺变种。④可产生变异并表现出某些优良特性。如强刺球属的种类嫁接在量天尺上则刺发育粗长，色泽艳丽，强刺的优良特性得到了充分发挥。

由于多肉多浆植物含水量高，易受病菌侵染腐烂，在嫁接前，要做好接穗、砧木、嫁接刀、镊子、棉线和消毒用酒精等的准备工作。接穗宜选用3个月至1年生的植株，直径0.4cm以上者为佳；采用植株切顶后生出的仔球，切顶最好选择幼龄植株，可多出仔球且出球快。接穗最好随取随用，以免萎缩，萎缩时可放在清水中浸泡，待吸满水后再进行嫁接。应用较多的砧木有草球（*Echinopsis tubiflora*）、量天尺、叶仙人掌（*Pereskia aculeata*）等。

（1）平接　平接法简单方便，易于成活，适合在柱类和球形种类上应用。

操作方法：将砧木顶部和接穗基部分别削平，使接穗的基部平放于砧木的顶部，对准中心柱，并用棉线将接穗与砧木扎紧，待愈合成活后松绑。绝大部分多肉多浆植物均可采用，最常见的有绯牡丹、黄雪晃（*Notocactus graessneri*）等。砧木常用量天尺等。从5~10月均可嫁接，嫁接愈合快，成活率高。

（2）劈接　劈接法主要用于接穗为扁平形茎枝的嫁接，如蟹爪兰、令箭荷花及昙花（*Epiphyllum oxypetalum*）等。所用砧木多为柱形及掌状仙人掌。

操作方法：先在砧木有维管束部位用刀劈开一适当裂口，再把扁平的接穗基部在大面斜削两侧，露出维管束，然后将接穗插入裂口。接穗楔插入砧木后，可用细竹针或仙人掌植物的长刺将二者插连固定。

此外，还有嵌接、斜接等方法。

二、分　　株

分株繁殖是利用园林植物具有自然分生能力的特点进行生产性育苗的方法，即人为地将植物体分生出来的幼植物体或植物营养器官的一部分与母株分离或分割，分别进行栽植，形成若干个独立的新植株的繁殖方法。分株繁殖是无性繁殖的主要方法之一，具有保持母株的遗传性状、繁殖方法简便、容易成活、成苗较快等特点，并能提早开花，但大多数繁殖系数较低。生产中可以下面几种植物器官进行分株繁殖。

1. 根蘖　许多园林植物的根系或地下茎生长到一定阶段，在自然条件或外界刺激下可以产生大量不定芽，这些不定芽发出新的枝芽后，连同部分根系一起被剪离母体，成为一个独立植株，即将大丛母株分割成若干小丛，所产生的幼苗称为根蘖苗。

根蘖分株繁殖适用于萱草（*Hemerocallis fulva*）、兰花（*Cymbidium* spp.）、南天竹（*Nandina domestica*）、茉莉（*Jasminum sambac*）、短穗鱼尾葵（*Carvota mitis*）、棕竹（*Rhapis excelsa*）、天门冬（*Asparagus cochinchinensis*）、石榴（*Punica granatum*）、鹤望兰（*Strelitzia reginae*）等，也适用于丛生型竹类繁殖，如佛肚竹（*Bambusa ventricosa*）、观音竹（*Rhapis excelsa*）等，以及禾本科中一些草坪地被植物。

2. 吸芽　吸芽是指某些花卉植物能自根际或地上茎叶腋间自然发生的短缩、肥厚呈莲座状的短枝。吸芽的下部可自然生根，用于繁殖新个体。如芦荟（*Aloe arborescens*）、石莲（*Sinocrassula indica*）、美人蕉（*Canna generalis*）、苏铁（*Cycas revoluta*）、凤梨科的观赏植物等，在根际处常着生吸芽，有时为诱发产生吸芽，可把母株的主茎切割下来重新扦插，而受伤的老根周围能萌发出很多吸芽。

3. 珠芽及零余子　珠芽及零余子是某些植物所具有的特殊形式的芽。有的生于叶腋间，如卷丹（*Lilium lancifolium*）腋间有黑色珠芽；有的生于花序中，如观赏葱类花常可长成小珠芽；有的生在腋间呈块茎状，如秋海棠（*Begonia evansiana*）地上茎叶腋处能产生小块茎。这些珠芽及零余子脱离母体后，自然落地即可生根，用作繁殖材料。

4. 走茎和匍匐茎 走茎是某些植物自叶丛抽生出来的节间较长的茎，茎上的节具有着生叶、花和不定根的能力，可产生幼小植株。如虎耳草（*Saxifraga stolonifera*）、吊兰（*Chlorophytum comosum*）、吉祥草（*Reineckea carnea*）等。通常在生长季繁殖，把这类小植株切割下来即能繁殖出很多植株。匍匐茎与走茎相似，但节间稍短，横走地面并在节处生不定根和芽，如草坪植物狗牙根（*Cynodon dactylon*）和野牛草（*Buchloe dactyloides*）等。

5. 根茎 根茎是地下茎增粗，在地表下呈水平状生长，外形似根，同时形成分支四处伸展，先端有芽，节上常形成不定根，并有侧芽萌发而分枝，继而形成株丛，株丛可分割成若干新株。根茎与地上茎的结构相似，具有节、节间、退化鳞叶、顶芽和腋芽。一些多年生花卉的地下茎肥大呈粗而长的根状。将肥大根茎进行分割，每段茎上留2~3个芽，然后育苗或直接定植。如美人蕉（*Canna indica*）、鸢尾（*Iris tectorum*）、荷花（*Nelumbo nucifera*）、睡莲（*Nymphaea tetragona*）等。

(1) 美人蕉类 美人蕉地下部分具有横生多节根茎，肉质、肥大。通常采用分根茎法繁殖。南方宜在3~4月进行。将老根茎挖出，分割成块状，每块根茎上留2~3个芽，去掉腐烂部分，然后埋于室内的素沙床或直接栽于花盆中，在10~15℃条件下催芽，并注意保持土壤湿润。约20d，当芽长至4~5cm时，即可定植。

(2) 水生花卉 水生花卉生产中多以分株繁殖为主。荷花（*Nelumbo nucifera*）在生产中采用无性繁殖，当年可观花。荷花的无性繁殖有两种方式：

①分藕繁殖：种藕必须是藕身健壮，无病虫害，具有顶芽、侧芽和叶芽的完整藕。荷花分栽时间通常是在气温相对稳定，藕苦开始萌发的情况下进行。华南地区一般在3月中旬进行。若植于池塘，一般采用整个主藕作种藕。缸、盆栽时，可用子藕。在池塘栽植时，先将池水放干，池泥翻整耙平，施足底肥，然后栽藕，栽时应将顶芽朝上，呈20°~30°角斜插入泥，1~2d后放水20~30cm。

②分密繁殖：荷花的地下茎未膨大形成藕前，习称走茎或藕鞭，古称"密"。将生长正茂的荷花全株拔起，将地下茎剪成若干段，每段2~3节，均带有1个顶芽或1个侧芽，保留浮叶或1片嫩绿的立叶，将多余的立叶剪掉，以减少蒸腾，叶柄切口高出水面，避免从切口灌水死苗，繁殖成新株，称为分密繁殖。

(3) 观赏竹类 我国竹类有500余种，大多可供庭园观赏。常见栽培观赏竹有散生型的紫竹（*Phyllostachys nigra*）、刚竹（*Phyllostachys viridis*）等，丛生型的佛肚竹（*Bambusa ventricosa*）、孝顺竹（*Bambusa multiple*）等，混生型的箬竹（*Indocalamus tessellates*）、茶秆竹（*Pseudosasa amabilis*）等。竹类的无性繁殖方式主要有：

①移鞭繁殖：选2~4年生的健壮竹丛，在竹鞭出笋前1个月左右进行。挖出竹鞭后，切成60~100cm段，多带宿土，保护好根芽，种植于穴中，将竹鞭卧平，覆土10~15cm，并覆草以防水分蒸发，一般夏季可长出细小新竹。

②带母竹繁殖：选择1~2年生、生长健壮、无病虫害、带有鲜黄竹鞭，且鞭芽饱满的母竹，然后在距母竹30~80cm处截断竹鞭，用利刀截去其上部，保留5~7档竹枝，栽入穴中，深度比母竹原来入土部分深3~5cm。栽后及时浇水、覆草，开好排水沟，并设支架，以防风吹摇动根部，影响扎根。

6. 块茎 块茎是指越冬的地下变态茎，在地下茎末端常膨大成块状。通常块茎顶部有几个发芽点，块茎的周边也分布有一些芽眼，一般呈螺旋状排列，每一芽眼内有2~3个腋芽，腋芽可萌发长出新枝。

（1）人工切块繁殖 部分块茎是由胚轴部分连年肥大而成的非更新类型，由于无自然分球的习性，生产中常切割带有芽（眼）的部分块茎繁殖，如水鬼蕉（蜘蛛兰）、仙客来（*Cyclamen persicum*）、大岩桐（*Sinningia speciosa*）等。

（2）自然分球繁殖 有的块茎各部生侧芽，可自然分球，这类块茎能进行自然分球繁殖。如花叶芋（*Caladium bicolor*）、虎眼万年青等。花叶芋具膨大地下块茎，扁球形，以分株繁殖为主。华南地区在5月于块茎萌芽前，将花叶芋块茎周围的小块茎剥下，若块茎有伤口，则用草木灰或硫黄粉涂抹，晾干数日待伤口干燥后盆栽。如块茎较大、芽点较多的母球，也可进行分割繁殖。

7. 球茎和鳞茎 球茎是植物的变态地下茎，为节间短缩的直生茎，常肉质膨大呈球状或扁球状，节明显，其上生有薄纸质的鳞叶，顶芽及附近的腋芽较明显，球茎基部常生有不定根，如唐菖蒲（*Gladiolus hybridus*）（图4-7）、小苍兰（*Freesia refracta*）、香雪兰及葱兰属等的部分植物。球茎花卉的分生能力比较强，开花后老球茎能分生出几个大小不等的球茎，小球茎需培养2~3年后开花，也可将球茎进行切球繁殖。

图4-7 唐菖蒲的球茎

鳞茎也是花卉植物的变态地下茎，有短缩而扁盘状的鳞茎盘，鳞茎中储藏丰富的有机质和水分，以度过不利的气候条件（图4-8）。如百合（*Lilium* spp.）、石蒜属、朱顶红属、文殊兰属的部分植物。每年从老球基部的茎盘分生出几个子球，抱合在母球上，把这些子球分开另栽来培养大球，有些鳞茎分化较慢，仅能分出数个新球，大量繁殖时需进行人工处理，促使其长出子球，如百合可用鳞片扦插，风信子等可对鳞茎刻伤促使子球发育。

8. 块根 块根是大丽花（*Dahlia pinnata*）、观叶番薯等园林植物由侧根或不定根的局部膨大而形成的。它与肉质直根的来源不同，因而在一棵植

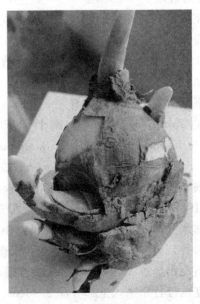

图4-8 水仙的鳞茎

株上,可以在多条侧根或不定根上形成多个块根。块根繁殖是利用植物的根肥大变态成块状体进行繁殖的方法。块根上没有芽,芽都着生在接近地表的根茎上,因此单纯栽一个块根不能萌发新株,必须带有根颈部分才能形成新的植株。也可将整个块根挖回储藏,翌春催芽再分块根繁殖。大丽花的分块根繁殖:①块根的储藏,在收获前进行株选,选生长健壮、具本品种特性、无病虫害的植株作种株;在早霜来临前挖回,剪除离地面10cm以上的茎,大丽花芽的部位在根颈处,因此应整墩挖出块根,并带有部分泥土以保护根颈;挖出的块根晾晒一段时间后储藏,储藏场所应进行灭菌消毒;储藏块根时堆放不能太厚,以防止过早发芽和发热烂根,一般堆放3~5层为宜;在块根四周和上面覆盖一层平整的细沙或细土,用于保湿。②在3~4月将储藏的块根取出,剔除腐烂和损伤的块根,于15~20℃下催芽。如果储藏的是整墩块根,即秋季没有分割的,出芽后把每个块根分开,每个块根上的根颈处至少1个芽。然后将每个块根放在容器中培育成大苗。切割的伤口用草木灰消毒,对未发芽的块根继续催芽,如此2~4次,即可完成分块根繁殖。

三、压　条

压条繁殖是花卉植物无性繁殖的一种,是将母株上的枝条或茎蔓埋压土中,或在树上将欲压部分的枝条基部经适当处理后包埋于生根介质中,使之生根后再从母株割离成为独立、完整的新植株。多用于一些茎节和节间容易发根或一些扦插不易发根的木本花卉植物。压条繁殖由于枝条木质部仍与母株相连,可以不断得到水分和矿质营养,枝条不会因失水而干枯,因此压条繁殖的优点是成活率高,成苗快,可用来繁殖其他方法不易繁殖的种类,且能保持原有品种的优良特性;缺点是位置固定,不能移动,且受母树枝条来源限制,短时期内不易大量繁殖,不适于大量繁殖苗木的需要。常用压条法繁殖的花卉有米兰(*Aglaia odorata*)、含笑(*Michelia figo*)、桂花(*Osmanthus fragrans*)、茉莉(*Jasminum sambac*)、栀子花(*Gardenia jasminoides*)、爬山虎(*Parthenocisus tricuspidata*)、紫藤(*Wisteria sinensis*)、金银花(*Lonicera japonica*)、杜鹃(*Rhododendron simsii*)及木兰(*Magnolia liliflora*)等。

压条时间因植物种类而异,一般常绿树种以梅雨季节初期为宜,此时气温合适,雨水充足,并有较长的生长期以满足压条的伤口愈合、发根和成长。落叶花木压条以冬季休眠期末期至早春刚开始萌动生长时为宜,因为这段时期枝条发育成熟而未发芽,枝条积存养分较多,压条易生根。藤本花木压条多以春分和梅雨初期进行。无论常绿还是落叶花木树种,因施行刻伤、环割等措施,压条时间均不宜太迟。若在树液流动旺盛期进行,会影响伤口愈合,不利生根。

(一)压条的前处理

除了一些很容易发生不定根的种类,如紫藤、葡萄等,不需要进行压条前处理外,大多数花卉植物为了促进压条繁殖的生根,压条前一般在芽或枝的下方发根部分进行创伤处理后,将处理部分埋压于基质中或包裹上生根基质。这种促进生根的创伤处理,称作压条的前处理。

1. 前处理的主要方式

①机械处理:环割、环剥、绞缢、刻伤等机械伤害刺激生根。

②黄化或软化处理:用黑布、黑纸包裹或培上包埋枝条使其黄化或软化,以利根原体的

生长。

③生长调节剂处理：与扦插基本一致，IBA、IAA、NAA等处理能促进压条生根。

2. 前处理的主要作用 前处理作用如下：①将顶部叶片和枝端生长枝合成的有机物质和生长素等向下输送的通道切断，使这些物质积累在处理口上端，形成一个相对高浓度区；②创造伤口，产生愈伤组织，促进诱发不定根；③其木质部与母株相连，可以源源不断得到水分和矿物质营养的供给。再加上埋压造成的黄化处理，使切口处像扦插生根一样，产生不定根。

（二）压条繁殖的方法

根据植物种类及其生长习性不同，可分为空中压条法、地面压条法及培土法几类。常用的压条繁殖方法有以下几种。

1. 高压法（空中压条法） 高压法是我国繁殖花木及果树最古老的方法，约有3 000年的历史，也称中国压条法。高压法整个生长期都可进行，但以春季和雨季为好，一般在3～4月选生长健壮的2～3年生枝，也可在春季选用1年生枝，或在夏末部分木质化枝上进行。具体方法是：将枝条被压处进行环状剥皮，剥皮长度视被压部位枝条粗细而定，一般在节下剥去枝条直径1/2宽左右的皮层，注意刮净皮层、形成层，以湿润土壤或青苔包围枝条被环（切）割部分，3～4个月后，待产生不定根后剪离母体，重新栽植成一独立新株（图4-9）。如桂花、米兰等可采用此法。

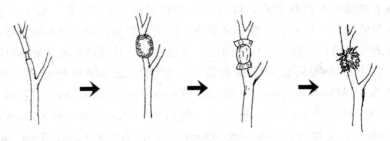

图4-9 空中压条法

有些不易生根的植物要经过两个生长期才能分离母体，如丁香、杜鹃及木兰等。

2. 培土压条法 培土压条法也称堆土法，常用于一些丛生性很强的大型落叶或常绿花灌木，其枝条没有明显的节，如八仙花等。具体方法是：在夏初的生长旺季，在枝条下部距地面20～30cm处进行环（割）剥，然后堆起土堆，把整个植株的下半部（环剥部分）埋住，土堆应保持湿润，经过一定时间，环割的伤口处长出新根，到第二年春天刨开土堆，并从新根的下面逐个剪断，可直接定植。

3. 单枝压条法 单枝压条法是最常用的一种地面压条法，多用于灌木、小乔木类花卉，如蜡梅、栀子花、迎春、茉莉等。具体方法是：选择基部近地面的1～2年生枝条，先在节下靠地面处用刀刻伤几道，或进行环状剥皮；再顺根际或盆边开沟，深10～15cm，将枝条下弯压入土中，用金属丝弯成U形将其向下卡住，以防反弹；然后覆土，把枝梢露在外面；生根后自母株切离，而成为独立的植株。一般一根枝条只能繁殖一株幼苗。

4. 枝顶压条法 枝顶压条法也是一种地面压条法，也称枝尖压条法。具体方法是：通常在早春将枝条上部剪截，促发较多新梢，于夏季新梢尖端停止生长时，将先端压入土中。如果压入过早，新梢不能形成顶芽而继续生长；压入太晚则根系生长差。当年便在叶腋处发出新梢和不定根，一般在年末可剪离母株，成为新植株。新植株包括1个顶芽、大量的根和1段10~15cm的老茎。枝梢压条苗弱，易受伤和干燥，最好在栽植之前不久掘起。如迎春花枝既能长梢又能在梢基部生根。

5. 波状压条法 波状压条法是地面压条法的一种，也称重复压条法。适用于枝条长而柔或蔓性植物，如金银花、常春藤、爬山虎、紫藤等。波状压条法多在春季用1年生半木质化枝条进行压条。具体方法是：先将接近地面的母株侧枝剪除，再把其前方空地土壤翻松，拌入腐熟细碎的基肥，然后在地上挖出深、宽各约8cm的小沟，将母本枝条间隔40cm左右用利刀刻出数道伤口，伤口朝下分别弯压入沟内，将枝条一段覆土，另一段不覆土，用小树枝杈固定，覆土压实使其生根，拱出地面部分发芽长出新枝，约3个月压条不定根长成，可带土掘起，并在刻伤部位逐一剪断，分别移栽，移植后不需特别遮阴，常规管理即可。该方法成活率高，繁殖系数较大。

四、组织培养

植物组织培养是从20世纪初开始，经过长期科学与技术实践发展形成的一套较为完整的技术体系。它是利用植物细胞的全能性，通过无菌操作，把植物体的器官、组织、细胞甚至原生质体，接种于人工配制的培养基上，在人工控制的环境条件下进行培养，使之生长、繁殖或长成完整植物个体的技术和方法。由于用来培养的材料是离体的，故称之为外植体，所以植物组织培养又称为植物离体培养，或称植物的细胞与组织培养。

与传统繁殖方法相比，组织培养具有以下优点：①能生产质量高度一致且同源母本基因的幼苗。②利用微茎尖组培快繁技术，通过特殊的工艺能有效地生产无病原菌的种苗，为改善观赏植物的生长发育、产量和品质提供了新途径，也可用于种质资源保存。③可用于扩繁基因工程植物。④育苗周期短，速度快，繁殖系数高。可用于周年育苗和温室流水线式生产种苗。利用这项育苗技术，1个优良无性系的芽，1年中能繁殖出10多万个优良后代。⑤育苗通过芽生芽的技术路线进行快速繁殖，能最大限度地保持名、优、特品种的遗传稳定性。

目前以组培苗为主生产的花卉有：①盆花：兰花、香石竹、月季、菊花、大丽花、万寿菊、矮牵牛、仙客来、绣球花、比利时杜鹃、一品红、新几内亚凤仙、红掌、大花蕙兰、蝴蝶兰、卡特兰、猪笼草、大岩桐、鹤望兰等。果子蔓属、丽穗凤梨属、光萼荷属、凤梨属、彩叶凤梨属等重要盆花均已获得组培苗。②切花：百合、菊花、月季、香石竹、唐菖蒲、火鹤花、非洲菊、蝴蝶兰、石斛兰、文心兰等相对比较成功。另外，红掌、马蹄莲及彩色马蹄莲、朱蕉、朱顶红、六出花、晚香玉、球根鸢尾、大花萱草、金鱼草等切花的组培苗生产技术也已经成功，并在生产中投入使用。

（一）园林苗木脱毒母株的获得

植物组织培养脱毒，是利用组织培养的技术与方法，把病毒类病原菌从外植体上全部或部分地去除，从而获得能正常生长的植株的方法。它是目前广泛应用和正在继续发展的主要脱毒方法，包括茎尖脱毒、茎尖微芽嫁接脱毒、愈伤组培培养脱毒、珠心组织培养脱毒，以及其他脱毒方法等。植物组织培养脱毒的原理是病原物在植物体内的分布不均匀及植物细胞和组织的全能性，采用不含病原物的组织和器官，通过组织培养分化，繁育成无病毒的植株材料。

茎尖培养脱毒是以茎尖为材料，在无菌条件下把茎尖生长点接种在适宜的培养基上进行组织培养，获得无病毒植株的方法。切取的茎尖越小，带病的可能性越小，但过小不易成活。在大多数研究中，无病毒植物都是通过培养 100～1 000μm 长的外植体得到的，即由顶端分生组织及其下方的 1～3 个幼嫩的叶原基一起构成的茎尖。如菊花、兰花、百合、草莓、矮牵牛、鸢尾等。

影响茎尖脱毒效果的因素有培养基、外植体大小和培养条件等。脱毒种苗的繁育体系分为品种筛选→茎尖组培→病毒检测→脱毒苗快繁→各级种苗生产与供应等环节。具体操作程序如下：①了解脱毒植物的生活习性、繁殖方法及市场需求状况。②调查该植物在当地病毒危害的种类及发病情况，并查阅资料，确定茎尖脱毒的培养方法、取材大小及处理措施。③用解剖镜剥离茎尖直接培养诱导成苗，或经热处理、化学处理等方法直接或间接诱导成苗。④脱毒培养株的鉴定、繁殖与移栽。⑤原原种在无毒环境中的保存与繁殖。⑥原种的采集及在无毒环境中的保存、繁殖与再鉴定。⑦生产用种的采集与繁殖。

（二）园林苗木组培快繁体系的建立

园林苗木组培快繁体系：①培养基配制；②外植体消毒与接种；③初代培养；④继代培养；⑤组培苗生根；⑥组培苗的生物学环境调节；⑦试管苗移栽与管理（炼苗与壮苗）。

培养基是组培快繁的基础，可分为固体和液体两种。常用的基本培养基有 MS、N_6、Nitch、White 等。不论液体培养还是固体培养，其培养基都是由无机营养物、碳源、维生素、生长调节物质和有机附加物等组成。

外植体必须根据种类来选取最易表达全能性的部位，以增加成功机会。以 4 月下旬至 6 月下旬污染率较低。茎尖培养中，材料越小，成活率越低，茎尖培养存活的临界大小应为一个茎尖分生组织带 1～2 个叶原基，大小为 0.2～0.3mm。叶片、花瓣等约为 5mm，茎段则长约 0.5cm。

影响试管苗生根的因素：植物材料、培养基、激素种类及水平、其他物质、继代培养周期、光照、温度、pH，以及生根诱导的时间等。

第五章 城市绿化标准苗生产

城市园林绿化使用的苗木有严格的质量标准,只有满足这些标准的苗木定植在园林中,才能健康生长,营造良好的植物景观。培育这些苗木具有一整套的苗木抚育技术规程,包括移植、整形修剪、土肥水管理、病虫害防治等环节,也包括大树移植、苗木出圃等技术。

第一节 概 述

一、标准苗的概念

城市绿化苗木依植前是否经过移植分为原生苗(实生苗)和移植苗。播种后多年未移植过的苗木(或野生苗)吸收根远离根颈,分布在所掘根系范围之外,移栽后难以成活。经过多次移植的苗木,栽植后成活率高、恢复快,绿化效果好。由于苗木的质量好坏直接影响栽植成活和以后的绿化效果,所以目前各地对城市绿化苗木的要求越来越高,并制定了相应的标准,正逐步推广使用标准苗木。

标准苗木,是指达到一定胸径、树高、树冠,外形整齐、端正丰满、自然,叶色翠绿、生长旺盛、没有病虫害,根系发达,泥球范围内吸收根丰富的苗木。城市绿化所用的苗木要求采用容器种植,具备完好的根系。

高质量的标准苗应达到以下要求:

1. 根系发达而完整,主根短直 接近根颈的一定范围内要有较多的侧根和须根,具有适应新环境的能力,移栽容易成活。出圃前苗木必须种植在容器中3个月以上,使根系充分恢复,并长出新的吸收根,容器苗在移植过程中不会松散。

2. 苗干粗壮通直、匀称 苗木茎干无机械损伤,有一定的适合高度,不徒长,生长健壮,茎根比值小,有利栽植成活和适应新环境。

3. 主侧枝分布均匀、树冠丰满 能形成完美树冠,要求丰满,常绿针叶树主干上的枝叶不枯落成裸干状,而干性强并无潜伏芽的某些针叶树(如某些松类、冷杉等)中央领导枝要有较强优势,侧芽发育饱满,顶芽占有优势。

4. 无病虫害 特别是不能有具严重灾难性或毁灭性的检疫病虫害。

二、标准苗的规格

根据《城市绿化和园林绿地用植物材料——木本苗》(CJ/T 24—1999),结合目前的实际情况,将苗木分为小苗和城市绿化用标准苗两类。

(一)小苗

乔木类树种如白兰花、人面子、木棉、塞楝、幌伞枫等,主要用于苗圃继续培植城市绿化用标准苗；灌木类树种如福建茶、九里香、黄金榕、金露花等，是建造地被、花坛、图案、色块等绿地的主要用苗。

1. 乔木类小苗的规格　苗圃培植城市绿化用的乔木类标准苗，需选用优质小容器苗（袋苗），目前通常由企业和专业队伍生产，其规格如表5-1所示。

表5-1　乔木类小苗的规格

苗木高度（cm）	应留根系长度（cm）	
	侧根（幅度）	直根
＜30	12	15
31～100	17	20
101～150	20	20

2. 灌木类小苗的规格　灌木类小苗直接用于园林绿地建造花坛、图案、色块等，一般直接培育成小容器苗，其规格如表5-2所示。

表5-2　灌木类小苗的规格

苗木规格	容器规格	茎干要求	苗高（cm）
1.5kg 袋苗	10cm×10cm	具有3个以上分枝，株型丰满	20～25
2.5kg 袋苗	20cm×20cm	具有3个以上分枝，株型丰满	25～30
3.5kg 袋苗	30cm×30cm	具有3个以上分枝，株型丰满	30～35

（二）城市绿化用标准苗

乔木类城市绿化用苗分为带土球苗及容器苗两类。带土球苗一直在苗圃地栽培，达到规格要求后直接从苗圃挖起包装，送到工地种植。容器苗则是将达到一定规格要求的苗木先用适合的容器种植，在根系及树冠得到恢复后才送到工地种植。两类苗木均要求主干通直、树冠均称、树形优美，无检疫性病虫害，根系发达，在土球内或容器内具有丰富的吸收根。对于阔叶类乔木树种，当苗木以胸径作为衡量标准时，其规格如表5-3所示。

表5-3　阔叶类乔木树种的标准苗规格

苗木胸径（cm）	树高（m）	冠幅（m）	应留根系长度（cm）	
			侧根（幅度）	直根
3.1～4.0	2.5	0.5	35～40	25～30
4.1～5.0	2.5	0.5	45～50	35～40
5.1～6.0	3.0	1.0	50～60	40～45
6.1～8.0	3.0	1.0	70～80	45～55
8.1～10.0	3.0～3.5	1.0	85～90	55～65
10.1～12.0	3.5～4.0	1.5	90～100	65～75
12.1～15.0	4.0～5.0	1.5	95～110	75～80
15.1～17.0	5.0～6.0	2.0	100～120	80～90
17.1～20.0	6.0	2.5	120	100

棕榈类、松柏类等树种，当苗木以高度作为衡量标准时，其规格如表5-4所示。

表5-4 棕榈类、松柏类苗木规格

苗木高度（cm）	土球规格（cm）	
	横径	纵径
<100	30	20
101～200	40～50	30～40
201～300	50～70	40～60
301～400	70～90	60～80
401～500	90～110	80～90

上述苗木中，阔叶类乔木树种以胸径8cm的容器苗作为标准苗，又称标准树，苗木要求高3m以上，树干直，最低分枝1.8m以上，树冠端正丰满，分枝多，树冠直径最少1m，具有完好的根系，采用塑料盆或育苗袋种植，盆或袋的规格为直径不小于45cm，高40cm以上。

大型灌木类城市绿化用苗，要求分枝多，冠幅为高度的2/3，采用盆或育苗袋种植，盆或袋的规格为直径40cm以上，深40cm以上。

第二节 园林苗木的抚育管理

从园林植物移栽、定植开始直到起苗都要进行苗木的抚育管理。在这个时期内要采取一整套的农业技术措施，其目的在于在单位面积上培育根系发育良好且数量较多的标准苗。苗木抚育包括苗木的移植、整形修剪、土肥水管理及其他抚育管理措施。

一、苗木移植

（一）苗木移植的意义

移植是把生长拥挤密集的较小苗木挖掘出来，按照规定的株行距在移植区栽种下去。这是培育大苗常用的重要措施。

园林绿化美化选用的植物种类与品种繁多，有常绿植物、落叶植物，乔木、灌木、藤本、草本及各种造型植物等。育苗初期小苗都比较密，单株营养面积较小，相互之间竞争难以长成大苗，未经移植的苗木往往树干弯曲细弱，树冠小而成为废苗。通过移植，扩大株行距，有利于苗木根系、树干、树冠的生长，培养出具有理想树冠、优美树姿、干形通直的高质量的园林苗木。而且，也只有通过一次次扩大株行距移植，苗木植株个体才能长大，才能逐步培养出园林绿化所需的大规格苗木。

苗木移植的作用如下：

①移植扩大了苗木地上、地下部分的营养面积，改变了通风透光条件，因此使苗木地上、地下生长良好。同时使根系和树冠有扩大的空间，可按园林绿化美化所要求的规格和质量发展。

②移植切去了部分主、侧根，移植后可促进须根的发展，根系紧密集中，有利于苗木生长，可提前达到苗木出圃规格，特别是有利于提高园林绿化美化种植成活率。

③在移植过程中对根系、树冠进行必要的合理的整形修剪，人为调节了地上部分与地下部分的生长平衡。淘汰了劣质苗，提高了苗木质量。苗木分级移植，使培育的苗木规格整

齐、枝叶繁茂、树姿优美。

(二) 苗木移植成活的基本原理与技术措施

1. 苗木移植成活的基本原理　苗木移植成活的基本原理是维持地上部与地下部的水分和营养物质的供给平衡。移植苗木挖掘时根系受到了大量损伤，苗木能带的根量与起苗质量关系密切，一般苗木所带根量只有原根系的10%～20%，打破了原来地上与地下的平衡关系。为了达到新的平衡，一是进行地上部的枝叶修剪，减少枝叶量，即减少了水分和营养物质的消耗，使供给与消耗相互平衡，苗木移植易成活。相反，苗木会因缺少水分和营养物质而死亡。二是在地上部不修剪或少修剪枝叶的情况下，保持地上部水分和营养物质尽量少蒸腾和消耗，并维持较长时间的平衡，苗木仍可移植成活，特别是常绿树种的移植。

2. 苗木移植成活的技术措施　落叶树种的移植，除了要注意修剪地上部枝叶，使地下根系外表面积（或根量）与地上枝叶外表面积（枝叶量）相等或枝叶外表面积略小于根系以外，还要注意移植的季节。落叶期移植枝叶量小，容易调节地上部与地下部的平衡关系，且苗木处于生理休眠状态，其蒸腾量小，移植成活率高。即秋季落叶后至春季发芽前移植最好，特别是春季发芽前移植成活率最高。落叶树种若在生长期移植要对地上部分实行强修剪，少留枝叶，争取带大土球移植，或多带根系少带土（掘苗根系直径为其地径的10～12倍），移植后经常给地上部枝叶喷雾，生长期也能移植成活。

常绿树种移植时，为了保持其冠形，一般地上部分较少修剪，地上部枝叶外表面积远大于地下部分根系外表面积，移植后水分和营养物质的供给和消耗不平衡。因此，移植时应尽可能多带和保留原有根系，起苗时的土球尽可能大（土球直径为地径的10～12倍），栽植后要保证树冠对水分的需求，经常往树冠上喷水，并维持一段时间，使地上部与地下部逐渐恢复生长，常绿树种就能移植成活。常绿树种移植的季节以休眠期为佳，此时树木的气孔、皮孔处于关闭状态，叶表皮细胞角质层增厚，生命活动减弱，消耗水分与营养物质少，移植成活率高。

常绿树种在生长季节移植后，采用搭遮阳网的方法来减少阳光照射，从而减少树冠水分蒸腾量，并在树冠四周安装移动喷头喷水。待恢复到正常生长（约1个月），逐渐去掉遮阳网，减少喷水次数，使移植成功。

中、小常绿苗成片移植时可全部搭上遮阳网，浇足水，过渡一段时间后逐渐去掉遮阳网，也可在阳光强的中午盖上，早晚撤去。

另外，移植苗木时除考虑当地的气候条件外，还要考虑苗木的生物学特性，如阴湿性、喜光性、耐盐碱能力、耐热性、耐寒性等，根据其特性采取相应的技术措施。

(三) 苗木移植的时间、次数与密度

1. 苗木移植时间　苗木移植的最佳时间是在苗木休眠期后期到春季，其次是秋季，如果条件许可，一年四季均可进行移植。

(1) 春季移植　春季气温回升，根系生长温度较低，土温能满足根系生长的要求，苗木根系开始恢复生长，而此时树液刚刚开始流动，枝芽尚未萌发，蒸腾作用很弱，所以早春移植苗木成活率高。春季移植的具体时间应根据树种发芽的早晚来定。一般，发芽早者先移，晚者后移；落叶者先移，常绿者后移；木本先移，宿根草本后移；大苗先移，小苗后移。

(2) 夏季移植（雨季移植）　南方夏初多雨，湿度大，温度适宜，常绿树种可在雨季移植。移植时苗木要带土球并包装，保护好根系。苗木地上部分可进行适当的修剪，移植后要

喷水喷雾保持树冠湿润并遮阴防晒，经过一段时间的过渡，苗木即可成活。

（3）秋季移植　秋季是苗木移植的第二个好季节，秋季移植在苗木地上部分停止生长，落叶树种苗木叶柄形成离层脱落时即可进行。这时根系尚未停止活动，移植后有利于伤口愈合，移植成活率高。秋季移植的时间不可过早，若落叶树种尚有叶片，叶片内的养分没有完全回流，此时移植易造成苗木木质化程度降低，越冬时被冻死，所以，秋季移植稍晚较好。

2. 苗木移植的次数与密度　培植大规格苗木要经过多年多次移植，每次移植的密度与总移植次数紧密相关。若每次苗木移植密度大，移植的次数就多；每次移植密度小，移植的次数就少。苗木移植的次数与密度还与该树种的生长速度有关，生长快的移植密度小，移植次数少；生长慢的移植密度大，移植次数多。

除考虑节约用地、节省用工、便于耕作外，确定苗木移植的次数和密度（行株距）主要是看苗木的生长速度，也就是苗木树冠的生长速度，苗木生长的快慢直接反映了圃地的肥、水等管理水平（表5-5）。

表 5-5　苗木移植的株行距
（白涛等，2010）

苗木种类	第一次移植株行距	第二次移植株行距	说明
常绿小苗	30cm×40cm	40cm×70cm 或 50cm×80cm	绿篱用苗1~2次，松类2~3次
落叶速生树苗	90cm×110cm 或 80cm×120cm		杨树、柳树等
落叶慢长树苗	50cm×80cm	80cm×120cm	槐树、五角枫等
花灌木树苗	80cm×80cm 或 50cm×80cm		丁香、连翘等
攀缘类树苗	50cm×80cm 或 40cm×60cm		紫藤、地锦等

（四）苗木移植方法与抚育

1. 移植床的土地准备　移植苗木除合理安排移植时间外，还要考虑移植地块的选择、整地、施肥等一系列工作。

（1）地块选择　移植床应选地势平坦、光照充足、通风较好而无大风、交通方便、有良好的灌排水设施的地块。在选择地块时要考虑土壤肥力、地下水位、土质、土层厚度等因素。大苗的根系较深，应选择土层较厚、土壤肥力较好、质地疏松、透气、保水保肥的土壤，土层厚度最好在1m以上。

（2）整地　如果移植苗木较小、根系较浅，可进行全面整地。将地表均匀地抛撒一层有机肥（农家肥），用量以22 500~45 000kg/hm^{2}为宜，也可结合农家肥施入适量的迟效肥和磷肥。然后对土地进行深翻，深度以30cm为准，深翻后打碎土块、平整土地，画线定点种植苗木。采用沟状整地或穴状整地，挖沟、挖坑以线或点为中心进行挖掘。挖沟一般为南北向，沟深50~60cm，沟宽70~80cm。挖坑深一般60cm，宽度80~100cm。

2. 苗木移植方法

（1）穴植法　人工挖穴栽植，成活率高，生长恢复较快，但工作效率低，适用于大苗移植。在土壤条件允许的情况下，采用挖坑机挖穴可以大大提高工作效率。栽植穴的直径和深度应大于苗木的根系。

挖穴时应根据苗木的大小和设计好的行株距，拉线定点，然后挖穴，穴土应放在坑的一侧，以便放苗木时确定位置。栽植深度以略深于原来栽植地径痕迹的深度为宜，一般可略深

2~5cm。覆土时混入适量的底肥。先在坑底填一部分肥土，然后，将苗木放入坑内，再回填部分肥土，之后，轻轻提一下苗木，使其根系伸展；在填满肥土之后，轻轻提一下苗木，使其根系伸展，然后踩实，浇足水。较大苗木要设立支架固定，以防苗木被风吹倒。

（2）沟填法 先按行距开沟，土放在沟的两侧，以利回填土和苗木定点，将苗木按照一定的株距放入沟内，然后填土，让土渗到根系中去，踏实，要顺行向浇水。此法一般适用于移植小苗。

（3）孔植法 先按行、株距画线定点，然后在点上用打孔器打孔，深度同原栽植深度相同或稍深，把苗放入孔中，覆土。采用专用打孔机可提高工作效率。

苗木移植后要根据土壤湿度及时浇水，由于苗木是新土定植，浇水后会有所移动，等水下渗后需扶直扶正苗木，或采取固定措施，并且回填一些土。要进行松土除草，追施少量肥料，及时防治病虫害，对苗木进行一次修剪，以确定其培养的基本树形。有些苗木还要进行遮阴防晒。

3. 裸根苗和带土球苗的移植

（1）裸根苗的移植 裸根苗移植多用于落叶树种和一年生常绿针叶树种。落叶树种起苗多在秋季落叶后进行。起苗后，修剪劈裂的或过长的根，对苗木进行分级并分别假植越冬；也可春季起苗，不必假植。常绿针叶树的小苗多春季起苗，并立即进行分级、栽植。秋季或春季栽苗皆可。树穴要略大于苗木根系的范围，根系要舒展，栽植深度以高于原土际痕迹1~2cm为宜。通常栽植后要连续浇三次水，每次都要浇透。栽后立即浇水为第一次，浇水后若发现苗木歪斜需扶正，外露的根系要重新掩埋好，土壤下沉不均匀的要进行平整。隔1~2d浇第二次水，再隔3~5d浇第三次水。以后，依天气、土壤状况进行正常管理。

（2）带土球苗的移植 常绿树、根系受损失不易恢复及裸根移植不易成活的阔叶树，如白兰花、樟树等，即对一些裸根移植难于成活的树种，都应带土球移植。通常多采用春季随移随栽的方法，常绿树也可在夏天雨季移植。土球直径的大小，2~3年生的小苗可依冠幅作为参照或略大于冠幅；较大的苗木，可依干径的6~10倍作为参照标准。土球直径在20~30cm、须根较多不易散坨者可不另加包装，如黄杨类，或采用塑料布临时包装，运抵栽苗区后拆除；土坨直径超过30cm时，为了防止散坨可用蒲包或稻草包裹，加草绳稀疏捆扎后再运往移植区。包装材料尽量利用废旧物料，栽时剪断草绳拆出蒲包物料。移植过程中，当苗木根系受损伤后，要对地上部枝叶进行相应的修剪。栽植深度及栽后的管理方法同裸根苗。

4. 苗木移植后的管理

（1）浇水 苗木移植后，应立即浇水。苗圃地一般漫灌浇水，在树行间筑土坝，然后水从水渠或管道流出后顺行间进行漫灌。第一次浇水必须浇透，使坑内或沟内水不再下渗为止。隔2~3d再浇一次水，连灌三遍水，以保证苗木成活。浇水一般在早上或傍晚为好。

（2）覆盖 浇水后等水渗下至地里能劳作时，在树苗下覆盖塑料薄膜或覆草。覆草是用秸秆覆盖苗木生长的地面，厚度为5~10cm。覆草可保持水分，增加土壤有机质，夏季可降低地温，冬天则可提高地温，促进苗木的生长，但覆草可能增加病虫害的滋生。如果不进行覆盖，待水渗后地表开裂时，应覆盖一层干土，堵住裂缝，防止水分散失。

（3）扶正 移植苗木第一次浇水或降雨后，易倒伏露出根系。因此移植后要经常到田间观察，出现倒伏要及时扶正、培土踏实，否则出现树冠长偏或死亡现象。扶苗时应视情况挖开土壤扶正，不可硬扶，以免损伤树体或根系。扶正后，整理好地面，培土、踏实后立即浇水，对容易倒伏的苗木，移植后应立支架，待苗木根系长好后，不易倒伏时拆掉支架。

（4）中耕除草　移植苗一般在大田中培育，中耕除草是移植苗培育过程中一项重要的管理措施。结合除草将土地翻10~20cm深，以疏松土壤利于苗木生长。除草一般在夏天生长较旺时进行，并于晴天、太阳直射时为好，可使草晒死，阴天和雨天不宜除草。除草要一次锄净、除根。除掉的草最好抖掉土渣后拣出。

（5）施肥　施肥合适与否直接关系到苗木生长质量。在施足底肥的基础上，要根据苗木生长状况及不同阶段，施用不同的肥料，以满足苗木生长需要。苗木生产中，初期施肥量应少，以氮肥为主；苗木生长旺期即夏天要施大量肥料，使苗木旺盛生长；苗木生长后期以磷、钾肥为主，适量施以氮肥。施肥的方法可分为土壤施肥和根外追肥两种。在秋季苗木停止生长落叶前，结合深翻扩穴施入适量农家肥，会使苗木生长状况更好。若使用微量元素肥料结合测土施肥，可使施肥更科学。

（6）病虫害防治　大苗培育过程中，病虫害防治也是一项非常重要的工作。种植前可以进行土壤消毒，种植后要加强田间管理，改善田间通风、透光条件，消除杂草、杂物，减少病虫残留发生。苗木生长期经常巡察田间苗木生长状况，一旦发生病虫害，要及时诊断，合理用药或其他方法治理，使病虫害得以控制、消灭。

（7）排水　培育大苗的地块一般较平整，在雨季容易受到水涝危害。首先要做好排水设施，提前挖好排水沟使雨水能及时排走。另外，降雨后也可能出现水流冲垮地边、冲倒苗木的情况，因此，降雨后要及时整修地块，扶正苗木。排水在华南降水量大的地方尤为重要。

（8）整形修剪　不同种类的大苗，采用的整形修剪技艺不同。

（9）补植　苗木移植后，会有少量的苗木不能成活，因此移植后一两个月要检查成活情况，及时挖走死亡植株，进行补植，以有效地利用土地。

（10）苗木越冬防寒　苗木移植后，华南地区在冬季也要防止低温伤害苗木。

二、苗木的整形修剪

整形一般针对幼树（幼苗）而言，指用剪、锯、捆绑、扎等手段使幼树长成栽培所希望的特定形状，提高其观赏价值。修剪一般对大树（大苗）而言，指对植株的某些器官（枝、芽、干、叶、花、果、根等）加以疏删或剪截，以达到调节生长、开花结果的目的。整形主要是通过修剪来完成的，修剪又是在整形的基础上根据某种目的而实行的。修剪是手段，整形是目的，两者紧密相关，统一于一定的栽培管理要求下。在科学的土、肥、水管理的基础上进行合理的修剪整形，是提高园林绿化水平的一项重要技术环节。苗圃所培育的苗木，少则需几年，如花灌木类，多则需十几年甚至几十年，一般3~4年生以下的苗木，不需要或很少需要修剪，主要是整形。为了节约养分，一般是剪掉花序。3~4年生以上的大苗需要整形，更需要修剪，主要目的是培养具有一定树体结构和形态的大苗，有的大苗或盆栽大苗需要养成带花带果的苗木，要达到这些要求必须对苗木进行整形修剪。不进行整形修剪的苗木，往往枝条丛生密集、拥挤、干枯，不能正常开花结果，病虫害严重，失去观赏价值。

(一) 整形修剪的意义

1. 提高苗木移植的成活率 苗木起运时不可避免地会伤害根部，移植后根部难以及时供给地上部分充足的水分和养分，造成树体的吸收和蒸腾比例失调。虽然顶芽或一部分侧芽仍可萌发，但仍有可能出现树叶凋萎甚至造成整株死亡。通常情况下，在起苗前后适当剪去劈裂根、病虫根、过长根，疏去病弱枝、徒长枝、过密枝，有些还需适当摘除部分叶片（大树移植时，高温季节甚至截去若干主侧枝），以确保移植后顺利成活。

2. 控制园林植物长势 园林树木在生长过程中环境不同，生长情况各异。如生长在片林中的树木由于接受上方光照而向高处生长，使主干高大，侧枝短小，树冠瘦长；而同一树龄同一树种的孤植树，则树冠庞大，主干相对低矮。为了避免以上情况，可用人工修剪来控制。通过修剪疏除地上部分不需要的枝条，使养分和水分供应更集中，有利于留下的枝条和芽的生长。通过修剪可以促进局部生长。由于枝条位置各异以及生长势有强有弱，往往造成偏冠，极易倒伏。因此，要及早修剪改变强枝先端方向和开张角度，使强枝处于平缓状态，以减弱生长势或去强留弱。但修剪量不能过大，以防止削弱树势。具体是促还是抑要因树而异，因修剪方法、时期、树龄等而异，既可促进衰弱部分生长，也可抑制过旺部分的长势。

3. 促使植物多开花结果 通过修剪调节树体内的营养，使其合理分配，让养分集中供给顶芽、叶芽，调整营养枝和花果枝的比例，促进花芽分化形成更多花枝，提高花、果数量和质量，使观花植物能产生更多的花，使观果植物结更多的果实。一些花灌木还可通过修剪达到控制花期或延长花期的目的。

4. 保证植物健康生长 通过整形修剪适当疏枝，可增强树体内通风透光能力，提高植株抗逆能力和减少病虫害的发生率。冬季集中修剪时剪去病虫枝、干枯枝，并集中处理，可防止病虫害蔓延。树木衰老时进行重剪，即剪去树冠上绝大部分侧枝，或把主枝也分次锯掉，能刺激树干皮层内的隐芽萌发，便于留粗壮的新枝代替老枝，达到恢复树势、更新复壮的目的。

5. 创造各种艺术造型 通过整形修剪可以把树冠培育成符合特定要求的形态，塑造出一定冠形和姿态的观赏树形，如各种动物、建筑、几何体形状等。如对罗汉松修剪成圆锥形，对龙柏整形修剪成各种动物形状。通过整形修剪也可使观赏树木像树桩盆景一样造型多姿，具有"虽由人作，宛自天开"的意境。如对榔榆、簕杜鹃、小叶榕、垂叶榕、六月雪、罗汉松等。虽然灌木没有明显的主干，但也可以通过修剪协调形态的大小，创造各种艺术造型。在自然式庭院中讲究树木的自然姿态，崇尚自然的意境，常用修剪的方法来保持"古干虬曲，苍劲如画"的天然效果。在规则式庭园中，常将一些树木修剪成尖塔形、圆塔形或其他几何形状，以便和园林形式协调一致。

6. 创造最佳环境美化效果 人们常将观赏树木的个体或群体互相搭配造景，配置在一定的园林空间或者和建筑、山水、桥等园林小品相配，创造相得益彰的艺术效果。为了达到以上目的，一定要控制好树的形体大小比例。如在假山或狭小的庭园中配置树木，可通过修剪整形来控制其形体大小，以达到小中见大的效果。树木相互搭配时，可用修剪的手法创造有主有从、高低错落的景观。优美的庭园花木，自然生长多年以后就会阻碍小径，影响行走或是失去或降低观赏价值，因此必须经常修剪整形，保持其美观与实用。

(二) 整形修剪的依据

园林植物修剪整形的依据既要考虑观赏的需要，又应根据植物本身的生长习性；既要考虑当前效应,又要顾及长远效果。园林植物种类很多,各自的生长习性不同,冠形各异,具体到每一植株应采取的树形和修剪方式,应依据以下因素综合考虑。

1. 植物的生长习性　选择修剪整形方式,首先要考虑植物的分枝习性、萌芽力和成枝力的大小、修剪伤口的愈合能力等因素。以单轴分枝为主的针叶树,采取自然式修剪整形,目的是促进顶芽逐年向上生长,修剪时适当控制上端竞争枝。以合轴枝、假二叉分枝为主的植物,则既可以进行整形式修剪,也可以进行自然式修剪。一般来讲,乔木树种大多数用自然式修剪,草本与灌木两者皆可。

萌芽力、成枝力及伤口愈合能力强的树种,称为耐修剪植物,反之称为不耐修剪植物。九里香、福建茶、黄杨、海桐、黄金榕等耐修剪植物,其修剪方式可以根据组景需要及与其他植物的搭配而定。如黄金榕既可以成行种植,修剪整形成绿篱,也可以修剪成球形;罗汉松可以修剪整形为各种动物形状或树桩盆景式。白兰花、桂花等不耐修剪植物,应以维持其自然冠形为宜,只能轻剪、少剪,仅剪除过密枝、病虫枝及干枯枝。

2. 树龄树势　不同年龄的植株应采用不同的修剪方法。幼龄期植株应围绕扩大树冠,形成良好的树冠而修剪。盛花时期的壮年植株,要通过修剪调节营养生长及生殖生长的关系,防止不必要的营养消耗,促使分化更多花芽。观叶类植物,在壮年期的修剪只是保持其丰满圆润的冠形,不发生偏冠或出现空缺现象。生长逐渐衰弱的老年植株,应通过回缩、重剪刺激休眠芽萌发,发出壮枝代替衰老的大枝,达到更新复壮的目的。

同样,不同生长势的植物,采用的修剪方法也不同。生长势旺盛的植物宜轻剪,以防重剪而破坏树木的平衡,影响开花;生长势弱的植物常表现为营养枝生长量减少,短花枝或刺状枝增多,应进行重短剪,剪口下留饱满芽,以促弱为强,恢复树势。

3. 园林功能　以观花为主的植物,如梅花、碧桃、紫薇、夹竹桃、大红花等,应以自然式或圆球形为主,使上下花团锦簇、花香满树。绿篱类则采取规则式修剪整形,以展示植物群体组成的几何图形美。庭荫树以自然式树形为宜,树干粗壮挺拔,枝叶浓密,发挥其游憩休闲的功能。

在游人众多的主景区或规则式园林中,修剪整形应当精细,并进行各种艺术造型,使园林景观多姿多彩,新颖别致,生机盎然,发挥出最大的观赏功能以吸引游人。在游人较少的地方,或在以古朴自然为主格调的游园和风景区中,应当采用粗剪的方式,保持植物粗犷、自然的树形,使游人身临其境,有回归自然的感觉,可尽情领略自然风光。

4. 周围环境　园林植物的修剪整形,还应考虑植物与周围环境的协调、和谐,要与附近的其他园林植物及建筑物的高低、外形、格调相一致,组成一个相互衬托、和谐完整的整体。如在门厅两侧可用规则的圆球式或悬垂式树形;在高楼前宜选用自然式冠形,以丰富建筑物的立面构图;在有线路从上方通过的道路两侧,行道树应采用杯状冠形;在空旷、风大之处,应适当控制树木的高生长,降低分枝点高度,并抽稀树冠,增加风的穿透力,以防风折、风倒。

另外,在不同的气候带,也应采用不同的修剪方法。华南地区雨水多,空气特别潮湿,易引起病虫害,因此除应加大株行距外,还应进行重剪,增强树冠的通风和光照条件,保持植物健壮生长。

（三）整形修剪的时期与方法

1. 修剪时期　园林植物种类繁多,习性与功能各异,各地修剪时期相差较大,但总的来说，修剪时期是根据树种抗寒性、生长特性及物候期等来决定的，应满足两个条件：一是不影响植物的正常生长，减少营养消耗，避免伤口感染，如抹芽、除蘖宜早不宜迟。二是不影响植物的开花结果，不破坏原有冠形，不降低其观赏价值。如观花观果类植物，应在花芽分化前和花期后修剪；观枝类植物，为延长其观赏期，应在早春芽萌动前修剪等。总之，修剪整形一般都在植物的休眠期或缓慢生长期进行，以冬季和夏季修剪整形为主。

(1) 休眠期（冬季）修剪　自秋季落叶后至春季发芽前（一般12月至翌年2月）进行的修剪，称为冬季修剪。凡是修剪量较大的整形、截干、缩剪更新等修剪，都应冬季修剪，以免影响树势。热带、亚热带地区原产的乔、灌、观花植物没有明显的休眠期，但从11月下旬到翌年3月初，其生长速度明显缓慢，有些树木处于半休眠状态，所以此时也是修剪适期。

冬季修剪的具体时间应根据当地的寒冷程度和最低气温来决定。如冬季寒冷的地方，修剪后伤口易受冻害，因此以早春修剪为宜；对一些需保护越冬的花灌木，在秋季落叶后立即重剪，然后埋土或卷干。在温暖的南方地区，冬季修剪自落叶后到翌春萌芽前都可进行，伤口虽不能很快愈合，但也不至于遭受冻害。有伤流现象的树种，如核桃、元宝枫、桦木、复叶槭、悬铃木、四照花等进行冬季修剪易发生伤流，可在发芽后修剪；葡萄在发芽前修剪易形成伤流，需在落叶后防寒前修剪。冬季修剪对树冠构成、树梢生长、花果枝的形成等有重要作用，一般采用截、疏、放等修剪方法，尤其要疏除各种无用枝。

(2) 生长期修剪　自春季发芽后至停止生长前（2～4月至10～11月）都称为生长期修剪。夏季修剪主要是摘除蘖芽，调整各主枝方位，疏删过密枝条，摘心或环剥捻梢等，以起到调整树势的作用。

常绿树没有明显的休眠期，春夏季可随时修剪生长过长、过旺的枝条，使剪口下的叶芽萌发。常绿针叶树在6～7月进行短截修剪，同时可获得嫩枝供扦插繁殖。

一年内多次抽梢开花的树木，花后及时剪去花梗，使其抽发新枝，开花不断，延长观赏期，如紫薇、月季等。草本花卉为使株型饱满，多抽花枝，要反复摘心。观叶、观姿类的树木，一旦发现扰乱树形的枝条要立即剪除。棕榈等应及时剪去破碎的枯老叶片。

2. 整形修剪的方法　在园林苗圃育苗中，苗木的整形修剪方法主要有10种，即抹芽、摘心、短截、疏枝、拉枝（吊枝）、刻伤、环割、环剥、劈枝、化学修剪。修剪的原则是促使苗木快速生长，按照预定的树形发展。

(1) 抹芽　许多苗木移植定干后，嫁接苗干上萌发很多萌芽。为了节省养分和整形上的需要，需抹掉多余的萌芽，使剩下的枝芽能正常生长。如月季嫁接苗砧木上的萌芽。

落叶灌木定干后，会长出很多萌芽，抹芽要注意选留主枝芽的数量及其角度，以及空间位置。一般选留3～5枝，相距相同的角度。留3主枝者，其中1枝朝正北，另1枝朝东南，1枝朝西南；留5枝者相距70°左右即可。剩余芽有两种处理方法：一种是全部抹去，另一种是去掉生长点，多留叶片，有助于主干增粗。定干高度一般为50～80cm。高接砧木上的萌芽全部抹除，以防与接穗争夺养分、水分，影响接穗成活或生长。

在苗木整形修剪中，树体内部枝干上萌生很多芽，枝条和芽的分布要相距一定的距离和具有一定空间，将位置不合适、多余的芽抹除。

(2) 摘心　摘心是指摘去枝条的生长点。苗木枝条生长不平衡，有强有弱。针叶树种由于某种原因造成的双头、多头竞争，落叶树种枝条的夏季修剪促生分枝等，均可采用摘去生长点的办法抑制其生长，达到平衡枝势、控制枝条生长的目的。

第五章 城市绿化标准苗生产

(3) 短截 短截是指剪去枝条的一部分。一般是对1年生枝条。短截有极轻短截、轻短截、中短截、重短截、极重短截5种。

①极轻短截：只剪去顶芽及顶芽下1~3节的枝条。可促生短枝，有利于成花和结果，轻微抑制植物生长。

②轻短截：只剪去枝条的顶梢，一般不超过枝条全长的1/5。主要用于花果类苗木强壮枝修剪。目的是剪去顶梢后刺激下部芽萌发，分散枝条养分，促发短枝。这些枝一般生长势中庸，停止生长早，积累养分充足，容易形成花芽结果。

③中短截：在枝条的中上部饱满芽处剪截，一般是在枝条总长的1/2以下。由于剪口芽饱满充实，枝条养分充足，且多生长旺盛的营养枝。主要用于弱树复壮和主枝延长枝的培养。

④重短截：剪去枝条的1/2~4/5。重短截刺激作用更强，一般可萌发强壮的营养枝，主要用于弱树、弱枝的更新复壮修剪。

⑤极重短截：只留枝条基部2~3个芽剪截。由于剪口芽在基部，芽质量较差，一般萌发中短营养枝，个别也能萌发旺枝。主要用于苗木的更新复壮修剪。

在一种苗木上可能所有的短截方法都能用上，也可能只用一种或几种方法。如核果类和仁果类花灌木中的碧桃、紫叶李、紫叶桃等，主枝的枝头用中短截，侧枝用轻短截。开心形苗木内膛用重短截或极重短截。只用一种短截方法的苗木，如垂枝类苗木中的龙爪槐，常用重短截，剪掉枝条的90%，促发向上向前生长的枝条萌发和生长，形成圆头形树冠，如用轻短截，枝条会越来越弱，树冠无法形成。

(4) 疏枝 从枝条或枝组的基部将其全部剪去称为疏枝或疏剪。疏去的可能是1年生枝条，也可能是多年生枝组。疏枝的作用是使留下来的枝条生长势增强，营养面积相对扩大，有利于其生长发育。但使整个树体生长势减弱，生长量减小。疏枝后枝条少了，改善了树冠的通风、透光条件，对于花果类树种，有利于形成花芽，开花结果。如龙眼、荔枝，一般采用疏枝的方法剪除密集拥挤的枝条。留枝的原则是宁稀勿密，枝条分布均匀，摆布合理。疏去背上枝、直立枝、交叉枝、重叠枝、萌芽枝、病虫枝、下垂枝和距离较近过分密集拥挤的枝条或枝组。在培养非开花结果乔木时，要经常疏除主干或主枝生长的竞争枝。

针叶树种轮生枝过多过密过于拥挤时，也常疏去一轮生枝或主干上的小枝。为提高枝下高，疏除贴近地面的老枝、弱枝，使树冠层次分明，提高观赏价值。

(5) 拉枝 拉枝是指采用拉引的办法，使枝条或大枝组改变原来的方向和位置，并继续生长，如马尾松、罗汉松等。由于某种原因某一方向上的枝条被损坏或缺少，为了弥补缺枝可采用将两侧枝拉向缺枝部位的方法，弥补原来树冠缺陷，否则将成为一株废苗。拉枝多用于花、果类大苗育苗。若由于苗木向上生长，主枝角度过小，用修剪的方法达不到开角的目的，只能用拉枝办法将枝条向四处拉开，一般主枝角度以70°左右为宜。拉枝开角往往比其他修剪方法效果好。拉枝改变了树冠所占空间，甚至可增加50%的空间量，扩大营养面积，改善通风透光条件。拉枝还可使旺树变成中庸或偏弱树，有利于开花和结果。

盆景及各种造型植物，常用拉、扭、曲、弯、牵引等方法来固定植物造型，也属于拉枝的范围。

(6) 刻伤 在枝条或枝干的某处用刀横切皮层达木质部，从而影响枝条或枝干长势的方法叫刻伤。刻伤切断了韧皮部或木质部的一部分输导组织，阻碍了有机物质向下运输，也阻碍了树液向上流动。植物枝条或枝干刻伤后,养分在刻伤处积累;对伤口上下的芽或枝干产生影响。在芽或枝的下方刻伤,养分积累在刻伤口的下方,对伤口以下的芽或枝有促进生长的作用,但对刻伤口上面的枝或芽有抑制生长的作用。刻伤在苗木培育上的应用,主要是在缺枝部位补枝,为了促发新枝,可在芽的上方刻伤,营养积累在芽上,促发隐芽萌发长成新枝,弥补缺枝。也可以利用刻伤抑制枝条或大枝组的生长势,使枝条中庸,以利开花结果。在修剪中若强壮枝一次剪掉会严重削弱苗木生长势,对苗木生长不利,可利用刻伤先降低强壮枝的生长势,待变弱后再将其全部剪掉。

(7) 环割　环割是指在枝干的横切部位,用刀将韧皮部割断,阻止有机养分向下输送,使其在环割部位上积累,有利于开花和结果。环割可以进行一圈,也可以进行多圈,要根据枝条的长势来定。

(8) 环剥　环剥是指在枝干的横切部割断韧皮部位。用刀或环剥刀割断韧皮部两圈,两圈相距一定距离,一般相距枝干直径的1/10。把割断的皮层取下来,露出木质部。

环剥能很快减缓植物枝条或整株植物的生长势,促进开花结果,在盆栽观果和植物造型上应用较多。

环剥技术的使用要严格控制好宽度及环剥时间。太宽,不能愈合接通韧皮部,养分供应不上和运输不下来造成根系饥饿而死亡;太窄,上、下很快沟通,起不到削弱枝条生长势的作用。

环剥于植物生长最快时进行,华南地区周年均可进行,以晚春早夏为宜。环剥对树种要求严格,不是所有植物都可采用,如流胶流脂愈合困难的植物不能使用环剥。要先做试验,然后使用。有的树种环剥后要包上塑料带以防病菌感染。

(9) 劈枝　劈枝是指将枝干从中央纵向劈开,常用于植物造型等。在劈开的缝隙中可放入石子,或穿过其他种类的植物,使其生长在一起,制造奇特树姿。劈枝时间没有限制,一般在生长季节进行。选择树种要先做劈枝试验,然后再进行劈枝。

(10) 化学修剪　化学修剪是指使用生长促进剂或生长抑制剂、延缓剂对植物的生长与发育进行调控的方法。

化学修剪一般用于抑制植物的生长,施用抑制剂后,可使植物生长势减缓,节间变短,叶色浓绿,促进花芽分化,增强植物抗性,有利于开花结果,提高产量和品质。抑制植物生长可施用比久(B_9)、矮壮素(CCC)、整形素(EMD～IT3233)和多效唑(PP_{333})等。

B_9施用浓度2 000～3 000mg/kg,生长季叶面喷雾1～3次;矮壮素(CCC)施用浓度200～1 000mg/kg,生长季叶面喷雾1～2次;整形素(EMD～IT3233)施用浓度10～100mg/kg,生长季叶面喷雾1～2次;多效唑(PP_{333})施用浓度5 000～8 000mg/kg,生长季土壤浇灌一次。

促进植物生长时可用生长素类,如吲哚丁酸(IBA)、萘乙酸(NAA)、2,4-二氯苯氧乙酸(2,4-D)、赤霉酸(GA_3)、细胞分裂素(BA)。

三、园林苗圃土肥水管理

(一) 园林苗圃土壤管理

1. 中耕除草的作用　中耕和除草在苗木抚育中是两个不同的概念,起着不同的作用,但由于这两项工作往往结合在一起进行,因此在生产中则常作为一项工序安排。

(1) 中耕　中耕可以疏松土壤,增加土壤的透气性,以保证根系呼吸有足够的氧气供应，并能较快地把二氧化碳释放出去。

早春时中耕，使土壤表层破碎，减少了阳光反射，增加土壤对太阳热能的吸收，可提高地温，提早种子发芽，提早扦插苗的生根和移植、保养苗的发芽。疏松土壤表层，还能切断土壤毛细管，减少水分蒸发，增加土壤保湿能力。此外，疏松土壤有利于好气性细菌的活跃、促进有机肥的分解。总之，中耕松土有利于改善土壤的理化性质，有利于苗木生长，特别是早春中耕，对播种、埋条、扦插等幼苗的作用更大。雨季连降大雨后，土壤含水量过大，如行中耕，疏松土壤，则有利于水分的蒸发散失，利于苗木生长。

（2）除草　除草是指除掉苗木以外的一切植物，包括杂草和上一茬的根蘖。杂草一般比幼苗生长旺盛，吸收养分和水分的能力比幼苗强，从而大量夺取苗木所需要的养分、水分和阳光，影响幼苗的生长发育。杂草又是苗圃一些病虫害的中间寄主，对育苗危害很大。苗圃水肥条件比一般农田好，所以杂草也比一般农田多。因此苗圃每年需投入很大精力除草。华南地区的苗圃全年都要除草，以 4～10 月任务最重。

2. 中耕除草的方式

（1）人力中耕　人力中耕是目前大多数苗圃采用的主要中耕除草方式。使用的工具有小锄、中锄和大锄，其中以小锄使用最多。但小锄中耕人要蹲在地上，劳动强度大，工作效率低。

（2）畜力中耕　用畜力牵引三齿耘锄、中耕器、耙子等，进行中耕、松土培土、除草等工作。这种方式在城市园林苗圃中已逐渐被淘汰，但在一些小型苗圃或机械化条件较差的苗圃还有一定使用，虽不及机械操作，但较人力中耕省力，工作效率可比人工提高 3～5 倍。

（3）机械中耕　机械中耕主要是用各种小型拖拉机进行中耕除草或培土等作业。一般在行距 1m 以上的大苗区，可用手扶拖拉机在苗行间进行中耕除草。对小行距的育苗区，可用小型中耕机操作，也可用高地隙型的大中型轮式拖拉机牵引多行中耕器进行多行作业。

苗圃的机械中耕目前尚处于初级阶段，原因在于：一方面拖拉机都是农用的，不适园林苗圃操作；另一方面配套机引农机具少，不能多项操作。此外，手工育苗方式不适应机械化作业要求，有些作业项目不能利用机械操作。

（4）化学除草　化学除草是通过喷洒化学药剂达到杀死杂草或控制杂草生长的除草方式。

①化学除草的方式：一种是土壤处理，在田间杂草长出前，施用芽前除草剂使杂草萌发出土的幼苗触药死亡，或使长出的幼苗受药害而死。另一种是茎叶处理，在杂草长到一定高度后，将触杀性除草剂喷洒到杂草叶茎上将其杀死。苗圃主要采取前一种除草方式。若圃地内有少量杂草滋生时，可将几种药剂混合在一起，既做茎叶处理也做土壤处理，达到既不能出新草又能杀死已长出杂草的目的。

②常用的除草剂类型：一种是选择性除草剂，能有选择地杀死一部分植物，而不杀害另一部分植物，如西玛津对常绿针叶树如松、柏、云杉等无害，即使少量药液沾上枝叶也不致造成药害，而对杂草则具有很强的杀伤作用，且药效可持续半年以上。另一种是灭生性除草剂，只要将药液喷洒在任何杂草和树苗的茎叶上，均会焦枯死亡，如五氯酚钠、甲基砷酸二钠等。

③化学除草对树苗与杂草的时差、位差和量差的利用：

时差：利用树木和杂草在同一时间内发育阶段不同。如早春当树苗未发芽时施用除草剂，能有效杀死早萌发的杂草或控制杂草的滋生而不伤害树苗。

位差：利用树苗和杂草所处的位置不同。一是空间上的位差，树苗一般比杂草高大，施药时于低位喷，使药液只喷到杂草茎叶上，而不会喷到树苗上。二是地下部分的位差，树苗根系深，而杂草根系浅，将除草剂喷在地面上，除草剂垂直移动性很小，因此只能杀死杂草的根而不伤害树苗根系。

量差：利用树苗与杂草耐药能力的差异。杂草特别是刚出土的小草组织嫩弱，耐药性差，而树苗组织充实，保护层致密，抗药性较强，故使杂草致死的药量对苗木不致产生药害。

（5）用覆盖物防除杂草 采用在地表加铺覆盖物的方法防止杂草生长。在日本，苗圃中多采用较厚的打孔塑料布铺在苗床上，塑料布上有很多孔，有利于排水、控制杂草，便于苗木的管理。

3. 中耕除草的时间与次数 需根据不同的目的和不同的季节，安排不同的中耕次数。一般在小苗区每月可中耕除草2～3次，大苗区每月1～2次即可。另外，在灌水或降雨后，为防止土壤板结（特别是繁殖区或小苗区），应进行中耕松土，以利苗木生长。华南地区次数要多一些。

（二）园林苗圃施肥管理

1. 园林苗圃施肥的意义 当土壤里不能提供作物生长发育所需的营养时，对作物进行人为的营养元素补充的行为称为施肥。苗木出圃时，要求连同主要根系一起从土壤中挖出，常要带土坨起苗。因此育苗后苗圃地的土壤养分消耗较多。因此，育苗地施肥很有必要，其作用有以下几方面：增加各种营养元素，维持土地肥力不下降；使用有机肥能增加土壤中有机质，同时将大量有益微生物带入土中，加快迟效性养分的释放；有机肥能促进土壤形成团粒结构，改善土壤的通透性和气、热条件，有利于根系生长，同时又为土壤微生物创造适宜的生活条件；施肥能调节土壤的化学反应。

2. 苗木生长需要的肥料 为了培养粗壮、根系发达的优良苗木，在育苗期间必须为苗木生长提供较好的营养条件。根据分析和栽培经验，苗木生长一般需要碳、氢、氧、氮、磷、钾、硫、钙、镁、铁、硼、锰、铜、锌、钼等。其中碳、氢、氧约占苗木干物质的95%，其余物质占4%左右。氮、磷、钾是苗木需要量较多的养分，约占2.5%。因而在土壤中这三种元素的速效态养分含量消耗较大，常不能满足苗木生长的需要，需要通过施肥进行补充。因此人们称这三种元素为"肥料三要素"。硫、钙、镁、铁、硼、锰、铜、锌、钼等元素，占植物体干物质的1.9%左右。苗木对其需要量很小，一般来说大多数土壤都能满足。苗木生长过程中所需的营养元素以及植物可利用的形态见表5-6。

表5-6 高等植物必需营养元素以及可利用形态
（郭世荣，2003）

	营养元素	植物可利用的形态
	碳（C）	CO_2
	氢（H）	H_2O
	氧（O）	O_2，H_2O
	氮（N）	NO_3^-，NH_4^+
大量元素	钾（K）	K^+
	钙（Ca）	Ca^{2+}
	镁（Mg）	Mg^{2+}
	磷（P）	$H_2PO_4^-$，HPO_4^{2-}
	硫（S）	SO_4^{2-}

(续)

营养元素		植物可利用的形态
微量元素	氯（Cl）	Cl^-
	铁（Fe）	Fe^{3+}，Fe^{2+}
	锰（Mn）	Mn^{2+}
	硼（B）	BO_3^{3-}，$B_4O_7^{2-}$
	锌（Zn）	Zn^{2+}
	铜（Cu）	Cu^{2+}，Cu^+
	钼（Mo）	MoO_4^{2-}

总之，植物必需营养元素可组成结构物质，也可是具有生理活性的物质，如酶、辅酶以及作为酶的活化剂，参与新陈代谢。此外，在维持离子浓度平衡、胶体稳定、电荷平衡等电化学方面起着重要作用。当某些营养元素供应不足时，苗木会表现出相应的缺素症状。

3. 苗木营养状况诊断 观察和测定苗木的营养状况，确定苗木是否需要施肥和施肥的效果，称为苗木营养诊断，是合理施肥的基础。

（1）苗木形态的诊断 从苗木形态上来判断苗木体内的病症，称为苗木形态诊断。苗木外部形态是内在因素和外在条件的综合反映。土壤中缺少任何一种必需的矿质元素或者任何一种矿质元素过量，都会引起植物发生特殊的生理反应。据此可以判断某种元素缺乏或过量，从而采取相应的措施。主要观察苗木生长发育情况、有无生长障碍、苗木形态上有无异常、有无枯死、根部状态和了解施肥情况等。当营养元素不足时部分苗木的缺素症状见表5-7。该方法需要结合叶分析和土壤分析对苗木进行诊断，才能为合理施肥提供更加科学的依据。

表5-7 营养元素不足的缺素症状
（张运山等，2007）

元素	变色情况		其他症状
	针叶	阔叶	
氮	淡绿—黄绿	叶柄、叶基红色	枝条发育不足
磷	先端灰、蓝绿、褐色	暗绿、褐斑，老叶红色	针叶小于正常，叶片厚度小于正常
钾	先端黄，颜色逐步过渡	边缘褐色	年轻针叶和叶片小，部分收缩
硫	黄绿—白—蓝	黄绿—白—蓝	
钙	枝条先端开始变褐	红褐色斑，首先出现于叶脉间	叶小，严重时枝条枯死，花朵萎缩
铁	梢部淡黄白色，成块状全部黄化	新叶变黄白色	严重时逐渐向下（老叶）发展
镁	先端黄，颜色转变突然	黄斑，从叶片中心开始	针叶和叶片较易脱落
硼	针叶畸形，生长点枯死	叶畸形，生长点枯死	小叶簇生，花器和花萎缩

（2）叶分析法诊断苗木营养状况 叶组织中各种主要营养元素的浓度与苗木的生长反应关系密切。植物体内各种营养元素间不能互相代替，当某种营养元素缺乏时，该元素即成为植物生长的限制因子，必须用该元素加以补充，植物才能正常生长，否则植物的生长量（或产量）将处于较低的水平。一般以叶片为材料对苗木体内化学成分进行比较。这种方法可查明苗木缺少什么和缺乏的程度。如对样品测出氮、磷、钾的含量低于标准的适量值时，应当

采取科学的施肥方法进行补充。但不同的苗木在生长过程中对于营养元素的需求量不同，即使是同种苗木在不同的生长发育阶段也不一样，很难统一标准，所以在实际使用该方法进行苗木营养诊断时，要因材施肥。

在生产上很少见到树木出现严重缺素情况，多数情况下都是潜在缺乏，因此在营养诊断中，要特别注意区分各种营养元素的潜在缺乏，以便通过施肥加以纠正。叶纠正方法是当前较成熟的简单易行的树木营养诊断方法，其主要仪器有原子吸收分光光度计、发射光谱仪、X射线衍射仪等。

（3）土壤营养诊断法反映植物的营养状况　用浸提液提取土壤中各种可给态养分，进行定量分析，以此来估计土壤肥力，确认土壤养分含量的高低，能间接地表示植物营养状况的盈亏状况，作为施肥的参考依据。

叶分析和土壤分析的结果结合起来能准确地指导施肥，发挥最大的使用价值。

4. 园林苗圃常用的肥料　园林苗圃中常用的肥料可分为三大类：有机肥料、无机肥料和生物肥料。

（1）有机肥料　有机肥料又称农家肥，是利用动植物残体和各种废弃物发酵沤制而成，是以含有机物为主的肥料，如堆肥、厩肥、绿肥、人粪尿、家禽粪、豆饼、鱼粉、泥潭肥料、森林腐殖酸类等。有机肥料含有机质，改良土壤的效果好，肥效长，能保持2～3年。有机肥增加土壤的有机质，利于土壤微生物繁殖旺盛；有机肥料分解时产生有机酸，能分解无机磷；有机物在土壤中利于土壤形成团粒结构等。有机肥料施于黏土中，能改良土壤的通气性；施于沙土中，既能增加沙土的有机质，又能提高保水性能。所以有机肥是提高土壤肥力、提高苗木质量与产量不可缺少的肥料。其特点是：富含苗木生长发育需要的大量元素、微量元素、生长刺激素及有机质和腐殖质，营养全面，并具有改善土壤结构的作用。它的种类多，来源广，且成本较低，肥效稳而持久，属迟效性肥料，生产上常用作基肥和长效追肥使用，有机肥在使用前要发酵腐熟，尤其是作追肥时必须充分发酵，否则易造成肥害，发生烧根现象。

①堆肥：各种有机物均可发酵沤制堆肥。常用各种农作物秸秆、树木落叶、杂草等沤制，也可加入人粪尿或禽兽粪等，以加快沤制速度，并提高其养分含量。堆肥的肥效较长，有机质含量较高且成本较低，最宜作为基肥大量使用。

②人粪尿：氮肥，有机质含量少，易分解，肥效较快，易挥发流失。人尿呈微碱性，人粪呈中性，带有病菌，不宜直接施用，应与农作物秸秆等混合发酵后使用。

③畜禽粪便：各种家禽、牲畜的粪便，养分全面，肥效较长，多作基肥用，或与其他有机物混合沤制堆肥。经充分发酵腐熟后，可作追肥。

猪粪：粪质细，氮素含量多，有机质分解较快，能合成较多的腐殖质及生长激素，性柔和，有后劲，对改良土壤理化性质、促进苗木生长具有良好作用。

牛粪：粪质细，养分含量低，分解腐熟较慢，腐熟时发热量低，属冷性肥。为提高肥料质量和腐熟速度，可加入马粪或羊粪混合堆积发酵。

鸡粪：含氮、磷、钾等多种营养元素，养分含量高，且易分解成离子态而被苗木吸收。在分解时能产生较多热量，属热性肥料，多作基肥使用，经充分发酵腐熟后，可作追肥。

④饼肥：包括豆饼、花生饼、茶籽饼等，是植物油料加工业的副产品。有机质含量高，饼肥中的氮、磷等成分以有机态存在，不能被苗木直接吸收，粉碎发酵腐熟并经微生物分解

后才能发挥肥效,其中的钾多属于水溶性钾,易被苗木所吸收。饼肥可作基肥和追肥使用,但成本较高,应用较少,常只作长效追肥施用。

膨化鸡粪及各种复合肥肥效较好,使用方便,但成本较高,作长效追肥使用,常与其他肥料配合使用。

(2) 无机肥料 无机肥料又叫矿物质肥料,以氮肥、磷肥、钾肥为主,此外还有铁、硼、硫、锰、镁等微量元素,包括化学加工的化学肥料和天然开采的矿物质肥料,如尿素、硝酸铵、硫酸铵、过磷酸钙、硫酸钾等。其特点是大部分为工业产品,不含有机质,营养元素含量高,主要成分能溶于水,或易变为能被植物吸收的部分,肥效快,大部分无机肥料属于速效肥料,肥分单一,对土壤改良的作用远不如有机肥料,连年单纯使用无机肥,易造成苗圃土壤板结、坚硬。因此施肥时要有足够的有机肥作基肥,两者混合使用。

①氮肥:以氮元素为主,如尿素等。主要是促进苗木营养生长,提高光合作用的效能,加快苗木生长速度。苗木缺氮时,叶发黄,生长速度显著减慢,若长期缺氮,会导致树势衰弱,抗逆性降低。氮素肥料过多或偏施氮肥,会引起枝叶徒长,也会导致苗木抗逆性降低,一般多用作追肥。

②磷肥:以磷元素为主,如过磷酸钙(俗称磷肥)、磷矿粉等。主要是增强苗木生命力,促进植株生长发育和根系生长,提高根系吸收能力,提高苗木的抗寒抗旱能力。苗木缺磷时,叶常呈暗绿色或古铜色,有时呈紫色或紫红色,生长发育迟缓,顶芽发育不良,植株矮小。磷肥等肥效持续时间稍长,常与农家肥结合,作基肥施用。树体缺磷时,短期内可采用叶面喷施磷肥的方法,提高苗木对磷元素的吸收能力。

③钾肥:以钾元素为主,如氯化钾、硫化钾等,能促进苗木对氮肥的吸收,促进苗木木质化,使树干加粗,坚韧能力增强,提高植株对抗病虫害及机械损伤的能力和抗高温、低温及干旱能力。苗木缺钾时,常表现为叶缘焦枯、叶皱缩、柔软、早衰,呈古铜色或叶尖呈亮铜色,叶尖和叶缘先行死亡。植株生长细弱,根系生长受阻。

④复合肥:含有氮、磷、钾营养元素中的两种或三种的肥料,如磷酸二氢钾、撒可富等,其肥效持续时间相对较长,不易挥发和流失。

⑤铁肥:植物进行光合作用不可缺少的元素之一。对树木正常生长开花结果、抵抗不良环境等有显著作用。苗木缺铁会导致根系生长缓慢,营养根早衰,树势衰弱;叶肉失绿(黄叶病)形成棕褐色枯斑和枯边,继而枯死脱落,甚至发生枯梢。常用肥料有硝酸亚铁(俗称绿矾)和尿素铁。

⑥锰肥:直接参与光合作用,维持苗木正常的生理活动。缺锰会使苗木叶片失绿或形成花叶。在酸性土壤环境中,锰元素含量过多,会造成苗木根系吸收锰过量,导致苗木粗皮病、异常落叶和叶片黄化等锰素过剩症。常用的有锰酸钾,根外追肥施用浓度为 $0.05\%\sim0.1\%$。

⑦锌肥:能提高树体生长素含量,促进树体正常生长,提高苗木根系吸收磷的能力。常用的有磷酸锌,根外追肥的施用浓度为 $0.05\%\sim0.2\%$。

⑧铜肥:有利于叶片进行光合作用,常用的有硫酸铜,多作追肥及根外追肥,根外追肥施用浓度为 $0.01\%\sim0.5\%$。

⑨钼肥:对苗木的氮元素代谢有重要作用,还可提高苗木根瘤菌和固氮菌能力。

⑩硼肥:能促进苗木开花结果,促进根系发育,增强根系的吸收能力,提高树体的抗病

性。常用的有硼酸和硼砂，常撒施和喷施，喷施浓度硼酸为 0.025%～0.1%，硼砂溶液为 0.05%～0.2%。

(3) 生物肥料　生物肥料是一些对植物生长有益的微生物，如细菌肥料、根瘤细菌、固氮细菌、真菌细菌（根瘤菌）以及能刺激植物生长并能增强抗病力的抗生菌 5406 等。它们之间有紧密联系，可以从土壤中分离出来和培养配制成各种菌剂肥料。

①固氮菌肥：分离土壤中的固氮细菌制成的细菌肥料。固氮细菌在植物根系附近的土壤中单独生活，能吸收空气中的氮并转变为苗木能利用的氮素，而且能产生刺激物质，促进苗木根系生长。固氮细菌无树种之别，任何苗木都可使用，所以用途广泛。

固氮菌肥用于拌种作基肥或堆制堆肥。为了使根系范围内的固氮细菌生活旺盛，能吸收较多的氮，要施用厩肥供给固氮细菌养料；土壤要有良好的保水和通气条件；还需要施用适量的磷肥和钾肥，以磷、钾肥促进固氮作用。

在某些土壤里固氮细菌是天然的，不必拌种，只要通过优良的耕作和施肥制度，就能使固氮细菌繁殖旺盛，吸收大量的氮，转变为苗木所需要的氮素。

②根瘤菌肥：根瘤细菌经培养制成的细菌肥料。根瘤菌能把空气中的氮素固定到土壤中为苗木所利用。没有种过豆科植物的土地，一般没有根瘤菌。所以，初育豆科苗木应施用根瘤菌肥料。根瘤菌专一性很强，不是所有根瘤菌在任何豆科植物的根上都能形成根瘤，有时同种但不同品种的植物之间，根瘤菌也不能相互替代。根瘤菌肥料使用方法：一般用于拌种，即用冷水把菌剂做成糊状，在室内背光处进行拌种，以防紫外线杀菌。

③磷化菌肥：用磷细菌制成的细菌肥料，是一种能将土壤中固定的迟效磷转化为速效磷的菌肥。因为磷是苗木生长不可缺少的营养元素，但易被土壤固定，很少被苗木吸收利用，甚至完全不能被苗木吸收。磷细菌在植物根际土壤中繁殖，可促进土壤中有机磷化物的分解，释放出苗木能利用的磷素，使土壤中矿质无效磷变为有效磷。磷化菌肥的使用方法：一般用于拌种，要在背光处进行，以防止直射光杀菌。作基肥和追肥时要施到根层，施后用土盖严，不能在太阳下晒，也不能与农药混用，如与有机肥及其他菌肥混合使用效果更好。

④菌根菌：属真菌类，寄生在苗木的根上，并形成一种菌丝套，包围着苗木的细根。被这种菌丝包着的根叫菌根。苗圃地的菌根菌丰富，则苗木生长健壮。如松树苗等在缺乏菌根菌的土壤上不仅生长不良，而且叶片呈浅紫色，接种菌根菌后则生长良好。菌根在土壤中能代替苗木的根毛吸收磷、铁等营养元素和水分，并能阻止磷从苗根向外排泄；密布在土壤中的菌丝体，能伸展到距根较远的地方，形成网状辅助根，因而扩大了苗木的吸收面积；菌根菌还能分泌有机酸，促进一些不易溶解的无机和有机化合物转化为可溶态养分，被苗木吸收；菌根菌死亡消解后，菌丝体矿物化，并以游离的含氮化合物存在于土壤中，供苗木利用。

菌根菌一般具有专一性，因此在选用菌肥或培育菌肥时一定要根据接种的植物，选适用的菌肥接种。如许多针叶树种、壳斗科树种、桦木科树种和榆树等都有菌根菌寄生，而在无菌根菌或菌根菌很少的土壤上育苗时要进行接种，苗木才能生长良好。苗木在苗圃中接种菌根菌以后便终身受益，即使苗木再移栽也不需要接种。

目前，除少数菌根菌人工分离培育成功，做成了菌根菌肥外，大多数树种还是靠客土的方法进行接种。客土接种的方法：从与接种苗木相同树种的老林或老园地或老苗圃内，选择菌根菌发育良好的地方，挖取根层土壤，作接种材料。再将挖取的土壤按正常施肥的比例与适量的有机肥和磷肥混拌施入已有幼苗的苗地中，穴施或沟施均可，深度在根层及略低于根层范围内。由于菌根菌怕高温和阳光，应将其放置在阴凉处保存，以免根菌受光照射而死亡。施用后适量浇水，使土壤保持一定的湿度，有利于根菌存活与繁殖。

注意，菌肥在接种和使用过程中，不可使用杀菌剂等农药。

5. 施肥的基本原则　合理施肥就是根据土、肥、水和苗木之间的关系，合理掌握施肥的种类、数量和方法。施肥合理不仅能培育出高质量的苗木，而且不污染环境。

（1）合理搭配有机肥和化肥　化肥具有有效养分含量高、体积小、运输和施用方便等优点。但如果长期单一施用化肥，会造成土壤结构变差，保水、保肥及供水、供肥能力下降。如果施用化肥太多，还会导致环境的污染。

有机肥虽然速效养分含量少，肥效缓，但持效时间长，而且能改善土壤理化状况，提高土壤保肥、供肥能力，防止或降低土壤污染。实践证明，有机肥与化肥配合施用可以取长补短，促进肥效的发挥。随着有机肥的不断施入，土壤的肥力状况不断改善，化肥的用量可以逐渐减少。

（2）按照苗木生长情况分阶段合理施肥　苗木从发芽长出叶片开始，依靠根系从土壤中不断吸收营养维持其生长。同时，在几个生长高峰期，还需要有大量的养分供应，以保证其苗壮成长。苗木随着苗龄增加，需肥量随之加大。一般来说，第二年的苗木需要的养分数量是第一年的2～5倍，但大苗根系强，能够从土壤中吸取大量养分，对于土壤肥沃的苗圃来说，补充的肥料可以与第一年相当甚至少一些。但对于瘠薄土壤，第二年施肥量要高于第一年。

阔叶树种易发根，苗木在生长前期吸取的养分多一些，故应集中在前半段施肥。针叶树则相反，施肥集中在生长后期利用率较高。因此，要适时地供应苗木所需要的养分，长效和速效肥料结合。

（3）因土施肥　建苗圃时，最好选用壤质土壤，偏沙或偏黏时都要采取措施。偏沙的土壤土质疏松，保肥能力差，但供肥能力强，释放养分快，土壤升温快，有利于有机质的分解。育苗时要多施有机肥，以改善土壤；在追施化肥时要少量勤施，提高肥料的利用率；施肥后不浇水或少浇水，以免肥料淋失。质地黏重的土壤透水透气性差，保肥能力强，但供肥能力差，释放养分慢，升温慢。育苗时，要多施热性有机肥，提高土温；追肥次数要少，每次量大一些，浓度要低一些，以免局部浓度过高，引起烧苗。施肥类型和数量要根据苗圃土壤的养分状况，以缺什么元素施什么元素、缺多少施多少为原则。

氮磷配合施用比单施一种元素的肥料效果好。在酸性土壤上可溶性磷易被固定失效，其他养分也会因失效而降低，因此不宜单施。磷肥以集中施用较好，或与堆肥等混合使用，以减少与土壤的接触面积，从而减少磷的固定。但混合施用必须注意各种肥料的相互关系，不是任何肥料都能混合施用，有些肥料混合会降低肥效。如硝酸盐不能与过磷酸钙混施，否则磷不易被吸收。

（4）经济施肥　苗圃施肥应有经济效益分析，施肥的支出不应大于收入。通过施肥不仅要提高苗木质量、促进苗木生长，还要提高苗木的产量和出苗率等，经过分析对比找到最佳的施肥量。

6. 施肥的时期　苗木在幼苗期对氮、磷的需要量虽不多，但很敏感。这个时期氮、磷对幼苗地下和地上的生长都起重要作用。多数树种苗木到速生期需要氮、磷、钾的数量最多，所以施肥应在幼苗期和速生期进行。速生期后期要停止施氮肥，以利苗木充分木质化。

在含钾较多的土壤上育苗,在幼苗期一般不需施钾肥,以后的需要量因树种而异。总之,要根据不同树种的需要,在其最需要的时期施肥,才能取得良好的效果。

7. 施肥方法　施肥对于短时间内培育较多的壮苗意义重大。苗圃施肥一般分为基肥和追肥两种,基肥常由有机肥和部分化肥组成,追肥多以化肥为主。

（1）基肥　最好在耕地前施基肥。施肥要深,一般为15～20cm,因为较深耕作层的湿度和温度较适于肥料分解。

（2）追肥

①追肥时期:追肥适时与否对追肥效果影响很大,早追肥苗木质量好。追肥的具体时间:一年生播种苗,氮肥一般应从幼苗期前期开始第一次追肥,以后要从幼苗期后半期到速生期中期,氮的施肥量应以这一时期为最多。磷素在土壤中容易被固定,所以一般不用土壤追肥,多进行根外追肥,更不宜在秋季进行土壤追肥。磷酸二氢钾和过磷酸钙均适用于根外追肥,尤其前者主要用于根外追肥。

两年生以上的留床苗,春季第一次追施氮、磷肥,对两种生长型的苗木均从生长初期开始,磷肥一次追施完,以后追施几次氮肥;对全期生长型的苗木,与一年生播种苗相同;春季生长型的树种,以生长初期和高生长速生初期为重点,高生长停止后,为了促进苗木的直径和根系生长,可在茎、根速生期之前进行最后一次追氮肥。为防止松类树种秋季二次高生长,施氮肥量不宜太多。

当年移植苗的追肥期是从成活期开始,以后的追肥期参照留床苗。一年生播种苗、两年生以上的留床苗及当年移植苗,钾肥追肥一般从速生期开始。缺钾地区宜在幼苗期追肥,追施的时期也因树种而异。

②追肥次数:追肥次数每年3～4次。从追肥对苗木生长的效果看,一定量的肥料施用次数多效果好。但次数多费工,具体次数要根据土壤质地和雨量分布情况及树种的特性而定。

③追肥间隔期及停止期:追肥的间隔期一般以2～5周为宜,春季生长型宜短,全期生长型宜长。氮肥的追肥停止期对苗木木质化程度影响很大,应在霜冻来临之前6～8周结束。

④追肥方法:土壤追肥常用方法为沟施、撒施、浇灌三种。

沟施法:又称条施法。把无机肥料施于沟中,可用液体,也可干施。液体追肥先将肥料溶于水,再浇在沟中。干施肥时为了撒肥均匀,可用数倍或几十倍的干细土与肥料混合后再撒于沟中,最后用土将肥料覆盖,防止肥效损失。施肥后盖土与否对施肥效果影响很大,如氨水和碳酸氢铵等施肥后不盖土肥分损失很大。撒施肥料时,严防撒到苗木叶片上,否则会严重灼伤苗木致使苗木死亡。

撒施法:把肥料与干土混合后撒在苗行间,盖土并灌溉。

浇灌法:先把肥料溶于水,再浇于苗行间,然后灌溉。

以上三种施肥方法以沟施法的肥料吸收率最高。其他方法的共同缺点是:施肥浅,肥料不能全部被盖上,或不能盖土,利用率低。以尿素为例,用沟施法当年苗木吸收率为45%,用浇灌法为27%,撒施法仅为14%。如氨水和碳酸氢铵施后不盖土,氨的损失更大。所以追肥必须盖土且要达到一定的厚度。

⑤追肥深度:原则是使肥料能最大限度地被苗木吸收利用。具体深度因肥料性质和苗根分布深度而异,一般7～10cm。

（3）根外追肥　根外追肥是把速效肥料的溶液喷于苗木叶片上,故又叫叶面追肥。因为叶是苗木制造糖类化合物最重要的器官，肥料喷到叶上可迅速渗透到叶部细胞中合成苗木所需的营养物质。

①根外追肥的优点：根外追肥的效果快，能及时供给苗木所需的营养元素，喷后经20～30min至2h苗木开始吸收，24h吸收50%以上，在不下雨的情况下，2～5d可全部吸收；可节省化肥2/3；能严格按照苗木生长需要供给营养元素。

②根外追肥的应用：在苗木急需补充磷钾或微量元素时，进行根外追肥可取得良好效果。

③根外追肥的次数：一般喷3～4次才能取得较好效果。如果喷后2d内降雨，会冲掉未被吸收的肥料，雨后应补喷。

④根外追肥存在的问题：喷到叶面上的肥料溶液易干，苗木不易全部吸收利用，肥料利用率的高低取决于叶能否重复被湿润，根外追肥的次数要多，其追肥效果不能代替土壤追肥，只能作为一种补充施肥方法。

（三）园林苗圃水分管理

水是苗木生命活动所不可缺少的重要条件。种子的萌发，扦插苗、压条苗的生根，嫁接苗的愈合成活，以及各类苗木的生长和发育都离不开水。水在植物体内起疏松养分和调节体温的作用，在土壤中有溶解矿物质营养的功能，苗木缺水，常导致枝叶萎蔫以至凋落，生长缓慢甚至停止，严重的即发生死亡。

苗木从土壤中吸收的水分，其主要来源是降水、地下水及灌溉水。降水和地下水无法满足和适应苗木在各个阶段对水分的不同需要，在干旱地区更为突出，故必须依靠灌水来补充土壤中的水分。相反，如果降雨过多或排水不畅，则会影响苗木根部的呼吸作用，严重的会导致烂根现象，甚至死亡。在江南、华南多雨地区，尤其需要排水。

1. 灌溉

（1）灌溉量和灌溉次数　灌溉量、灌溉次数与当地的气候条件、土壤情况、树种的生物学特性有关，要根据实际情况来确定。

①不同栽培方式的灌溉

播种苗：播种后要尽量避免表土干燥，一些小粒种子播种后覆土较浅，易受春旱的危害。通过合理灌溉使床面保持湿润，防止小苗失水，还可调节地表温度，防止日灼危害。播种苗一般要求灌水少量多次。

扦插苗、压条苗：扦插苗和压条苗的生根、发芽需水量较大，特别是在开始展叶而尚未完全生根（即假活）阶段，叶面蒸腾量大，土壤水分供应量少，断水将造成死亡，需及时灌水。

分株苗、移植苗：分株苗、移植苗在栽植时根系被截断，苗木内部的水分供应出现不平衡现象，必须加强供水。在分株和移植后应连续灌水3～4次，而且灌水量要大，间隔时间也不能太长。

嫁接苗：嫁接苗对水分的需求量不大，只要能保证砧木正常的生命活动之需即可。尤其是接口部分不能积水，否则会使伤口腐烂，遇到干旱天气必须灌水时，也要注意。

大苗：一般情况下，大苗的根系吸收功能已基本维持水的平衡，干旱季节才需灌溉。水分过多会使苗木抗性降低，影响生长发育。

②不同气候条件的灌溉：一般说来，春季到初夏，苗木处于旺盛生长期，南方雨水多，灌溉3～4次。播种苗、扦插苗则更多。初夏，南方是阴雨季节，要注意排水。夏季，南方

如果高温又逢干旱，必须增加灌水次数。秋季，华南地区温度适宜，是苗木生长的第二个高峰，要注意适宜的灌溉。冬季，南方灌水较少。

③不同土壤条件的灌溉：黏重土壤保水力强，灌水量应适当减少；沙质土壤保水力差，灌水量应适当增加。

④不同树种的灌溉：不同树种对水的要求不同，但在幼苗期差别不大，一般都需要有足够的水分。随着苗龄的增长，这种差别越来越明显，对于一些耐旱的树种，不宜多灌水；对于一些不耐湿的树种，如大红花、金叶假连翘、尖叶木樨榄等更要注意，水多时要立即排水。一般树种则要经常保持湿润状态，结合当地地下水位和降水情况，确定其适宜的灌溉量。

(2) 灌溉方法　灌溉方法有沟灌、畦灌、喷灌、滴灌和地下灌溉。

①沟灌：一般应用于高床和高垄作业，水从沟内渗入床内或垄内。优点是水分由沟内浸润到土壤中，床面不易板结，灌溉后土壤仍有良好的通气性能。缺点是与喷灌相比，渠道占地多，灌溉定额不易控制，耗水量大，灌溉效率较低，用工多等。

②畦灌：低床育苗和大田育苗常用的灌溉方法，又叫漫灌。水不要淹没苗木叶片，以免影响苗木呼吸和光合作用。优点是比沟灌省水。缺点是灌溉时破坏土壤结构，易使土壤板结，水渠占地较多，灌溉效率低，需要劳力多，不易控制灌水量。

③喷灌：喷洒灌溉又叫人工降雨。优点是省水，便于控制灌溉量，并能防止因灌水过多使土壤产生次生盐渍化；减少渠道占地面积，提高土地利用率；土壤不板结，并能防止水土流失；工作效率高，节省劳力；在春季灌溉有提高地面温度和防霜冻作用，在高温时喷灌能降低地面温度，使苗木免受高温之害；灌溉均匀，地形稍有不平也能进行较均匀的灌溉。所以喷灌是效果较好、应用较广的一种灌溉方法。缺点是灌溉需要的基本建设投资较高，受风速限制较多，在3～4级以上的风力影响下，喷灌不均。

④滴灌：滴水灌溉，是通过管道把水滴到土壤表层和深层的灌溉方法。滴灌的优点很多，是一种先进的灌溉方法。

⑤地下灌溉：将灌水的管道埋在地下，水从管道通过土壤的毛细管作用上升到土壤表面，是最理想的灌溉方法。缺点是设备较复杂，建设投资较高，故在生产中使用不多。

(3) 灌溉的注意事项

①苗木的生长期与需水特性：在出苗期和幼苗期的前期，幼苗的根系少而分布较浅，所以怕干旱。另外，幼苗期组织幼嫩，是对土壤水分最敏感的时期，而速生期需水量最多。

②灌溉的连续性：育苗地的灌溉工作一旦开始，就要使土壤水分经常处于适宜的状态。该灌而不灌会使苗木处于干旱环境中，不利于苗木生长，侧根少。土壤追肥后要立即灌溉。

③灌溉时间：地面灌水宜在早晨或傍晚进行，此时蒸发量小，水温与地温差异也较小，对苗木生长的影响最小。用于降温的喷灌宜在高温时喷灌。

④水温和水质：水温低对苗木根系生长不利。如用井水灌溉，尽量备蓄水池以提高水温。不宜用水质太硬或含有害盐类的水灌溉。

⑤停灌期：停止灌溉的时期过早不利于苗木生长；过晚会降低苗木的抗寒抗旱性。适宜的停灌期因地因树种而异，对多数苗木而言，在霜冻到来之前6～8周为宜。

2. 排水　圃地如有积水易造成涝灾或引起病虫害，需及时排出雨季圃地的积水。华南雨季降水量大而集中，特别容易造成短时期水涝灾害，因此在雨季到来之前应疏通排水系统，将各育苗区的排水口打开，做到大雨过后地表不存水。

要做好排水工作，首先应平整圃地，并建立苗圃的排水系统，做到外水不浸、内水能排。在雨季或暴雨来临前，及时检查和修复排水渠道，雨后及时修整苗床和排水沟渠，以利排水。

(1) 排水不良对苗木的损害

①使苗木根的呼吸作用受到抑制，而根吸收养分和水分或进行生长所必需的动力源，都是依靠呼吸作用提供的。当土壤中水分过多，缺乏空气时，迫使根进行无氧呼吸，积累乙醇，造成蛋白质凝固，引起根系生长衰弱以致死亡。

②如土壤通气不良，妨碍微生物特别是好气细菌的活动，从而降低土壤肥力。

③在黏土中，大量施用硫酸铵等化肥或未腐熟的有机肥后，如遇土壤排水不良，这些肥料进行无氧分解，使土中产生一氧化碳或甲烷、硫化氢等还原性物质，严重影响植物的生长发育。

(2) 排水时间

①多雨季节或一次降雨过大造成苗圃积水，应挖明沟排水。

②在河滩地或低洼地建苗圃，雨季时地下水位高于苗木根系分布层，则必须设法排水。

③土壤黏重、渗水性差或在根系分布区下有不透水层时，由于黏土土壤孔隙小，透水性差，易积涝成害，必须搞好排水设施。

④盐碱地苗圃下层土壤含盐量高，会随水的上升而到达表层，若经常积水，苗圃地表水分不断蒸发，下层水上升补充，造成土壤次生盐渍化。因此，必须利用灌水淋洗，使含盐水向下层渗漏，汇集排出圃外。

进行土壤水分测定，是确定排水时间较准确的方法。各种苗木耐涝力的强弱，也可作为排水时间的参考。

(3) 排水系统　一般苗圃的排水系统分明沟排水与暗管排水两种。

①明沟排水：在地面挖成沟渠，广泛用于地面和地下排水。地面浅排水沟通常用来排除地面的灌溉储水和雨水。这种排水沟排地下水的作用很小，多单纯作为退水沟或排雨水的沟。深层地下排水沟多用于排地下水并当作地面和地下排水系统的集水沟。排水沟的边坡与灌水渠的角度相同，但落差应大一些，一般为3/1 000～6/1 000。大排水沟为排水沟网的出口段并直接通入河、湖或公共排水系统或低洼安全地带。大排水沟的截面根据排水量而定，其底宽1m以上，深0.5～1m。中排水沟宜顺支道路边设置，底宽0.3～0.5cm，深0.3～0.6m。小排水沟宜设在岔道路旁，深度与宽度可根据实际情况确定。排水系统占地一般为苗圃总面积的1%～5%。

②暗管排水：多用于汇集和排出地下水。在特殊情况下，也可用暗管排泄雨水或过多的地面灌溉储水。当需要汇集地下水以外的外来水时，必须采用直径较大的管道，以便增加排泄流量并防止泥沙堵塞；当汇集地表水时，管道应按半管流进行设计。采用地下管道排水的方法，不占用土地，也不影响机械耕作，但易堵塞，成本也较高。

四、其他抚育管理措施

(一) 苗木保护

1. 病虫害防治　病虫害防治必须贯彻"综合防治、治早治小、防重于治"的原则。如果苗圃的病虫害严重，不仅增加防治难度，而且会造成无法挽救的损失。

（1）苗圃常见病虫害

①虫害：园林苗圃的虫害主要有地下害虫和地上害虫两类。地下害虫主要有地老虎、蝼蛄、蛴螬等，它们生活在土壤中，主要咬食根和幼苗，造成大量缺苗、死苗，严重影响苗木生产。蛴螬一年发生代数因种类和地域不同而异。广东地区第一代成虫于4月上中旬出现。蛴螬喜发生于有机质多的土壤中，通常在春季和夏末秋初危害严重，冬季低温和夏季高温潜入深土层。地上害虫主要有尺蠖、蚜虫、粉虱、椰心叶甲、红棕象甲、埃及吹绵蚧、红火蚁、曲纹紫灰蝶、斜纹夜蛾等，它们蚕食树叶、刺吸叶液，破坏新梢顶芽，影响苗木生长。

②病害：苗期病害如立枯病，树干病害如腐烂病，叶部病害如锈病、褐斑病等，根部病害如紫纹羽病、根癌等，生理病害有土壤物理性质引起的病害、土壤化学性质引起的病害、空气污染引起的病害和生理失调引起的病害等。上述病虫害可分为一般性病虫害和毁灭性病虫害，当然二者不是截然分开的，有些一般性病虫害如果得不到及时除治，也可能发展成为毁灭性的；另外，毁灭性的病虫害，若及时采取科学的防治，又可变成一般性的。

（2）苗圃病虫害的防治　新繁殖的播种苗或无性繁殖苗，不但苗体小，不耐病虫害，且组织嫩弱，易被病虫危害，因此在苗圃内，对繁殖苗的病虫害防治是重点，否则易造成全部覆灭。华南地区常见的幼苗病虫害有以下几种：

①虫害：幼苗期间主要有蛴螬、地老虎等地下害虫，它们专门食害苗根或咬断地基根颈。另外，有象鼻虫、金龟子、蚜虫、红蜘蛛、刺蛾、卷叶蛾等食叶害虫，专门食害幼苗茎叶。

地下害虫的防治：可于整地前用药剂处理土壤，幼苗生长期利用人工捕杀、毒饵诱杀、药剂浇灌等综合防治措施（表5-8）。

表 5-8　苗圃地下害虫防治技术

（白涛等，2010）

防治类型			防治方法
农业防治			深翻土壤、除草、灌水；施用腐熟有机肥；种植诱集作物
生物防治			利用害虫的天敌，如绿僵菌
物理防治	人工捕杀		整地时人工杀死蛴螬，金龟子成虫盛发期，振落苗木上的成虫踩死；挖窝杀死成虫、幼虫；清晨在断苗周围或沿着残留的洞口的被害枝叶，拨动表土3~6cm，捕杀地老虎幼虫
	诱杀法	黑光灯诱杀	蛴螬成虫金龟子、蝼蛄和小地老虎成虫都有很强的趋光性。在天气闷热、无月光、无风的夜晚，每2~3hm²苗圃堆高1m左右的土堆，在土堆上放置水盆，水盆内盛半盆水并加入少许煤油，在水盆上方离水面20cm处挂一盏20W的黑光灯，每晚可捕杀5~20头
		糖醋液诱杀	金龟子、小地老虎成虫对糖醋液有趋性。白糖6份、醋3份、白酒1份、水10份、90%敌百虫1份调匀后放在盆内，每公顷放糖醋液45~75盆，高度为1.2m，每天需要补充一次醋
		毒饵诱杀	小地老虎成虫和蝼蛄可用此法。将麦麸、棉籽、豆饼粉碎做成饵料炒香，每5kg饵料加入90%晶体敌百虫30倍液0.15kg或50%辛硫磷乳油10倍液，每公顷施用22.5~37.5kg

(续)

防治类型			防治方法
物理防治	诱杀法	鲜草诱杀	采集新鲜嫩草或新鲜泡桐叶或莴苣叶，用90%晶体敌百虫150倍液喷洒后，于傍晚放置在被害株旁和撒在作物行间诱杀地老虎幼虫，每公顷用75~150枝杨树枝，放进40%乐果500倍液中浸泡20min，于傍晚插入花圃里，可诱杀金龟子
		马粪诱杀	在田边挖30~60cm见方的土坑，内放拌少许敌百虫粉的马粪，可诱杀蝼蛄
化学防治	土壤处理：整地前用5%辛硫磷颗粒均匀撒施地面，随即翻耙，使药剂均匀分散于耕作层		
	药剂拌种：每100kg种子用50%辛硫磷乳油0.2kg拌种，并闷5~10h，阴干后播种		
	毒土法：每公顷用50%辛硫磷4.5g，拌干细土375~450kg		
	药剂灌施：用90%晶体敌百虫800倍、50%辛硫磷乳油500倍液灌根，8~10d灌一次，连续灌2~3次		
	喷药防治：于成虫盛发期，喷洒1 000倍50%辛硫磷乳油或25%敌杀死1 800倍液		

地上害虫的防治：可采用农业防治、物理防治、生物防治和化学防治等综合防治措施（表5-9）。

表5-9 苗圃地上害虫防治技术
（白涛等，2010）

防治类型		防治技术
农业防治		合理进行苗圃地施肥、灌溉、苗木修剪等管理
物理防治	黄板诱杀	直接购置黄板或用三合板两面涂上橙黄色油漆，漆干后，再涂一层10号机油和黄油混合调制的黏油，挂在苗木之间。色板每公顷苗地不少于225块，每块色板不小于0.1m²，悬挂高度和苗木植株高度一致，悬挂一段时间后黏性变差，及时更换黏油
	灯光诱杀	可在成虫盛发高峰期，利用黑光灯或频振式杀虫灯等诱杀，还可用性诱剂诱杀雄成虫
生物防治		人为向苗圃地内释放天敌
化学防治	打孔注药	采用人工或机械的方法在树上钻孔，然后向孔内注入一定量的农药。从春季树液流动至秋季进入休眠期，均可采用打孔注药法防治，以4~9月为佳。可用40%乐果5倍液（1份药液兑5份水），向虫孔注射药液1~2mL，或毒签插入虫孔，然后用泥封口。也可用矿泉水瓶，瓶内放敌百虫粉剂，然后灌满水将瓶盖拧紧，在瓶盖上用针扎一小孔，用时将药液射入孔内，射满为止
	冬季涂抹药液	此法主要结合冬季树干涂白进行，在石灰水中兑入适量的药剂
	根部埋药	树根部周围埋入杀虫、杀菌颗粒剂
	喷施石硫合剂	选用优质块状的生石灰和碾碎的硫黄粉。用生石灰1份、硫黄粉2份、水14份，先将生石灰放入锅中，加少量水成消石灰，加水煮沸。然后用少量水调成糊状硫黄粉，倒入煮沸的石灰乳中，不断搅拌，用大火煮沸40~50min，待药液变成红褐色时熬制完成。冷却后滤出渣滓，用波美比重计测定石硫合剂原液的波美度

②病害：在幼苗期间，常易发生的病害有针叶树及一些阔叶树的立枯病，蔷薇科树种的白粉病、赤星病、黄化病，核桃苗的黑斑病等。病害的防治应以防为主。

立枯病的防治：除对种子、土壤消毒外，发病严重的床地不能再作播种地，要更换播种地块，以减少立枯病菌的侵染。立枯病多在幼苗出土后的初期发生，可用0.5%硫酸亚铁液或用100倍的等量式波尔多液，每隔10d喷洒幼苗一次。如发现已有被感染发病的苗木，可用800倍退菌特药液喷洒幼苗，每隔7d喷洒一次。在发病前，可用控制水分和喷洒的办法预防罹病。

白粉病、锈病的防治：发病前可用150倍的等量式波尔多液预防，如已发病，可用500~1 000倍退菌特或用800倍代森铵或1 000倍15%粉锈宁除治，或用波美度0.5度的石硫合剂防治。

黄化病（失绿病）的防治：苗木黄化是因缺少铁、镁、铜等微量元素或缺氮素肥料所造成。苗木发生黄化后，缺少叶绿素，不能进行光合作用制造营养物质。苗木失绿轻者生长不正常，影响生长，严重者叶缘枯焦以致死亡。对此病宜早防治，如发展严重时再治疗，很难奏效。为防止此病发生，土壤中应多施有机肥料，并降低土壤的pH（酸碱度），发病初期可喷灌0.2%~0.5%硫酸亚铁或喷镁、锌等微量元素，喷时雾点越细效果越好，每隔一周喷洒一次，连续喷洒3次后，叶色可恢复。

2. 苗木越冬防寒 华南地区初冬的寒流和春季的倒春寒，可对一些耐寒能力差或生长较弱苗、移植苗产生危害。轻则使嫩芽、茎叶冻伤，重则整株冻死。为保证苗木的安全越冬，应了解其受冻机理，采取有效的防冻措施。

3. 苗木遮阴

(1) 苗木遮阴的使用情况　苗木遮阴是为了降低地表温度，减少苗木蒸腾和土壤水分的蒸发，防止苗木日灼，提高苗木的成活率和质量。遮阴主要考虑苗木的生物学特性、天气以及育苗成本等因素，其中苗木本身特性最重要。下列情况需进行遮阴处理：

①当培育贵重苗木时，遮阴所需的费用比因未遮阴而导致苗木死亡所造成的损失小。因此，对种苗的习性不清楚时，为了保险起见应进行遮阴。

②在炎热夏季，当气温升高到25℃时，如果苗木处在生长初期，根茎未木质化，比较娇嫩，必须采取遮阴措施。

③扦插育苗，根系长出之前不能吸收土壤的水分，采取遮阴措施控制插条水分损失，提高苗木成活率。

④小苗刚刚移植到大田时，根系尚未和土壤全面结合，毛细根不能很好地吸收水分，如果气温高，日光强烈，应采取遮阴措施。气候干旱，水源缺乏时，通过遮阴减少水分蒸发，减少灌溉次数，可节省劳力，降低成本。

(2) 遮阴的作用　华南地区气候的特点是温暖多雨，夏季炎热，光照强、多台风，因此，必须采取必要的遮阴措施，遮阴的作用主要有：

①降低育苗地的地表温度，使幼苗免遭日灼之害。据观察，遮阴可使地表温度降低10℃以上，故能大大减轻苗木受日灼之害，降低死亡率。

②减少土壤水分蒸发，节省灌水。

③在某种程度上能防止幼苗的霜冻害。

但是遮阴过多光照不足，降低苗木的光合作用强度，会使苗木组织松软、含水量提高，降低苗木质量。遮阴过多还会使苗小细弱，根系生长差，易引发病虫害。遮阴主要是对耐阴树种和嫩弱阔叶树种的幼苗采取的管理措施，特别是在幼苗出土覆盖物揭去时，用遮阴来缓和环境条件的突然变化。在高温炎热、干旱条件下也应进行遮阴。

(3) 遮阴的透光度及起止日期　遮阴透光度的大小和遮阴时间的长短，均影响苗木质量。为了保证苗木质量，透光度宜大，一般为1/2~2/3，遮阴的时间应短，具体因树种或地区的气候条件而异。原则上是从气温较高会使幼苗受害时开始，到苗木不易受日灼危害时停止。一般是从幼苗期开始遮阴，停止期各地差异较大，在华南地区因在秋季酷热而死伤苗木，遮阴有时延续到秋季。为了调节光照，最好每天10:00开始遮阴，16:00~17:00打开荫棚。

(4) 遮阴方法及材料　常用的遮阴方法为上方遮阴法。上方遮阴透光较均匀，通风良好，效果较好。具体高度应根据苗木生长的高度而定，一般距床面40~50cm。遮阴材料一般用遮阳网，也可在苗床上插松枝等。直到苗木根芽木质化时，及时拆除遮阴材料。

(二) 轮作和套作

轮作是指在同一块圃地有顺序地在季节间或年间轮换种植不同的植物。套作是指在一种植物生长期于株行间播种或移植另一种植物。

1. 轮作和套作的好处

①充分利用土壤养分。不同树种吸收土壤中营养元素的种类和数量是不同的，如针叶树对氮的吸收量比阔叶树多，但对磷的吸收量较少，所以连年培育一种苗木容易引起土壤中某种元素的缺乏，降低苗木质量。松树苗木有菌根菌，在病虫害不严重的情况下，松苗可连作。

②改良土壤结构，提高土壤肥力。起苗带走了大量肥沃土壤，减少土壤中的有机质。轮作或套作农作物或绿肥作物，既能大量增加土壤中的有机质，又能改善土壤结构。

③轮作是生物防治病虫害和杂草的重要措施。因为轮作改变了病原菌和害虫的生活环境，使它们失去生存条件而死亡。也改变了杂草的生存环境，在一定程度上能抑制杂草。

④轮作可减少和调节土壤中有害物质和气体的积累。

2. 轮作和套作的方式

(1) 苗木与绿肥轮作或套作　为恢复土壤肥力，苗木与绿肥轮作或套作效果好，能增加土壤有机质，促进土壤形成团粒结构，调整土壤的水、肥、气、热状况，从而改善土壤肥力，对苗木生长极为有利。可选择的绿肥植物有紫云英、苜蓿等，这些植物同时还是很好的牧草。在土地面积较大，气候干旱、土壤贫瘠地区的苗圃地，应采用这种方式。

(2) 不同种类苗木套作　不同种类苗木的大小、高矮和生态习性（喜光与耐阴）不同，采用套作方式，可以解决地少苗多的问题，提高单位面积产苗量。苗木套种的原则是乔、灌、地被科学搭配，充分利用土地、阳光、水分、养分，从而使每种植物都能茁壮成长。套种苗木相对要小，株行距较大，采取高矮搭配、阳性树种与阴性树种搭配、深根性与浅根性树种搭配，不同树种相互之间不能成为病虫害的中间寄主，生态习性尽可能不同，以便充分利用阳光、水分和空间。

上层落叶乔木树冠充分发育后，可套作宿根地被植物，株行距以20cm×20cm为宜。这种搭配可充分利用光照和土壤空间。落叶乔木树大根深，主根分布在土壤深层，而常绿花灌木和宿根地被苗小根浅，根系分布在10~30cm深的表土层，下层苗木起挖出售的同时，对苗圃地翻耕，有利于落叶乔木产生新根，提高其移植成活率。

1955年，福建白洋苗圃进行一系列试验：桉树苗与水稻轮作，圃地搭荫棚扦插芒萁，油茶与小麦套种，杉木与芝麻套种等，均取得成功。

在普遍采用容器栽培的华南地区，采用套作模式生产容器苗已成常规。在广东某苗圃内，采用常绿乔木＋常绿花灌木（前期）＋地被植物（后期）的套作模式。常绿乔木有棕榈类、广玉兰、凤凰木、细叶榄仁、大叶女贞、樟树等，其经营时间长，干径粗；常绿花灌木有紫金牛、假连翘、栀子、龙船花、茉莉等，其经营时间相对较短，规格不大，种植一两年可出圃；地被植物有黑龙、花叶良姜、满天星等，无论是上层乔木还是下层灌木，均采用容器栽培。

华南地区处于亚热带气候带，植物生长快，苗木生长周期短，植物种类丰富多样，套作的植物随市场变化调整快。

第三节　大树移植

一、大树移植的定义

随着我国经济的快速发展，各地进入了城市建设的大发展时期，建设宜居型、生态环保型城市成为我国城市发展的共同目标，绿化建设成为城市建设的主题，从而带动了绿化苗木产业的飞速发展。为了满足城市建设的景观需要，充分发挥其最佳的绿化功能和造景效果，绿化苗木的使用规格越来越大，苗圃培育的胸径15~20cm的苗木在一些沿海城市的建设中已经被大量应用，成为常规规格的绿化苗。移植胸径50cm以上的大树或古树也随处可见。大树的概念一再发生变化，根据目前各地的情况，把大树移植定义为胸径20cm以上的树木的移植，包括因城市发展需要而将工地上阻碍建设的树木进行移植，以及因造景需要而进行的大树种植。树木胸径达到80cm或树龄100年以上时，称为古树移植。

二、大树移植的准备工作

大树移植不同于常规的苗木种植，必须做好充分的准备工作。

1. 树木调查　做好调查，包括树种、树龄、树形、树高、干径、干高、冠径，逐一进行测量登记，立卡编号，注明方位及最佳观赏面，并摄影；调查记录土壤条件，施工机械路线及周围情况；判断是否适合挖掘、包装、吊运；还应了解大树的权属等。对移植大树的生长规律与生态习性、规格、数量要有详细的了解。根据当地气候条件、环境条件及施工条件，制定合适的施工技术方案。

2. 移植材料与机械设备　大树特别是古树移植施工的工程量大，需要配备合理的挖掘设备、运输设备、吊装设备、升降机械、修剪机械、洒水车，需要准备充足的移植材料，如包装材料、栽植基质、支撑材料、生根剂等。

三、大树移植

（一）有计划的大树移植

有些大树因阻碍城市改造或建设，需要移植。当移植的时间比较充裕时，应该做好移植计划，提前一至数年采取措施，做好移植的充分准备，在大树具备较好的成活条件时选择合适的季节移植，以保证大树移植成功。

1. 断根缩坨　根据树种习性、年龄和生长状况，大树的胸径50cm以下时，以干径的3~4倍作为直径画圆，不要太大，以免以后起树时土球太大；大树的胸径50cm以上时，圆的大小为树头外30~50cm的范围。然后分2~3年在其外按东、西、南、北方位分段开宽30~40cm、深50~70cm的沟，每年只断周长的1/3~1/2，在2~3年内将所有的原生粗大根系截断，在以树干为中心的圆形土球内重新培育新根。

在分段挖环形沟断根时，遇到直径1cm以上的粗根时最好用利剪或手锯于土球壁截断，遇到直径超过6cm以上的粗大根系时，应根据情况在东、西、南、北方向分别保留1~2条大根，以暂时固定大树，避免被风吹倒，仅对这些大根进行环状剥皮，剥皮的宽度视大根的粗细而定，一般直径10cm以内的大根环剥宽10cm，当大根直径超过10cm时环剥宽应加大，以免环剥口自行愈合。对环剥口涂抹0.001%的生长素（如萘乙酸等）以利促发新根；对截断的大根，伤口要削平，并涂抹防腐剂；或用酒精喷灯灼烧进行炭化处理以防腐。环形沟的挖掘深度根据大树的根系分布深浅而定，一般挖过根系的密集分布层后即可。完成各段环形沟的挖掘与截根后，要回填肥沃的表层壤土，适当踏实至地平，并灌水，为防风吹倒，应立三支式支架。分段断根后，由于部分根系受损，为了平衡水分的吸收与蒸发的矛盾，应对树冠进行适当的修剪，以降低水分的蒸腾量。但不能把树冠完全截除，不利于根系的恢复。

以上这种处理方法叫作断根缩坨法，也称回根法，适宜在春季及夏季生长季节进行，盛夏酷暑以及严冬腊月时节不宜进行。

经2~3年处理后可进行下一步工作。

2. 起树

（1）起树的季节　起树的季节与园林树木种植施工的季节一致。

（2）起树范围　提前2~3年完成断根缩坨的大树，土球内外发生了较多新根，尤以土球外为多。因此在挖掘大树移植时，所挖的土球直径应比断根缩坨时的土球直径向外加大放宽10~20cm。

（3）准备工作　做好土壤及病虫害等检查工作，发现树干有蛀干害虫时，应先进行处理，以免病虫害的传播以及危害大树的生长与健康；发现土壤过干时应在起树前数日灌足水，以利起树的操作。

做好起树材料、机械的准备，准备好所需用的工具、材料、挖掘机、吊机以及运输车辆等。

做好场地清理，检查安排好运输线路，尽量避开架空线等障碍，并办理好通行证。

（4）修剪树冠、支树　经预先断根缩坨处理的大树，在起树土球内虽然已经长出了新的根系，但由于断根缩坨处理时没有截断土坨深层垂直向下生长的根系，因此起树移植时土球内的新根还不足以维持正常生长，起树前必须进行修剪。修剪后保留的树高应根据要求及大树的实际情况而定，要配好大树的3~5个骨架主枝，一般保留整体树高在10m左右进行截顶、截枝，仅留骨架主枝。

修剪后的大树先用三根支棍固定，防止倒伏，然后起挖。支棍要足够大足够长，可选用搭建筑排山用的管材，也可就地选用笔直的小树。支棍上端固定在骨架主枝或主干上，下端不要影响起树时挖环形沟。

（5）起树操作　正常情况下，起树土球的直径为树干胸径的4~5倍，当胸径50cm以上时，土球的范围为树头外60~80cm。

以上述尺寸围绕大树画圆确定起树土球的范围，要比断根缩坨时的土球略大，以保证起树时土球范围内有较多的新根系。沿着此范围的外缘垂直挖宽60~80cm的环形沟，直到根系的密集层以下为止，一般为60~90cm。碰到粗大的根要用利剪或手锯小心截断，以免振松土球。用铁锹将土球外壁修整圆滑，至球高1/2时，逐渐向内收缩，使底径约为上径的1/3，呈上大下略小的形状，深根性树种和沙壤土球应呈茶杯形，浅根性树种和黏壤土球可呈橘子形，将土球上部修成干基中心略高至边缘渐低的凸镜状。

3. 包装

(1) 双层草绳五星包装法　当土球直径不超1.0m、土壤的质地为壤土、细根较多时，可用双层草绳五星包装法。草绳需先用水浸泡湿润，然后自底部开始逐圈向上缠绕土球，边拉缠，边用木槌敲打草绳，使绳略嵌入土球，同时要使每圈草绳紧靠，到达土球面时收紧绳头，完成里层包扎。在土球底部向下挖一圈沟并向内铲去土，直至留下1/4～1/5的心土；遇粗根应掏空土后锯断，使草绳绕过底部不易松脱；然后用草绳纵向兜底密集缠绕，呈五星状扎紧，完成外层草绳的包扎（图5-1）。

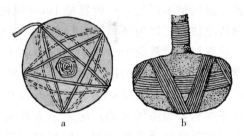

图5-1　五星包装法
a. 数字与箭头表示打包顺序　b. 打包后的形状
（郭学望、包满珠，2004）

(2) 橘子状包装法　先将绳子一头系在树干上，呈稍倾斜经土球底沿绕过对面，向上约于球面1/2处经树干折回，顺同一方向按一定间隔（疏密视土质而定）缠绕至满球。然后再绕第二遍，与第一遍的每道于肩沿处的草绳整齐相压，至满球后系牢。再于内腰绳的稍下部捆十几道外腰绳，而后将内外腰绳呈锯齿状穿连绑紧（图5-2）。

4. 吊装　应选用起吊、装运能力大于树重的汽车和适合现场使用的起重吊机。

选用专业吊绳，先确定树干上固定吊绳的位置，然后用软包装材料及木片包裹固定吊绳的部位进行保护，套上吊绳。缓缓起运吊机，将吊绳拉紧后，先拆除三根支棍，然后再慢慢将大树吊上车厢。当树冠较大时还应在分枝处系一根牵引绳，以便装车时牵引树冠朝向车尾的方向。上车后土球下部两侧应用填充物塞稳，树干与厢体接触部位垫上软包装材料并用绳子绑定，树干加盖篷布，土球上加盖防雨布。

图5-2　橘子状包装法

5. 运输　在乡间道路运树时应有熟悉路线的专人押运，并备带撑举电线用的绝缘工具，如竹竿等支棍。在公路上运输时应注意限高及安全。

6. 定植　经过2～3年预先处理的大树，可以迁移到苗圃中进行假植，继续培育根系及树冠，也可以直接在工地种植。以下介绍将大树迁移到工地种植的施工方法。

(1) 种植穴　种植穴要求呈正方形，大小每边应比土球加宽50～60cm，加深15～20cm。

(2) 回填种植土　种植土必须严格选择，要选用肥沃、疏松、合格的园土甚至塘泥。

先核对种植穴的大小及深度,确定合格后在穴底填入疏松肥沃的种植土,并且在穴中央堆宽70~80cm的土台,土台要压实。土台面距离地面的高度应根据土球大小以及种植地的地势决定,当土球高度小于1m,种植地的地势较高、排水较好时,按正常深度种植,即种植后大树的土球面与种植地的地面相平;当土球高度小于1m,或种植地的地势较平坦时,为防止积水,种植深度应比正常种植深度浅10~20cm,即土球面突出地面,这时需要以大树为中心堆填种植土并做成中心高、四周缓缓降低的地形,以利排水。根据种植深度确定土台的高度。

(3) 修剪与伤口处理 对起树截顶、截枝时留下的大截口进行处理,把截口修平,重复涂刷2~3次伤口涂剂,以保护截口,减少水分蒸发。对主干上萌生的枝芽进行修剪,特别是下端的萌生枝芽要尽量剪掉,以调整大树的长势。

(4) 大树的种植 将大树缓缓吊入种植穴,将近移入种植穴时,需要人工辅助调整大树的朝向与方位,准确安放在种植穴中央,这时还不能将吊机撤离,以免大树倾斜或倒伏。移入种植穴后,先拆除包装,修剪伤根,然后填入肥沃的种植土,每填20~30cm土夯实一次,以防灌水后倾斜、倒伏。填埋种植土的量为盖过土球面10~20cm,种植点的地势较高时应做成圆盘状水碗,以利浇水;地势平坦时应做成中心高、四周低的地形,以利排水。完成以上种植工作后可以将吊机撤去。

(5) 树干包裹 树干包裹冬季可以保温保湿,夏季可以保湿保鲜,防止阳光暴晒使树皮干裂,但高温时必须把外层薄膜拆除(图5-3)。

树干包裹一般用缠绳绑膜法,先将树干和主枝用粗草绳自下往上一圈一圈缠紧,并将草绳浇透水,然后在草绳外包上一层塑料薄膜保湿,薄膜可延伸到树干基部地面覆盖树盘,其保湿调温效果明显,有利于成活。

图5-3 树干包裹

(6) 支撑固定 为了防止树体过于庞大、重心不稳而倒伏或因浇水下陷而倾斜,大树移植后要及时支撑固定。

可用建造排山棚架用的标准管材、坚固件,撑住树干的中上部并固定,也可用建筑用的木桩进行支撑(图5-4)。

7. 浇定根水 大树移植后的第一次浇水俗称为定根水,定根水非常重要,一定要浇透,使土球内的根系能够充分吸收水分,并与种植穴的土层建立新的联系。由于大树种植较深,要使种植穴底的土层及土球能够吸足水分,定根水要反复浇几次,充分浇透。

8. 养护管理 新移植的大树,必须认真养护管理,根据天气情况及时浇水补充水分,晴朗的天气白天还应根据情况定时向树干喷水增加湿度。结合浇水,可用活绿素100倍液浇灌根部,促进生根发芽。也可以直接用10mg/L的吲哚丁酸稀释液浇灌根部,促进生根。半年后移植的大树第二次萌芽,并且叶芽亮绿、生长正常后可逐渐转入正常管理,可开始施薄

图 5-4 树体支撑固定
a. 用标准管材、坚固件支撑　b. 用木桩支撑

肥，促进大树的生长。

（二）临时大树移植

临时大树移植是指没有计划，临时决定移植大树。一般情况下应将大树先移到苗圃进行假植，在根系与树冠长成后再移到工地种植。

1. 季节　由于是临时大树移植，季节的随意性很大，当季节适宜时，可以随时进行移植施工；当季节不适宜移植时，如过了春季的最佳迁移时期，应选择春梢生长已停、二次梢未萌发时，即要在已萌发的芽成熟后进行。对于落叶树，也应选在春梢已停长时，如在秋季，落叶树还要考虑在落叶前尽早完成，或在落叶完成后再移植。

2. 准备工作　临时大树移植的准备工作与有计划的大树移植相同。

3. 修剪树冠、支树　起树前大树必须进行修剪，修剪后保留的树高、树冠大小应根据要求及大树的实际情况而定，要配好大树的 3~5 个骨架主枝，一般保留整体树高在 10m 左右进行截顶、截枝，仅留骨架主枝。

4. 起树操作　起树的范围应根据大树的规格、起树环境以及运输条件而定，正常情况下起树土球的直径为树干胸径的 3~5 倍；当大树胸径 50cm 以上时，通常是以树头外 50cm 作为起树的圆形土球范围，如树头直径 1m 的大树，起树的土球为 2m。

以上述尺寸围绕大树画圆确定起树土球的范围，沿着此范围的外缘垂直挖宽 60~80cm 的环形沟，直到根系的密集层以下为止，一般深 60~90cm。碰到粗大的根要用利剪或手锯小心截断，以免振松土球。当密集层的根系全部切断，露出大半个土球时，先要用吊机把大树吊紧，以免倒伏，然后继续挖沟起树，逐渐向内收缩，使底径约为上径的 1/3，将土球表层修理平整，使其呈上大下小的茶杯形。

5. 包装、运输 当运输距离较短或者土球的质地为黏土时，可以不包装，直接吊装运输；当运输距离较远或土球的质地为较松的沙壤土时，应参考前面介绍的双层草绳五星包装法或橘子状包装法包装后再装车运输。

6. 假植 临时迁移的大树需要在苗圃进行假植，时间一般在半年以上。

在苗圃选择平坦、车辆出入方便的地段作为临时假植的用地，将假植地平整好，根据迁移大树的规格确定株行距，并用白灰放线确定假植位置，应横竖成行，以确保车辆的进出以及起吊的操作。

土球直径70cm以下的大树，可以将大树种在容器里，做成大型容器苗；土球直径0.7～1m的大树，可根据苗圃地地势的高低采用半假植方式，即一半土球埋入圃地，一半土球露出地面的假植形式；土球直径1m以上的大树，采用砌砖围拢土球的方式假植。

（1）半假植方式 根据大树土球的高度，在假植点上用挖掘机挖深度为土球高度的1/2、宽度比土球大1m的种植穴，穴底填入少量肥沃的园土并整平，将大树修剪后用吊机缓缓吊入假植穴、扶正，拆除土球的包装材料，在土球四周填入种植园土，一直填到盖过土球面，形成中心高、四周低的圆台形。大树种稳后撤去吊机，然后用粗草绳包裹树干，用支撑杆从三个方向顶住大树，以防倾斜或倒伏。浇定根水。

（2）砌砖围拢假植方式 根据大树土球底部的形状，在假植点上铺一层厚20～30cm的肥沃土层，并做成跟土球底部相吻合的底座状，以使大树安放上去后能够自然直立，然后将大树修剪后吊起放在做好的假植底座上，人工辅助摆准位置、扶正。拆除土球的包装材料，在土球底部四周填入种植园土固定大树。从地面起用砖围着土球砌一圆圈，最下一层离开土球50cm，逐渐往上收缩，每层砖间应互相嵌合，每砌完20～30cm高的砖围后，往砌好的砖围里面填充园土，边填土边压实，一直砌砖填土到与土球一样高为止。然后用粗草绳包裹树干，用支撑杆从三个方向顶住大树，以防倾斜或倒伏，撤去吊机。浇定根水。

7. 出圃 经过半年以上的假植，树冠以及新的吸收根长成后，可移到工地种植。

四、假植大树的种植

假植大树种植是指将经过苗圃假植的大树移植到工地的方法，是在南方特别是广东常用的做法，经过苗圃假植培育的大树树冠基本恢复并且形成了大量的新根系，质量好，成活率高，绿化效果显著。

将经假植的大树进行种植，种植季节、准备工作、具体种植过程及种植后的养护管理都与大树移植相同。此外，还要注意起树、运输及种植前核查几个环节。

1. 起树、运输 大型容器苗比较简单，拆开固定支架后直接装车运送到工地即可。苗圃半假植大树需要按大树迁移的方法起树、包装和运输。苗圃砌砖围拢假植大树也比较简单，吊装大树前先将大树用专用吊绳固定，然后拆除围拢大树土球的砖块，将土球按双层草绳五星包装法或橘子状包装法包装，然后吊装上车运输。当运输距离较短、土球内的细根很多土球不易松散或者土球的质地为黏土时，可以不包装直接吊装运输。

装车时应注意，大树的重心在前，树尾要向后，并用绳索固定在车架上，防止摆动；土球底两侧要塞上木块，以防运输过程中土球左右晃动。

2. 种植前核查 先核对种植穴的大小及深度，确定合格后在穴底填入疏松肥沃的种植土，并且在穴中央堆宽70～80cm的土台，土台要压实。土台面距离地面的高度应根据土球大小以及种植地的地势来决定。当土球高度小于1m，种植地的地势较高、排水较好时，按正常深度种植，即种植后土球面与种植地的地面相平；当土球高度小于1m，或种植地的地势较为平坦时，为防止积水，种植深度应比正常种植深度浅10~20cm，即土球面突出地面，这时需要以大树为中心堆填种植土并做成中心高、四周缓缓降低的地形，以利排水。根据种植深度确定土台的高度。

核对所植树种与规格是否相符，大树修剪是否到位，伤口是否需要处理，完成这些工作后才进行种植。

五、机械化大树移植

机械化大树移植是指从起树、运输、挖穴、种植全过程采用机械化施工，以节约劳动力，提高生产效率。目前国内部分企业也将机械化生产应用到大树种植施工中，但专业化程度不高。德国、美国、日本等工业化国家开展机械化大树移植多年，机械化专业化程度很高，大树移植机就是其中的一种。大树移植机是一种在卡车尾部或拖拉机上装有操纵四扇（两扇）能张合的匙状大铲的移树机械（图5-5），适于交通方便、运输距离短的大树移植，工作效率高。

（一）移植季节

机械化大树移植同样存在伤根问题，要根据不同树种的习性选择适宜的季节，以保证树木移植的成活率。

（二）准备工作

移植大树的准备，按要求选择目标大树，观测大树的树高、冠幅、胸径、发枝情况等。将有碍机械挖树的树干基部枝条锯除，适当修剪树冠，降低移植后的蒸发量。用绳索将松散的树冠收拢扎紧，并在待移植的大树上做标记。

图5-5　机械起苗
（引自花卉图片网 www.w312.com）

做好起树材料与机械的准备，包括所需的工具、材料等，根据起树的规格选择适合的起树机。一般情况下土球应尽量大，可按胸径的5倍作为起树的土球直径，如胸径30cm的大树，起树土球直径为150cm。

做好场地清理，安排好挖树机械行进的线路，清除障碍。

（三）挖种植穴

根据待挖大树的规格，先用四扇（或两扇）匙状大铲在栽植点挖好适当大小的种植穴，即将铲张开至一定大小后向下铲去，直至相互并合，然后抱起倒锥形土块上收，横放于车的尾部，运到起树地点卸下，作挖树后填坑用，也作为挖树时的土球规格参考依据。

（四）机械挖树及种植

将大树移植机停在适合起树的位置，张开匙铲围于树干四周一定位置，开机下铲，直至相互并合，收提匙铲，将树抱起，树梢向前，匙铲在后，横卧于车上，可开到栽植点，对准放正，将大树放入挖好的种植穴中，慢慢抽出匙铲、收起，将取出匙铲后留下的缝隙用种植土填满，在基部覆盖一层种植土、整平做成水碗，灌足定根水。

第六章 容器苗的生产

容器育苗技术是现代园林苗木产业中广泛应用的一项先进育苗技术,是利用各种材料制成的不同容器装入配制的营养土(基质)培育播种苗、扦插苗及大规格苗木的育苗方式。目前,一些发达国家如芬兰、加拿大、日本、美国等已基本上实现了育苗过程容器化、机械化、自动化,实现了育苗工厂化生产。发达国家园林苗木容器育苗经历了露地容器育苗、温室容器育苗和育苗作业工厂化三个阶段。

第一节 概 述

一、容器育苗的优点

与其他育苗方式比较,容器育苗具有许多优点,因而能得到较快的发展。

1. 充分利用种子资源,提高成苗率 每容器只播1～3粒种子,节省良种,且种子分播均匀,成苗率高。特别是对遗传改良的种子或珍稀树种,由于种子数量有限,利用容器育苗能获得较高的出苗率和出圃率。

2. 提高苗木移植成活率 容器苗为全根、全苗移植,减少了苗木因起苗、包装、运输、假植等作业对根系的损伤和水分的损失,苗木生活力强,因而提高了苗木的移植成活率。

3. 苗木移植时间长 容器苗移植不受季节限制,可以延长移植时间,有利于合理安排用工。

4. 苗木生长快,整齐健壮,质量好 结合温室、塑料大棚等设施,容器育苗可以很好满足苗木对温度、湿度、光照的要求,提早播种,延长苗木生长发育期。加上适于植物生长的培养基质的选用,容器苗生长迅速,育苗周期短,有利于培育优质壮苗。同时容器苗移植后没有缓苗期,也有利于苗木的苗壮生长。

5. 适合于机械化、集约化管理 容器育苗的填料、播种与催芽等过程,均可利用机械完成,操作简单、快捷,适于规模化生产,有效提高了劳动生产率。由于采用容器、温室大棚、自动灌溉等设施,容器育苗可以不占用较肥沃的土地资源,便于集约化经营管理。

当然,容器育苗也存在一些缺点,如容器育苗单位面积产苗量低,技术要求较高,设施、设备投入和运输等生产成本较高。

二、育苗容器

育苗容器多用硬质纸板、植物纤维与无纺布等缝合或编织而成,也有用泥炭土与纸浆混合制成的营养杯,或用黏土、稻草与泥浆等制成的营养钵等。这些容器可与苗木一起栽植入土在土中被水、植物的根系和微生物所分解。塑料材质的育苗容器可重复利用,移植时必须去除容器。

育苗容器的规格取决于树种、育苗期限、苗木规格、运输条件等，要根据所育树种根系大小确定。容器太小，不利于苗木根系生长；容器太大，用营养土多，重量大，不便于搬运。育苗容器大小一般为高度8～12cm，直径5～10cm，周围及底部有直径0.4～0.6cm的小孔，孔间距2～3cm。干旱和固沙地区造林的育苗容器可高一些，采用高30cm、直径5.0～6.5cm的容器。

三、育苗基质

由于单个容器育苗多用于培养较大规格的种苗，对基质的要求比穴盘育苗对基质要求低，因而可因地制宜选用较低成本的基质。除选用高档优质的人工基质如泥炭、椰糠、蛭石和珍珠岩外，还可以选用药渣、木屑、粉碎的树皮和植物茎干、沙子、腐叶土、园土等。在生产中，可根据具体园林植物种类和品种的生态习性，结合当地实际情况选择并以适当比例配制。配制好的基质要求疏松通透，保水保肥，养分充足，洁净无菌。基质的混配应根据育苗方法、树种等差异而定，一般扦插繁殖可适当添加园土，以保证基质疏松透气，有利于生根。

人工基质使用前一定要进行消毒灭菌，生产上常用的方法主要有高温和药剂处理两种：①高温处理：将基质装入密封的塑料袋中，在日光下暴晒。②药剂处理：可用甲醛、硫黄粉、石灰粉以及其他杀菌剂进行灭菌消毒。草花育苗基质常用44%的甲醛和水按照体积1∶50的比例配成消毒液，以15kg/m³的用量，搅拌均匀，用塑料薄膜覆盖，密封24h后，揭开通风48h以上，让气味完全散尽，干燥后过筛备用。

培育大苗基质中园土的比例可提高，培育幼苗园土的比例应减少。基质的酸碱度应视树种要求而定，通常pH5.7～6.5。育苗基质中可添加少量基肥，但数量宜少不宜多，应以苗期追肥为主。基肥以复合化肥和生物有机肥等为主。基质中可适当加入有机肥，常用的有塘泥、厩肥、土杂肥、堆肥、饼肥、鱼粉、骨粉等，这些材料一定要充分腐熟、粉碎过筛后使用。基质中也可添加无机肥如复合肥、过磷酸钙等。

国外常用的配方（体积比）有：泥炭土与蛭石按1∶1或3∶1混合；泥炭土、沙子与壤土按1∶1∶1混合；泥炭土与珍珠岩按1∶1或7∶3混合等。国内常用的配方（重量比）有：火烧土78%～88%，完全腐熟的堆肥10%～20%，过磷酸钙2%；泥炭、火烧土、黄心土各1/3；黄心土38%，松林土30%，火烧土30%，过磷酸钙2%（常用于松类容器育苗）；泥炭土50%，森林腐殖质土30%，火烧土18%，磷肥2%等。

四、容器苗的类型

容器育苗通常有穴盘育苗和单个容器育苗两种方式。按照容器和苗木规格的大小，可以分为小型容器育苗和大型容器育苗两类。小型容器育苗指容器较小，苗木常为幼苗或小规格植株，包括穴盘苗和小规格的单个容器苗。

第二节 穴盘苗生产

利用专门容器穴盘进行育苗的方式称为穴盘育苗。穴盘育苗适用于小粒种子的树种和幼苗生长较为缓慢树种的播种育苗。

一、穴盘与基质

1. 穴盘 穴盘一般由塑料制成，有方形穴或圆形穴等，规格有多种，常见的从6～512穴不等，深度从40～200mm不等，穴盘尺寸一般为540mm×280mm。此外，还有加厚、加高的专用于培育较大规格树苗用的穴盘。

2. 基质 用于穴盘育苗的基质，应满足以下要求：结构疏松，质地轻，颗粒较大，可溶性盐含量较低，pH5.5～6.5等。如有条件，应对基质的颗粒大小、阳离子交换容量、整体气孔体积大小及持水量等进行测试。好的发芽基质，宜含有50%的固形物、25%的水分和25%的空气，一般干基质的容重应为0.4～0.6g/cm³。常用的基质有泥炭、蛭石、珍珠岩和岩棉等，可根据不同植物种类进行混配，并加入润湿剂和营养启动剂。湿润剂用于提高基质的透水性，以保证种子的发芽率和生长的整齐度。

二、设备与设施

1. 播种机 播种机是穴盘苗生产必备的机器设备。常见播种机可分为五类：真空模板型、复式接头真空型、电眼型、真空滚筒或鼓轮型和真空锥形筒型。这五类播种机各有其特点，在具体选择时，应从生产规模、种子类型和数量、生产技术力量等方面综合考虑。

2. 混料、填料设备 可根据生产规模及育苗用穴盘的规格等因素，考虑选用不同类型的混料和填料设备。

3. 温室 由于穴盘育苗对光、温、水等环境条件要求较高，一般宜选用中、高档薄膜温室，并要求内部有加温、降温、遮阴和增湿等配套设备以及移动式苗床等。

4. 发芽室 发芽室最好用保温彩钢板做墙体及房顶，以利于保温、清洁和消毒。发芽室内应配备自动喷雾增湿装置，照明、空调设备，移动式发芽架，以及相应的自动控制装置和灭菌装置等。

5. 其他设备 主要有覆料机、喷雾系统、打孔器、移苗机、移植操作台和传送带等，可根据需要配备。

三、穴盘苗生产及苗期管理

1. 基质装填 将混配好的基质加水增湿，以手抓后成团，但又挤不出水为宜。基质增湿既可使其不易从穴盘排水孔漏出，又不至因太干而使填料后下沉，造成透气性下降。基质增湿后，用填料机填料。填料时应使每个穴孔填充量相同，并扫去余料，否则会在苗期出现穴孔干湿不均的现象。填料时，应在穴孔留下一定空间，以便播种和覆料，尤其是大粒种子的播种。

2. 播种与覆盖 根据不同种子选择适宜的播种机及其内部配件，如打孔器、覆料机和传送系统等进行播种。播种时要保证播种环境的光照、通风条件，便于操作人员检查播种精度。同时，要保持较低的空气湿度，以免小粒种子粘机或相互粘连。

一般在播种后，需要进行覆盖，以满足种子发芽所需的环境条件，保证其正常萌发和出苗。最常用的覆盖材料除了播种基质外，还有蛭石、沙子等，也可选用塑料薄膜。覆料可人工操作，有条件的最好用专门的覆料设备，如一些中高档播种机都有覆料功能。

3. 发芽室催芽 播种淋水后，将育苗穴盘放入发芽室，根据种类不同，选择加光或不加光,并调至适宜温度。由于不同种类或品种的发芽时间不同,因此,当种子胚根开始长出后应每隔1~2d甚至数小时观察一次。当70%左右种苗的胚芽开始出土、子叶尚未展开时,移出发芽室。过迟可能导致小苗徒长。此外,发芽室应定期清洗,杀菌消毒,以防止发芽室内发生病虫害。

4. 幼苗管理 从发芽室移出的幼苗放入育苗室。由于刚移出发芽室的幼苗长势弱,适应能力差,需加强管理,应视植物种类、苗龄和季节等情况调整光照、湿度、温度及通风状况。一般除夏季育苗期外,其余季节可不遮阴或少遮阴,以免苗木徒长。水分管理是苗期管理极重要的一环。植株缺水,会使幼苗叶片变色,卷曲,幼苗老化;浇水过多,植株会徒长、茎软,叶大而薄嫩,并且易感染病虫害。可利用自走式浇水机进行水分管理,保证育苗室维持较高的空气湿度。

第三节 单个容器苗生产

单个容器育苗是指利用育苗杯(袋)等单独的个体容器进行育苗的方式。根据容器的大小,既可培育小苗,又可以培育直接用于园林栽植的中大规格苗木,同时单个容器育苗对容器材料、生产设施和生产技术等方面的要求不高,因而具有较强的实用性,便于推广应用。

一、场地与设施

由于单个容器育苗多用于培育较大规格幼苗,甚至大苗,占地较大,因而在环境条件适宜的地区可以进行露地育苗,也可以根据需要利用塑料大棚等较为简易的设施进行生产,以降低生产成本。根据需要可在苗圃地配置遮阳网和自动喷雾设备,以便于光照、温度和水分管理。此外,培育珍贵树种中大规格苗木,也可以考虑配备成套滴灌设备。

单个容器育苗既不同于苗床育苗,也不同于穴盘育苗,多由人工种植于容器中。育苗容器多直接放于畦面上,因此要求畦面平整,排水良好。畦面宽1.2~1.5m,南方多雨地区一般为高畦。为防止容器苗的根系伸出容器扎入畦面,畦面上应铺设塑料薄膜、地布或砖块。

二、容器苗的根系

容器苗的根系非常重要,在培育过程中容易出现缺陷,故需要特别强调。

容器苗良好的根系应具有分布均匀、通直伸展到容器边缘的主根,定植时只需稍微修整近干根和根球周边的根即可。理想的乔木植株根系应是从茎干长出的直根形成强壮而宽广的根盘,具有这种根盘的树木才能稳定,不易被外力倾倒(图6-1)。

容器苗根系的缺陷主要有倾斜根、弯曲根、扭结根、环形根、绕干根等。弯曲根指根非直线向外生长的根。树木不稳定可由根系弯曲不直和树冠不断增大而导致。在苗圃

图6-1 乔木良好的根盘
(Edward F. Gilman, Brian Kempf, 2009)

中由小容器向大容器移植时，如对根系不加处理常导致根系弯曲不直。如树木根系不好，能勉强稳定，但是长势不旺，表现为叶黄、枝条枯萎和老化，景观效果差。倾斜根指根以较小的锐角向下生长的根。树木具有倾斜根、弯曲根者很难形成大的根盘，苗木质量差，定植后不稳固。扭结根指突然反折的根，也无法形成大的根盘。环形根是指根以树干为中心生长的大根。由于环形根以树干为圆心生长，最终二者会纠结在一起，限制地下茎干的生长，导致地下茎干越来越小，随着树冠的不断增长，最终可能在暴风雨中倒伏。不合格树木的形成往往是由环形根造成的。在苗圃生产和定植过程中去除这些缺陷，可以避免在园林中出现这些问题。

在园林中配置的树木出现生长势弱或倒伏的现象，往往是由于这些植株在苗圃培育阶段具有根系缺陷。其实大多数根系缺陷在苗圃培育过程中可以通过适当的和定期的技术处理加以消除。与树冠管理一样，高质量根系的形成也是得益于积极的、适当的管理，如果长期对出现的根系缺陷不做修正或修正不力，好的根系也会变差，如树木的环形根（图 6-2）。

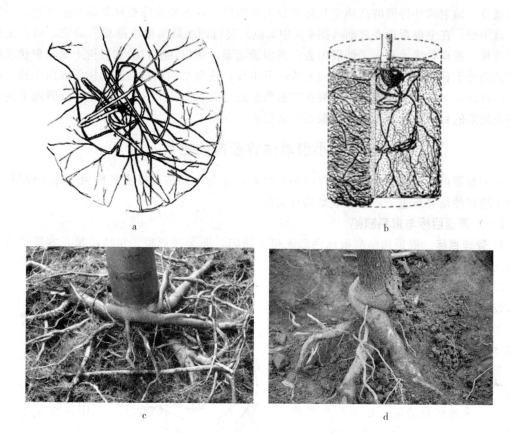

图 6-2 环形根
a. 顶面观　b. 侧面观　c. 具有环形根的根系顶部　d. 幌伞枫的环形根
（a，b，c 引自 Edward F. Gilman，Brian Kempf，2009）

着生在根颈上的中等大小的环状根（图 6-2c）是可以矫正和去除的。最好在更早时期进行根系修剪和种植到合适的深度以避免这种现象发生，如果让其发展到严重程度处理起来则不容易，且效果较差（图6-2d）。

树木种植太深容易在根颈处形成缺陷，常见树种如榆树。苗木比较幼小时，矫正非常容易。最为理想的做法是每次由小容器向较大容器移栽时都进行根系检查和根系缺陷矫正，这样就能减少形成大的缺陷根的可能性。有些缺陷藏在容器内部，无法进行修剪，或涉及太大的根，矫正的措施难以实施，这种苗就会成为缺陷苗。目前，我国园林苗圃对这方面还没有足够的重视。

在生产管理中，经常移除根球上部的基质或土壤以检查根系的缺陷。为了育成

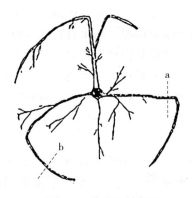

图6-3 处理缺陷的修剪
（Edward F. Gilman，Brian Kempf，2009）

主根通直、辐射向外伸展的高质量和良好稳定性的苗木，需要去除根球顶部的扭结根、环形根、绕干根。在主根弯折点之前（图6-3中a点）进行回缩修剪能去除根系缺陷，剩余主根就是直根，能辐射状地从主干伸展出去。典型情况下，新根在剪口处相对树干成辐射状或扇状方式向外生长，但是有些新根会向上或向下生长，甚至个别根扭结转向树干方向生长，这些缺陷可以在下次移植时矫正。如果在主根弯折点之后（图6-3中b点）进行修剪则不能达到矫正缺陷的目的，因为这种修剪根系的缺陷依然存在。

三、小型单体容器苗的培育

小型容器苗主要指营养袋苗阶段的小苗培育，这类容器苗可以直接作为园林工程用苗、苗圃下地继续培育或进一步容器栽培培育大苗。

（一）管理目标与根系缺陷

1. 管理目标 根颈和小苗根球内部无根系缺陷，即无环形根、扭结根等，容器边缘不存在向上或向下生长的粗根（图6-4）。

2. 根系缺陷 在小型容器育苗时期，根系发育非常快，有的在几周内就能发育成型。一般情况下根系向容器的边缘和底部发展，然后分枝，向上、向下和环绕根球的表面形成一个壳。如果不加管理，这些根最终会形成粗大的木质根，发展为严重的根系缺陷。在小型容器苗阶段形成的环形根和扭结根（图6-4a）以及在底部开放的小型容器中形成的环形根和下行根（图6-4b），两种苗木均应废弃，因为这些缺陷无法矫正。植株出现根系缺陷应在移植前进行修剪和管理，否则会演变成根系缺陷。

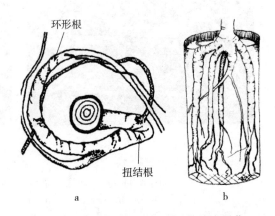

图6-4 应当废弃的严重根系缺陷容器苗
a. 扭结根和环形根　b. 下行根
（Edward F. Gilman，Brian Kempf，2009）

（二）技术措施

乔木和灌木的小苗应种植于降低根系缺陷、促进根球内根分枝的栽培系统中，如根系气剪容器对促进根系分枝非常有效。小苗在没有形成不可矫正的根系缺陷前应移入更大一号容器中。

传统的小苗繁殖杯会使根沿杯壁生长或向下生长，有些根长到杯底后再折向上生长（图6-5a）。根系气剪容器在杯底和杯壁通过空气进行根系修剪，促进根分枝，形成了丰富的根群（图6-5b）。

图6-5 传统的容器和气剪容器培育小苗形成的根系差异
a. 传统型容器苗　b. 气剪型容器苗
(Edward F. Gilman, Brian Kempf, 2009)

小型容器苗移植到较大容器时，减少或消除根系缺陷的方法主要有以下几种：用减少根系缺陷的专用容器繁殖小苗，在适宜的时间移植小苗，从根球的顶部到底部修剪根系几次，修剪掉根球表面的根群，梳理根球表面的根系使根系在较大容器的基质中通直分布，从顶部到底部修剪掉方形根球的四个角，修剪掉根球的底部。

修剪或剥掉根球底部和周边的根壳可以根除绝大部分根系缺陷（图6-6）。大多数情况下，大量的根仍然保留在根球内部（图6-6e、f）。某些小苗可能在这种处理中死亡，但是剔除这些劣质苗是必要的，以免日后在园林中出现问题。从顶部向底部削切根球能够消除一些根系缺陷，但保留了下向根，同时弯曲根也保留在根球里面并发生新根，进而产生环形根。根系气剪容器是减少根系缺陷十分有效的方法。梳理和拉伸根系使其在较大容器的基质中笔直生长，在根变得较硬较大之前消除根系缺陷，促进主根从树干辐射生长。

根系修剪后水分管理应根据树种和季节不同而异。在温暖干燥季节，要调整灌溉频率和数量以满足根系减少和根系受伤情况下对水分的需要。部分苗圃管理技术人员通过摘叶的方法来提高成活率。

没有进行根系修剪的小型苗移栽到大一号容器时，其根系可能会发育成较差的根系（图6-7）。根向下生长和沿着杯壁生长形成根壳的容器小苗（图6-7a），没有进行根系修剪移植到大一号容器，2个月后，原来向下和沿着杯壁四周生长的根变粗大和木质化。这些木质化的根保持了原来的方向，同时在大容器中于小苗时期根球底部位置产生了许多新根（图6-7b）。移植6个月后，下向的木质化主根继续长粗，在原来根球的表面产生了新根。大号容器的杯壁使第二轮根系向上、向下和周壁生长，其中部分根木质化，形成第二轮根系缺陷

(图 6-7c)。

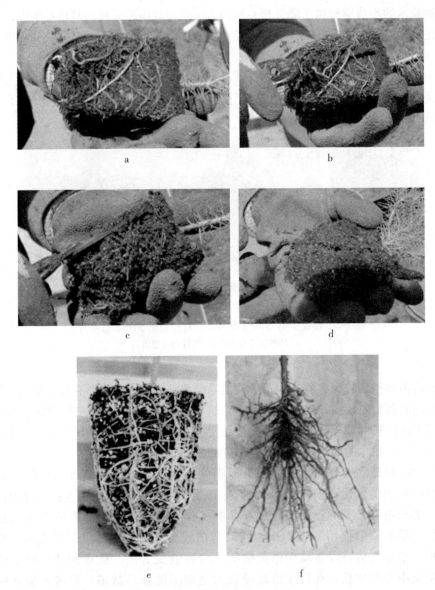

图 6-6 小型容器苗根系缺陷的处理
a. 检查根球　b. 去除根球表面根壳　c. 继续修剪根系
d. 根系修剪完成　e. 根壳　f. 修剪或去除根壳形成无缺陷的根系
(Edward F. Gilman, Brian Kempf, 2009)

小型苗移到大一号容器时进行过根系修剪，可能会形成好的根系。小苗经过根系修剪和移植 2 个月后，新根水平伸展和向下生长，在容器顶部来源于小苗根球的根系使树木更加稳定（图 6-7d）。移植 6 个月后，木质主根的方向指向更加自然，一些主根水平生长，而另一些主根向下生长（图 6-7e）。水平根和垂直根对树体的稳定都是必要的。根球内部没有环形根、绕茎根、扭结根等缺陷存在，这些植株在移植到更大一号容器或定植在园林中时，也需要进行根系修剪。

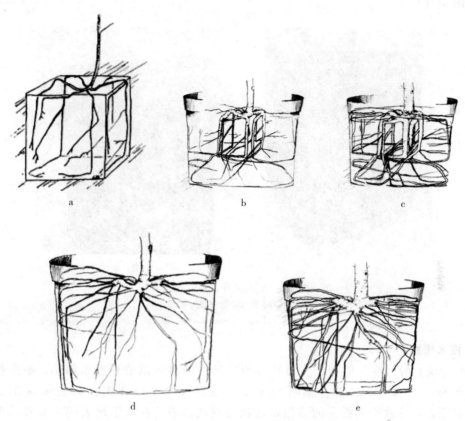

图 6-7 容器小苗根系缺陷处理与否移植后的根系差别
a. 具有下向根和根壳的小苗 b. 根系缺陷苗移植 2 个月后的情形 c. 根系缺陷苗移植 6 个月后的情形
d. 消除根系缺陷小苗移植 2 个月后的情形 e. 消除根系缺陷小苗移植 6 个月后的情形
(Edward F. Gilman，Brian Kempf，2009)

四、大型容器苗生产

大型容器苗指采用大型容器培育大规格容器苗，满足绿化标准苗的需要。主要分为两种类型：第一种类型是从小苗培育成大规格苗木的整个过程都在容器中进行，即全程容器苗培育；第二种类型是将地栽大规格苗木掘起，由地栽变为容器基质栽培。此处讨论第一种类型，第二种类型参看大树移植部分。

（一）根系管理

1. 管理目标与根系缺陷

（1）管理目标 根球表面没有较大的环形根、绕茎根、上行根、下行根和杯底网状根。接近基质表面的主根几乎通直伸向容器壁。

（2）根系缺陷 生长在根球表面的根往往偏向下或沿容器壁生长，同时不断增粗变大且木质化（图 6-8a），形成大型环形根、纠结缠绕根等缺陷。这些缺陷源于根系纠结的小苗、根系分枝和分布不佳的小苗、没有进行根系修剪的小苗、在容器中栽培太久的苗以及其他因素。大根长在根球表面，通过修剪去除弯曲部分的根，但会造成树木死亡，成活与否取决于季节和修剪后的水分管理。小或中等大小的根球表面根显示了良好的根系分布（图 6-8b）。

图 6-8　中大型容器苗的根系

a. 大型缺陷根　b. 分布良好的根系

(Edward F. Gilman，Brian Kempf，2009)

2. 技术措施

（1）传统修剪与空气修剪　在移植过程中通过修剪可以矫正根系缺陷。根系修剪有传统修剪和空气修剪。在非高湿度环境中，当根系穿过特殊的容器壁暴露在空气中时，根尖死亡，导致产生更多的新根，这就是空气修剪。在高于地表的无底容器中种植树木，其底部根系也被空气修剪。由于空气修剪增加了侧根生长量、形成分枝更多的根系而使根球得到改良。容器壁附近的根系由于空气修剪或化学处理同样也能增加分枝（图6-9a）。普通容器没有空气修剪功能，根系沿杯壁分布，常形成环形根等缺陷（图 6-9b）。

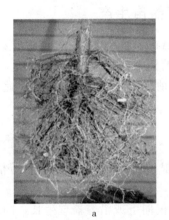 

图 6-9　气剪容器与普通容器培育的根系差异

a. 气剪容器的根系　b. 普通容器的根系

(Edward F. Gilman，Brian Kempf，2009)

（2）"剃头"式（shaving）修剪　在大型容器苗中，根球外层3～4cm基质内分布着大部分根系缺陷。根系修剪可以从根球顶部、底部和周围去除部分或所有外层根系和基质，这样内部通直伸展的根得以保存，这种方法称为"剃头"式（shaving）修剪（图6-10a）。这种措施促进主根从树干向四周通直伸展，"剃头"式修剪在根的直径较小时非常有效。修剪后，通直伸展的主根顶部会长出向外生长的侧根（图6-10b）。

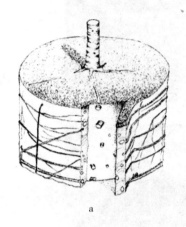 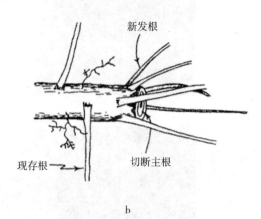

图6-10　"剃头"式修剪与侧根再生
a. 修剪或剥离根球外壳　b. 根修剪后新根的发生情况

小植株移植到大一号容器时应进行根系修剪，常采用"剃头"式修剪去除根球表层根，这样根系可以回缩到从茎干发出的通直主根部分。在根球表层梳理部分根系，可以培育出从主干辐射状向外伸展的主根（图6-11）。

"剃头"式修剪后，根球比修剪前变小（图6-12）。如果从小苗开始每次向大一号容器移植时根系都得到良好管理，"剃头"式修剪在培育高质量根系过程中可以多次使用，可以避免在出圃苗根球内部形成有缺陷的大根、木质化根。

进行"剃头式"修剪，根球表层可以用枝剪、手锯、大砍刀、挖掘铲和锋利的刀等工具实施（图6-12b），这些工具容易做到使去除根球表层和底部纠结根的厚度比较一致（图6-12c）。修剪后就可以移植苗木到大一号容器或直接定植于园林绿地。新根从根剪口端长出，伸展到大一号容器的基质之中或园林绿地土壤之中（图6-12d）。长成的根系应当是相对较直，与茎干成辐射状伸展（图6-13b，图6-14b）。没有修剪、有缺陷的根会木质化、保留弯折状态（图6-14a）。每次移植均进行"剃头式"修剪，根球将会避免弯折变成永久性缺陷。

图6-11　根系的梳理式修剪
(Edward F. Gilman, Brian Kempf, 2009)

图 6-12 去除根球表层
a. 根系缠结在根球表面　b. 手锯去除根球表层的缠结根系
c. 修剪后的根系　d. 4 个月后新根的生长和伸展
(Edward F. Gilman, Brian Kempf, 2009)

图 6-13 移植前修剪与否对根系质量的影响
a. 未修剪形成的缺陷根系　b. 修剪后形成的无缺陷根系
(Edward F. Gilman, Brian Kempf, 2009)

图 6-14 洗去表层基质后，移植前修剪与否对根系质量的影响
a. 未修剪形成的缺陷根系　b. 修剪后形成的无缺陷根系
(Edward F. Gilman，Brian Kempf，2009)

（二）根球中的根系分布

1. 管理目标　苗木的根系在基质中应当充分发育但不能过度生长，同时，根系均匀分布在整个容器基质中。当脱掉容器时，根球应当保持完整无缺，翻动或移动容器苗时，茎干和根球作为一个整体共同移动而不散。

2. 根系缺陷　如果容器苗的根系发育不良或根系分布不均，移植时，大部分基质会与根系分离、脱落。如果移植时没有修剪掉环形根、大的下行根，新的根系不会辐射状伸展或不会扎根于新基质中，提起或摇动树干时，根系发育不良的老根球会部分与新的根球分离。由于新根起源于老根球底部的斜向根，老根球与新根球没有紧密融合，提起树干导致老根球与新根球的分离（图 6-15）。

图 6-15 缺陷根导致新老土球结合不紧密，易分离
(Edward F. Gilman，Brian Kempf，2009)

3. 技术措施　栽培时选用根系平衡、分枝良好的小苗，移植时选择适宜的季节，采用机械或空气修剪，有助于确保培育根系分布良好、寿命长的高质量苗木（图 6-16）。避免老根球与大一号容器基质连接不牢，造成更多的根分布在根球的上半部分的局面。

图 6-16 融合良好的新老根球
a. 分布良好的根系　b. 完全融为一体的新老根球
(Edward F. Gilman，Brian Kempf，2009)

（三）根颈的深度

1. 管理目标　育成苗木的根颈（水平主根的上平面）应分布在顶部的 3~5cm 内，同时在上面没有大的根横过。

2. 根系缺陷　树种植太深容易在根颈处发生严重的根系缺陷，有些树种（如枫树、榕树）即使种植深度适宜也会产生根颈缺陷。但种植深度适宜时比种植过深的容易在养护时矫正缺陷。根颈缺陷包括环形根、绕茎根以及生长于根颈之上、缠绕茎干的弯折根（图 6-17a）。

图 6-17 根颈处的根系缺陷与消除
a. 根颈面之上的环形根　b. 清除环形根后的根颈
(Edward F. Gilman，Brian Kempf，2009)

（四）树干管理

1. 临时枝条

（1）管理目标　培育足够的茎干粗度，使苗木不借助支撑桩自行站立。

（2）枝条问题　过早剪掉幼树树干下部的侧枝（1.2~1.5m 高）会减缓茎干的增粗（图 6-18）。在苗圃中临时枝条剪掉太早，其根系、树干和树冠长势较慢，造成树干的地径与树冠下树干的直径几乎同样大小,从而苗木缺乏树梢,过于柔弱不能自行站立(图6-19)。这样的树苗在园林定植时依赖支架、容易导致树干在支撑处断裂。没有树梢的树木在苗圃和园林绿地中难以移植和管理。

图6-18 临时枝条与树干的发育
a.临时枝条丰富,树梢和茎粗都发育较好 b.过早剪掉临时枝条的苗木状况
(Edward F. Gilman,Brian Kempf,2009)

图6-19 临时枝条剪掉太早造成树干柔弱不能自行站立
(Edward F. Gilman,Brian Kempf,2009)

(3)技术措施 保留树干下部的临时枝条增加了整株树的长势(图6-20a),下部树干也会变得更粗、根系也更为发达,使树木能自行站立。临时枝条的长度根据需要而定,长的枝条促进茎干的粗度增长。增加临时枝条有利于更多的营养流向中央主干。过早剪掉临时枝条弱化了树干,减缓了生长,会形成高而瘦弱的苗木(图6-20b)。

为了使树干上的伤痕最小,每次修剪时,应剪掉直径最粗的枝条。当苗木作为移植材料销售给别的苗圃时,不需要剪掉临时枝条。在苗木销售给最终用户的前6~12个月,应剪掉临时枝条。临时枝条对于幼树的茎干粗生长很重要(图6-21a);但对较老的树则不那么重

 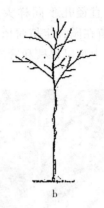

图 6-20 树干下部的临时枝条保留与否影响苗木的生长
a. 保留临时枝条的植株长势　b. 过早剪掉临时枝条的植株长势
(Edward F. Gilman, Brian Kempf, 2009)

要，较老树上的临时枝条是否保留取决于树种，销售给最终用户时，临时枝条必须剪掉（图 6-21b）。

图 6-21　幼树与较老树的临时枝条的处理
a. 保留临时枝条的幼树　b. 较老的树可以清除临时枝条
(Edward F. Gilman, Brian Kempf, 2009)

2. 直干培育

（1）管理目标　树木的中央主干部分（不包括丛生类型）应当通直且垂直于地面，没有过大的弯曲。同时树干应当没有大的伤疤。

（2）树干问题　市场青睐具有通直树干且少有瑕疵的苗木。张开的或封闭的修剪伤口或具有粗大的临时枝条都不会被认为是瑕疵，因为修剪伤口最终会随着生长而愈合。

（3）技术措施　不是所有的树苗都需要支架支撑，然而，许多树种需要支架来培育通直的树干（图6-22）。竹支架是流行的选择，其他材料同样可以，如塑料、金属等。在固定支架时，既要保证捆扎牢固防止摩擦，同时要避免太紧造成环割。支架应该较细以防枝条偏向，大的木质支架往往导致枝条偏向，形成偏冠。当植株自身能够站立时，没有必要将支架固定在土壤中。

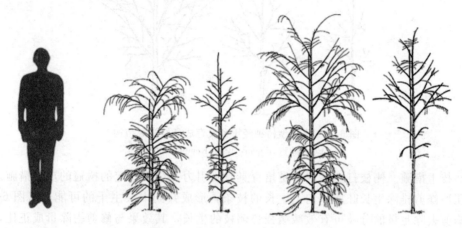

图6-22　苗木支架的不同支撑位置
(Edward F. Gilman, Brian Kempf, 2009)

（五）树冠培养技术

1. 中心主干　庭荫树应有单一的相对通直的中央主干，没有与之竞争的相同大小的茎干或旺盛生长的向上伸展的其他分枝（图6-23）。苗圃中特殊培育的造型树、多干树、丛生树、树篱等，扭曲、下垂的品种不属此列。

培育高质量的树冠依赖于建立中央主干，它的直径远远大于所有分枝。有些树种不需人为干预或较少干预就能发育良好的中央主干，有些种类需要定期修剪。用于培育中央主干的修剪技术包括主干培育、次级枝条修剪和支架支撑。有些树种可以长成多条中央主干，如女贞、石楠、合欢、枇杷、柳树和李属等植物。

2. 贯顶型树种（中央主干强势型）

（1）树冠问题　贯顶型树种如尖叶杜英、木棉等能形成良好的树冠，强劲的中央主干无需人为干预就能形成。具有强劲中央主干的树种只需定期进行疯长枝条的修剪打压即可（图6-24）。

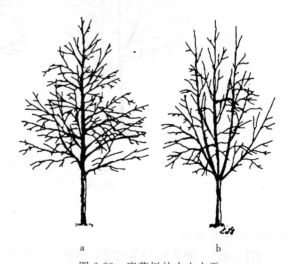

a　　　　　　　b
图6-23　庭荫树的中央主干
a. 具单一中央主干的高质量庭荫树　b. 具多主干的低质量庭荫树
(Edward F. Gilman, Brian Kempf, 2009)

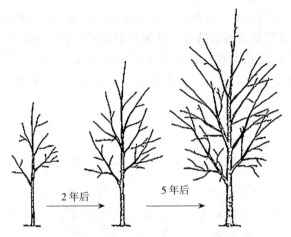

图 6-24 贯顶型树种经干预发育成良好树冠结构
(Edward F. Gilman, Brian Kempf, 2009)

(2) 技术措施　侧枝打压性修剪是培育具有吸引力和结构稳定的树冠的重要措施。通过侧枝打压性修剪排除生长旺盛、向上生长的枝条，形成共同中央主干的可能性（图 6-25a）。打压性修剪去除足量的分枝可有效减缓强势侧枝的生长，其效果与修剪去除量成正比，强势侧枝应当回缩修剪到外向生长的分枝处（图 6-25b）。强势枝与中央主枝同样大小或二者紧密丛生在一起时，应整体剪掉强势枝。

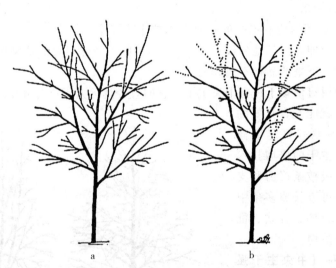

图 6-25　贯顶型树种的修剪
a. 具有需要打压性修剪侧枝的植株　b. 侧枝打压性修剪回缩强势枝的长度（虚线部分）
(Edward F. Gilman, Brian Kempf, 2009)

3. 侧枝强势型树种

（1）树冠问题　侧枝强势型树种包括榆树、樟树等，具有与中央主干生长同样或更快的侧枝，早期会形成圆形或花瓶形树冠。这种生长习性的树种如要形成结构稳定、有利的树冠，需要定期进行修剪以缩短侧枝长度，抑制侧枝生长。如果在苗圃中没有得到合理的修剪，定植在园林绿地中将会发生严重的树冠结构缺陷。

（2）技术措施　侧枝强势树种的侧枝管理从生产的前期一直持续到苗木出圃。定期的侧枝打压性修剪和整体剪除保证竞争侧枝的生长慢于中央主干，从而不会发育成共强势枝条（图6-26）。

树冠中的侧枝着生点3cm处的直径应不到中央主干的一半为宜。侧枝枝顶应在中央主干顶尖之下（图6-26b）。生长旺盛的强势侧枝需要打压性修剪以减缓长势（图6-27），轻度回缩修剪一般去掉30%～40%的枝叶（图6-27b），重度回缩修剪（图6-27c）一般去掉60%～70%的枝叶以减缓其长势，促进中央主干的生长。通常修剪到背离中央主干向外生长的枝条或芽处。在生产过程短缩修剪应重复进行。在大多数情况下，共强势侧枝应整体剪掉，尤其上指枝条更应如此。

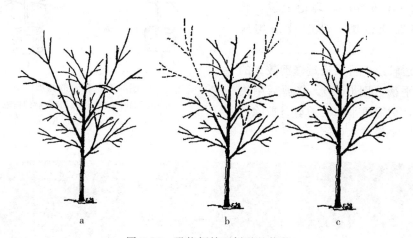

图6-26　强势侧枝型树种的修剪
a. 具强势侧枝的植株　b. 三条强势侧枝的回缩修剪　c. 修剪后的状况
（Edward F. Gilman，Brian Kempf，2009）

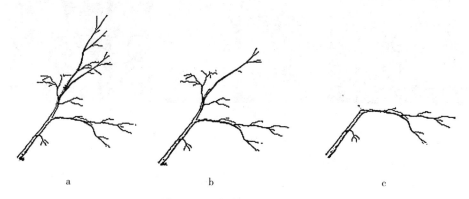

图6-27　强势侧枝的修剪强度
a. 修剪前的强势侧枝　b. 轻度回缩修剪　c. 重度回缩修剪
（Edward F. Gilman，Brian Kempf，2009）

4. 树冠整形

（1）管理目标　树形应该平衡，没有断裂、偏冠、修剪痕迹、明显病虫害、空缺等畸形现象。树冠一致是销售和景观价值的重要指标。

（2）树冠问题　过旺或过大的枝条会导致树冠不对称或偏冠，降低可售性（出圃率）。

（3）技术措施　通过减少、修剪枝条和枝条打顶培育一致的苗圃树冠来改善树形。旺长枝条可以回缩形成一致的树冠。当树冠向右边偏冠时（图 6-28a），修剪大的直立枝条和对小的枝条打顶可培育平衡的苗木树冠（图 6-28b）。理论上说，长出金字塔（虚线范围）外的枝条均应剪掉。

树冠一边较小，可以通过修剪较大的另外一边来平衡（图 6-29）。修剪后中央主干更明显，树冠更平衡。缩剪、剪除枝条和打顶可以平衡苗木树冠。

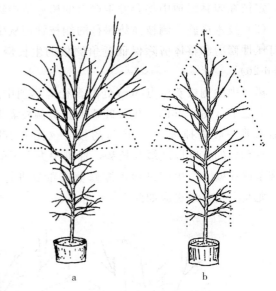

图 6-28　树冠的修剪
a. 树冠向右边偏冠　b. 修剪后的树冠
（Edward F. Gilman, Brian Kempf, 2009）

图 6-29　树冠偏冠的修剪
a. 修剪前的偏冠树冠　b. 修剪后平衡的树冠　c. 修剪的位置与枝条
（Edward F. Gilman, Brian Kempf, 2009）

（六）大规格地栽苗的容器栽培

大规格地栽苗转为大型容器苗是近年来常用的生产技术，具体内容可参考第五章第二节"大树移植"部分。

第七章　园林苗圃经营管理与财务分析

园林苗圃是从事绿化苗木生产经营活动的企业法人单位，实行企业化管理，独立核算，自负盈亏。目前许多苗圃因盲目经营，粗放管理，导致经济效益不好，所以苗圃负责人必须懂经营会管理。

第一节　园林苗圃经营管理

一、园林苗圃经营

（一）园林苗圃经营的内涵

园林苗圃经营是通过对苗木市场的调查、分析与预测，生产市场需要的苗木品种和高质量产品，同时开展有效的营销活动，获取良好的社会效益和经济效益。园林苗圃经营主要包括制定发展目标和经营决策两个方面。发展目标是园林苗圃在较长时期内，发展速度、规模和水平应达到的目标，它具体体现在园林苗圃的长远发展计划中。经营决策是园林苗圃为了实现发展目标而制定的基本方针和行动方案。

（二）园林苗圃经营决策

园林苗圃经营决策包括两个方面：一是战略决策，指对园林苗圃重大的、长远的问题决策，如经营目标、经营方针的确定。二是战术决策，指园林苗圃在实现总目标过程中对具体问题的决策，如人员的调整、生产设施建设等。

园林苗圃经营决策必须遵循的程序：一是形势分析，二是方案比较，三是择优决策。形势分析是在市场调查和预测的基础上，对园林苗圃的外部环境、内部条件和经营目标三者之间的综合分析与平衡。目标确定之后，一般不再改变，但是外部环境很难控制，只有内部条件可以控制。因此，园林苗圃在进行三者之间的平衡时，内部必须服从外部，就是说，园林苗圃要通过自己的工作，创造和改善条件，提高适应外部环境的能力，保证经营目标的实现。目标确定之后，园林苗圃可编制若干个决策方案，再对这些方案进行具体分析、评价，最后作出择优决策。

（三）苗木市场分析

苗木是一种商品，具有一般商品的属性，必然遵从价值规律，供大于求价格下降，供不应求价格上涨。同时，它又是一种特殊的商品，有其特殊性。苗木在没有进入流通领域、没有变成商品时，年年生长，它是一种有生命的特殊商品。一方面，苗木生产者以苗木为产品销售给消费者，构成买方、卖方、价格等商品关系。另一方面，具有使用上的时效性、地域上的局限性、价值上的隐蔽性、效益上的社会公共性等特征。

一般商品的生产和销售是靠需求来拉动的，苗木的生产和销售虽然也是靠需求来拉动，但它的需求又分两种：一种是最终需求，即把苗木直接用于园林绿化；另一种是中间需求，许多苗木售出后并没有用于园林绿化而是用于二次育苗。苗木生产受苗木繁育本身的需求和园林绿化需求的双重影响。这在苗木生产规模迅速扩大时期，容易造成产品过剩。一般来讲，苗木生产的市场规律是周期性短缺和周期性过剩交替出现。大部分树种的苗木培育周期较长，有的需要几年。因此，当前的生产面对的是将来的需求，而现在需求的是过去生产的苗木。苗木这种特殊商品的属性无疑增加了对市场分析和预测的难度，可以说苗木生产比农作物生产具有更大的风险性，必须树立风险意识，采取一些降低风险的措施，如选择育苗品种时，可以考虑乡土树种与外来树种相结合，大路苗木与优新苗木相结合，观花苗木与观叶观形苗木相结合，短周期生产苗木与长周期生产苗木相结合，单一用途苗木与复合用途苗木相结合等。

(四) 提高园林苗圃的竞争能力

1. 正确地选择市场 通过市场调查和预测，分析市场的需求情况和走势，根据国家政策、经济发展趋势以及自身条件综合分析，确定应选择的市场和放弃的市场。然后，制定开拓市场先后计划。

2. 制定品种策略 苗圃经营的好坏，关键在于是否拥有适销对路的品种。首先决定生产苗木的种类；其次，有计划、有步骤地进行品种的更新换代，以适应市场发展变化的需要。

3. 增强创新和销售能力 注重产品、机制和技术创新的同时，改变"守株待兔"的经营方式，采用"主动出击"的营销策略和方式。

4. 加强售后服务工作 用户购买苗木，要求达到标准，保证成活。做到按标准号苗、起苗，保护苗木活力。保护苗木活力是保证移栽成活的前提，也是售后服务的关键。起苗后不能立即运走时，要及时假植，必要时应灌水。在包装和运输过程中注意不能风干，不能过热。销售的苗木要附有检验证书和苗木标签，并提供必要的技术资料，必要时需要回访。

二、园林苗圃管理

园林苗圃管理是对苗圃所拥有的资源进行有效整合以达到既定目标与履行责任的动态创造性活动。核心在于对人、财、物等资源的有效整合、优化配置，目的在于实现经营目标。园林苗圃管理涉及的内容很多，这里重点强调以下四个方面的管理问题。

(一) 计划管理

1. 计划的内涵 计划是根据园林苗圃内外条件，确定目标，制定和选择方案，并对方案的实施制定战略，建立一个分层的计划体系等有关统筹、规划活动的总称。因此，计划涉及目标及达到目标的方法。计划的目的在于明确方向，降低经营风险，通过周密预测，减少环境变化带来的冲击，减少重叠性和浪费性的活动，促进有效控制。计划的价值就是使偏离方向的损失减至最小。

计划按重要性划分为战略计划和战术计划。战略计划是指苗圃长远的发展规划，特点是时间长、范围广、内容抽象。战术计划是指苗圃活动具体如何运作的计划，主要用来规定如何实现苗圃目标的具体实施方案和细节，特点是时间短、范围小、内容具体。

2. 计划的工作过程

(1) 调查研究，确定计划的前提条件　前提条件指苗圃面临的外部环境的特点及内部所具备的资源和能力条件。研究对计划有重大影响的因素，包括宏观社会经济环境，如国家林业与环境政策、税收、信贷；市场环境，如市场需求及客户的变化；竞争环境，如国内外竞争者、潜在竞争者；苗圃资源，如土地、资金、人员、技术、管理等。

（2）确定目标，制定总体行动方案　计划目标就是计划的预期成果，它为所有工作确定了一个明确的方向。目标一定要适当，不能好高骛远。目标确定后，应制定多种总体行动方案并从中选择最合理方案。行动方案的拟订必须集思广益，开拓思路，大胆创新，才能保证方案的质量。

（3）分解目标，形成合理的目标结构　总目标确定后，需按空间和时间两个方面分解。空间分解是把总目标分解到苗圃内各个部门，各个环节直至每个人形成空间结构。时间分解是把总目标分解到各个时间阶段，形成目标的时间结构。目标分解可以保证行动和目标的一致性，促进良好工作秩序的形成。

（4）综合平衡，下达执行计划　平衡即协调。任何计划都要受苗圃内外环境条件的制约，各种计划之间必然相互影响，相互依赖。综合平衡就是处理好计划与各种制约条件的协调及计划之间的相互衔接。经过综合平衡后，将计划下达到有关单位、部门执行。

（5）目标管理，确保计划落实　目标管理是指园林苗圃自上而下地确定一定时期的工作目标，并自下而上地保证目标实现所进行的一系列组织管理工作的总称。最主要的特征是一切计划工作都围绕着目标开展，并在目标实施的全过程中始终强调自主管理和控制，积极主动地追求目标成果的实现。在目标制定和实施中，领导和下属应共同制定和实施各种目标，并定期对任务完成情况进行检查总结，根据结果进行评价并以此作为报酬和奖励的依据。

（二）质量管理

质量管理是苗圃管理重要组成部分，它是指导和控制苗圃内部与质量有关的相互协调的活动。全面质量管理是以质量为中心，全体成员积极参与，把专业技术、经营管理和思想教育结合起来，建立起产品的开发、生产、服务等全过程的质量管理体系，以最少的投入生产出高质量的苗木。

1. 全面质量管理的特点　全面质量管理的特点如下：①从过去的以事后检验和把关为主转变为以预防为主，即从管结果转变为管过程。②从过去的就事论事，分散管理，转变为以系统的观点为指导进行全面的综合治理。突出以质量为中心，围绕质量开展全员工作。③由单纯符合标准转变为满足顾客需要。强调不断改进过程质量，从而不断改进产品质量。

2. 全面质量管理的方法

（1）全员的质量管理　园林苗圃必须把所有人员的积极性和创造性充分调动起来，不断提高素质，每个人关心苗木质量，全体参加质量管理活动：①树立全员质量观，增强质量意识，牢固树立质量为本的思想，自觉参加质量管理工作；②制定质量责任制，明确每个人、每个岗位在质量责任制中的责任和权限，各司其职，密切配合。

（2）全过程的质量管理　包括从市场调查、树种（品种）选择、生产、销售和售后服务全过程的质量管理。把苗木质量形成全过程的各个环节优化和有关因素控制起来，把好质量观，做到防患于未然。

（3）全苗圃的质量管理　全苗圃的质量管理就是要求苗圃各个管理层都有明确的质量管

理活动内容。管理层侧重质量决策、制定园林苗圃的质量方针、质量目标、质量政策和质量计划并加强监督检查。园林苗圃职工要严格按标准、按规程进行生产，相互间进行分工协作，开展合理化建议活动，不断进行作业改善。

（4）多方法的质量管理　影响苗木质量的因素，包括物的因素、人的因素、技术因素和管理因素，还有园林苗圃内部因素和外部因素。管理过程必须根据不同情况，区别不同的影响因素，广泛、灵活地使用多种多样的现代管理方法来解决质量问题。管理过程包括计划、执行、检查、总结等工作程序。

全面质量管理都是围绕有效利用人力、物力、财力、信息等资源，以最经济的手段生产出用户满意的苗木这一目标进行，这是全面质量管理的基本要求。坚持质量为本、用户需要第一理念，树立为用户服务、对用户负责的思想，是园林苗圃推行全面质量管理应贯彻的指导思想。

3. 全面加强质量管理应注意的几个方面

（1）把住种子种苗质量关　首先，要培育优良种苗。选择繁殖材料是保证苗木质量的第一关。其次，要对种子的播种品质进行检验，做好播种前的选种、分级工作，确保出苗率高，出苗整齐，生长健壮。

（2）抓好育苗过程质量管理　育苗必须从苗圃整地、播种（扦插或嫁接）、浇水、施肥、中耕除草、间苗、病虫害防治到苗木调查和出圃等整个生产过程，都严格按照生产技术规程进行集约经营。要严格控制各个时期苗木密度，强化间苗措施，保证合理的产苗数量，提高一级苗出苗率。要根据土壤条件和所育苗木特性制定合理的灌溉制度。

（3）重视标准化与规范化　标准化就是各种产品质量标准化，规范化指各个生产环节、各个工序规范化。标准化、规范化的目的在于使园林苗圃所有的人员职责分明，使各项工作有条理、有秩序、好检查、好评比、好奖惩。

4. 苗木质量的检验标准及出圃

（1）苗木的规格要求

①大中型落叶乔木：如凤凰木、木棉、水杉、大叶紫薇、合欢、白玉兰等树种，要求树形良好，树干通直，分枝点2~3m。胸径5cm以上（行道树苗胸径要求6cm以上）为出圃苗木的最低标准。其中，干径每增加1cm，规格提高一个等级。

②单干式灌木和小型落叶乔木：如紫薇、大叶紫薇等，要求树冠丰满，枝条分布匀称，不能缺枝或偏冠。根颈直径2.5cm以上为最低出圃规格。在此基础上，根颈直径每增加1cm，规格提高一个等级。

③多干式灌木：出圃苗在根际分枝处有3个均匀分布的分枝，株型丰满。根据灌木的大小分为大、中、小三类。

④常绿乔木：如樟树、秋枫、罗汉松、乐昌含笑、人面子、尖叶杜英等，要求苗木树型丰满，保持各树种特有的冠形，主枝顶芽发达。苗木高度2.5m以上，或胸径4cm以上，为最低出圃规格。高度每增加0.5m，或冠幅每增加1m，提高一个规格等级。

（2）常规苗木的质量标准

①生长健壮，树形骨架基础良好，枝条分布均匀：总状分枝类的大苗，顶芽要生长饱满，未受损伤。苗木在幼年期具有良好骨架基础，长成之后，树形优美，长势健壮。其他分枝类型大体相同。

②根系发育良好,大小适宜,带有较多侧根和须根,且分布均匀:因为根系是为苗木吸收水分和矿物质营养的器官,根系完整,栽植后能较快恢复生长,及时给苗木提供营养和水分,提高栽植成活率,并为以后苗木的健壮生长奠定有利的基础。苗木带根系的大小应根据不同品种、苗龄、规格、气候等因素而定,苗木年龄和规格越大,温度越高,带的根系也应越多。

③苗木的地上部分与根的比例要适当:苗木地上部分与根系之比,是指苗木地上部分鲜重与根系鲜重之比,称为茎根比。茎根比大的苗木根系少,地上、地下部分比例失调,苗木质量差;根茎比小的苗木根系多,苗木质量好。但根茎比过小,则表明地上部分生长小而弱,质量也不好。

④苗木的高径比要适合:高径比是指苗木的高度与地径或胸径之比,反映苗木高度与苗粗之间的关系。高径比适宜的苗木,生长均匀。高径比主要取决于出圃前的移栽次数、苗间距等因素。

⑤出圃苗木无病虫害:有危害性的病虫害及较重程度的机械性损伤的苗木,应禁止出圃。这样的苗木栽植后,常因患病虫害及机械性损伤而生长发育差,树势衰弱,冠形不整,影响绿化效果。同时还会传染病虫害。

(3) 检验项目 地径和胸径用游标卡尺或特制的工具测量,植株高和根系长用钢卷尺或木制直尺测量。苗高的测量是指自地径至顶芽基部。根系长度测量分为垂直根和水平根,垂直根为从地径至主根末端,水平根为根幅半径。土球包装大小以钢卷尺或木制直尺测量,然后计算包装体积,读数精确到1cm。

(4) 苗木出圃 苗木出圃是苗木管理中的重要环节,技术措施必须到位,以切实提高苗木成活率,减少损失。

①苗木调查是基础工作:苗木调查是为了掌握苗木种类、数量、规格和质量等,以便做出合格苗木的出圃计划,此项工作需要高度认真细致。

②起苗操作很关键:起苗操作直接影响苗木的移栽成活率和绿化效果。不论落叶或常绿树种,原则上都应在休眠期起苗,所以起苗应掌握时机,最好随起随栽,待苗木萌动后起苗,会影响苗木栽植的成活率;落叶树种和容易成活的针叶树小苗可裸根起苗,起苗时注意保护苗木根系。多数常绿阔叶树和少数落叶阔叶树及针叶大树,其根系不发达、须根少、发根能力弱,而且蒸腾量较大,所以必须带土球起苗。土球的大小因苗木大小、树种成活难易、根系分布、土壤条件及运输条件等而异。一般土球半径为根颈直径的5~10倍,高度约为土球直径的2/3。起大苗应先将其枝叶用绳捆好,以缩小体积,便于操作和运输。起苗深度决定苗木根系长度和数量,一般木本实生苗起苗深度为20~30cm,扦插苗为25~30cm。同时应注意,不要在刮大风时起苗,否则苗木失水过多,降低成活率。若是干旱苗圃地,应在起苗前2~3d灌水,使土壤湿润,以减少起苗时损伤根系。

③运输环节要保证:为了防止根系干燥,不使苗木在运输过程中降低质量,要对苗木进行包装,避免苗根、叶曝于阳光下,或被风长时间吹袭。包装工作应选在背风避强光处进行,常绿树种的苗木,苗冠宜外露,以防发霉腐烂。运输苗木时,宜用稻草、麻袋、草席等洒水盖在苗木上,且要勤检查枝叶间湿度和温度,根据温度、湿度状况进行通风和洒水。

④临时措施不可少：大量起苗后不能及时运走或未栽植完的苗，均需要假植。假植地要选排水良好、背风向阳的地方。播种苗假植深度为30～40cm，迎风面的沟壁做成45°的斜壁。长期假植时，一定要做到深埋，单排踩实，并加盖遮阳网，降低温度。

（三）成本管理

成本管理是指为降低成本，提高园林苗圃的经济效益，对园林苗圃生产经营过程中发生的费用通过有效的方法进行预测、决策、核算、分析、控制、考核等科学管理工作。本节仅讨论成本管理的原则性问题，具体的成本分析参考下节"财务分析"。

1. 成本管理的原则

（1）集中统一与分散管理相结合的原则 集中统一是指由专门领导和部门负责管理；分散管理是指每个人都按自己的职责分工，对应负责的成本进行管理和控制。

（2）技术与经济相结合的原则 成本管理不仅是财务会计部门的事，技术因素也占有重要地位。

（3）成本最低化的全面成本管理原则 专业人员、普通职工、管理人员等全员参与，各个环节全面研究降低成本的可能性，使其变为现实。

2. 成本管理的内容

（1）成本预测 成本预测是根据有关的历史成本资料及其他资料，通过一定的程序方法对本期以后一个期间的成本所做的估计。可以做某个品种苗木成本预测，也可以做苗圃总成本预测。通过预测，可以了解未来的成本水平，检查能否完成既定的成本计划。

（2）成本决策 成本决策是指在成本预测的基础上，通过对各种方案的比较、分析、判断，从中选择最佳方案的过程。正确的成本决策应考虑多种因素，进行多方案比较。

（3）成本计划 成本计划是根据计划期内所确定的目标，具体规定计划期内各种消耗定额、成本水平及相应的完成计划成本所应采取的一些具体措施。

（4）成本控制 成本控制是以预先制定的成本标准作为各项费用消耗的限额，在生产经营过程中对实际发生的费用进行控制，及时揭示实际发生的费用与成本标准的差异，对产生差异的原因进行分析，提出进一步改进的措施，消除差异，保证目标成本的实现。

（5）成本核算 成本核算是指对生产过程中发生的费用按一定的对象进行归集和分配，并采用适当的方法计算出总成本和单位成本的过程。成本核算是成本管理的核心，可了解成本计划的执行情况，揭示存在的问题。

（6）成本分析 成本分析是根据成本核算所提供的资料及其他有关资料，对实际的成本水平和成本构成情况，采用一定的技术经济分析方法检查，计算其完成情况、差额，分析产生差异的原因。

（7）成本考核 成本考核是将园林苗圃制定的成本计划、成本目标等指标分解成园林苗圃内部的各种成本考核指标，下达到园林苗圃内部的各责任人，明确各责任人的责任，并定期进行考核的过程。成本考核应与一定的奖惩相联系。

3. 成本管理的方法

（1）强化成本意识 做到有效控制成本，必须使园林苗圃所有人员对成本管理和控制足够重视，把成本意识贯穿到成本管理的各个方面，让成本意识深入人心。同时，要加强人员培训，让人人都懂得只有用最小的消耗和支出生产出最好的苗木，才能取得最大的利润，实现苗圃增效,个人增收,促使职工树立投入产出观念,成本效益观念,并自觉地置身于增产节约,增收节支活动中。

(2) 实施成本控制　成本控制牵涉面很广,必须由财务部门(人员)在有关人员的协同下对整个生产过程中每个成本形成环节进行控制。为了实现目标成本和责任成本,应尽可能避免无效成本的发生。为此,必须强化检查和监督职能,实现成本避免。

(3) 推行成本责任制　成本责任的主旨在于将园林苗圃的整体成本目标分解为不同层次的子目标分配给责任人,责任人对其可控成本负责。

(4) 加强成本考核与分析　园林苗圃经营管理是否达到预期目的,要通过成本考核来检验,根据考核结果进行分析、评价。

(四) 内部控制

控制指监视各项活动以保证按计划进行并纠正各种重要偏差的过程。有效的控制可以保证各项工作任务的完成,达到既定的目标。所有的管理者都应当承担控制的职责。苗圃实施控制的重点应该是计划的控制、质量的控制和成本的控制。

1. 有效控制

(1) 科学的计划　计划把园林苗圃的活动限制在一定范围内,本身就是一种控制,有了计划才有控制。但是计划不等于控制。

①园林苗圃计划是控制的总体目标:完成计划,实现目标是控制的最终目的。计划制定得越详细、明确、可行,控制也越容易、有效。

②管理控制本身也要制订计划:实施有效控制,一要建立控制标准、控制程序,二要明确控制工作的重点、方法和目标。

(2) 及时收集准确的信息　信息是控制的基础和前提。只有通过信息的及时传递和反馈,控制才能进行;只有准确、可靠、及时的信息,才能达到控制的目的。

(3) 建立明确的责任制　有效控制必须建立明确的责任制,才能使每一个人都明确自己的职责和要达到的标准,才能在工作中自觉履行职责,按标准完成任务。

(4) 建立严密的组织　明确专人负责,就是落实由谁来控制,解决缺位问题。

2. 管理工作的阶段　按照园林苗圃整个经营管理过程,控制工作可分为三个阶段:预先控制、现场控制和事后控制。

(1) 预先控制　又称事前控制,为了避免事后造成损失,在计划执行之前对执行中可能出现的潜在问题及产生的偏差进行预测和估计,并采取防范措施,在问题产生之前将其消除。

(2) 现场控制　又称即时控制、过程控制,是在生产经营过程中的控制,当出现问题时,及时补救。一是做好监督,二是及时纠正。

(3) 事后控制　又称成果控制,将执行的结果与预期计划、标准进行对比,然后进行分析评价,采取措施,改进。事后控制造成的损失不可挽回。

三、园林苗圃生产管理的各阶段工作重点

(一) 春季管理

进入春季,气温开始回升,雨水增多,病虫害开始萌动,一些感温性强的苗木开始萌芽,应及时加强园林苗圃的早春管理。一般应注意以下四个问题:

1. 防冻害 早春气候多变，升温与降温变化幅度很大，常有倒春寒出现，很容易导致逆温伤害苗木。因此，一定要注意做好防寒工作。对采用保护地栽培的苗木，霜冻天和寒潮来临前，一定要扣好大棚；必要时还可在棚内设置小拱膜增温保苗；天气放晴后，中午棚内升温很快，应高度注意棚内温度情况，适当揭膜开窗，通风降温，防止高温伤苗；对露地育苗的苗圃，寒潮之前，要做好防寒工作。

2. 防湿害 春季雨水多和地势低洼的苗圃，一旦土壤含水量过多，不仅降低土温，而且通透性差，影响苗木根系的生长，严重时还会造成苗木烂根死苗，影响苗木回暖复苏。因此，进入春季，应在雨前做好园林苗圃地四周的清沟工作，对原有排水沟系要进行一次清理；没有排水沟的要增开排水沟，已有的还可适当加深，做到明水能排，暗水能滤，做到雨后苗圃无积水；尤其是对一些耐旱苗木，水多时要立即排水；要对苗圃地进行一次浅中耕松土，促进苗木生长发育。

3. 防肥害 有些苗木可在早春播种或扦插，为了培肥苗圃地，施入基肥时应采用腐熟的有机肥料；若施入未经腐熟的有机肥料，随着气温回升，肥料发酵时易造成伤种、伤根、伤苗；对刚开始生长的苗木，在追施肥料时切忌过浓过多，最好用稀薄的、腐熟的人畜粪尿水浇施；且不可过量施入浓肥或化肥，防止烧根。

4. 防病害 春季苗木常见主要病害有猝倒病、立枯病、根腐病、炭疽病等，特别是猝倒病和立枯病，随着气温回升和雨量增多，发病率高、蔓延快，是苗木生产的大敌，常造成苗木成片大量死亡。这些病害主要由真菌引起，其中腐霉菌最适土温为12～20℃，丝核菌和镰刀菌最适土温为20℃左右。温度适宜，相对湿度达10%～100%，湿度越大，其侵染和繁殖能力越强。这时的苗木一般多处于幼嫩期，容易受病菌感染。

（二）夏季管理

夏季虽是雨水较多的季节，但往往会出现先干后汛或先阴后干等不稳定天气。一般应注意以下五个问题：

1. 灌溉 在干旱阶段对苗木及时进行灌溉。苗木速生期的灌溉要采取多量少次的方法，每次要灌透灌匀；在苗木生长后期，除遇到特别干旱的天气外，一般不需灌溉。园林苗圃所有沟渠配套体系必须在雨季到来之前开挖好，以便及时排水降渍，保证苗木正常生长。园林苗圃受到洪涝灾害后，要及时疏通沟渠，排除渍水和污泥杂物，及时整理好苗木和苗土，做到明水直流、暗水直落。

2. 除草 夏季苗圃内经常会有杂草生长，应在每次灌溉或降雨后进行除草、松土。除草要掌握"除早、除小、除了"的原则。松土要逐步加深，全面松匀，确保不伤苗，不压苗。撒播的苗木不方便松土，可将苗间杂草拔除，在苗床表面撒盖一层细土，防止露根，影响苗木生长。

3. 控芽 有的树种因气候、土壤、遗传等因素，在苗期徒生侧芽侧根，不利于培育壮苗。因此，要及时摘芽、除蘖，提高苗木质量。

4. 追肥 夏季可在苗木行间开沟追施速效性肥料。沟的深度要适当，将肥料施在沟内，然后盖土。追肥要在苗木生长侧根时进行，以15:00后进行为宜。

5. 防病治虫 随着苗木的生长，病虫会随时侵害苗木。苗木的病虫害一般以预防为主，应做好病虫害的预测和预报，对可能发生的病虫害做好预防，对已发生的病虫害要及时防治。

（三）秋季管理

秋季与夏季管理类似，但气温变化差异大，注意以下五点：

1. 及时灌溉 苗木速生期灌溉要采取多量少次的方法，每次灌溉要灌透、灌匀。在苗木生长后期，除特别干旱外，一般不需灌溉。

2. 清除杂草 每次降雨或灌溉后要松土、除草。撒播苗不便松土，可将苗间杂草拔掉。人工除草结合松土进行，用除草剂灭草前要先试验，以免发生药害。

3. 防涝 秋季雨水较多，一旦苗木受涝，对苗木适时出圃影响很大，因此要挖好排水沟。

4. 科学追肥 追肥要用速效肥料，在行间开沟，将肥料施于沟内，然后盖土。也可将肥料稀释后，均匀喷施于苗床（垄、畦）上，然后用清水冲洗植株。针叶树种在苗木封顶前30d左右应停止追施氮肥。

5. 防病治虫 苗圃地要做好病虫害的预测、预报工作，对可能发生的病虫害进行预防，对已发生的病虫害要及时防治。

（四）冬季管理

根据冬季特点，为确保翌年春季苗木质量和成活率，苗圃要加强管理，提高苗木抗性，使苗木安全越冬，具体管理措施如下：

1. 苗圃清理 首先要清理苗圃的杂草和树叶，以减少病虫害传播，影响春季苗木质量和用苗量。

2. 水肥管理 华南大部分地区园林苗圃冬季苗木也有一定的生长量，同时冬季少雨，因此，应该根据具体情况适量浇水和施肥。但水肥过多导致旺盛生长，容易造成冻害，这种现象在12月至翌年1月特别要重视。

3. 苗木修剪 冬季是苗木修剪的好季节，应根据不同的树种、不同的需要，适度进行修剪整枝。

第二节 园林苗圃财务分析

财务分析是园林苗圃财务管理活动的一个重要方面，也是园林苗圃经济活动分析的重要组成部分，可从整体上动态地分析园林苗圃的赢利能力、资产运营能力、开拓市场和把握市场机会的能力。加强财务分析，对于加强园林苗圃财务管理，提高园林苗圃经营管理水平，具有十分重要的意义。

一、财务分析概述

1. 财务分析的定义 有关资金收支方面的事务叫财务。财务分析是以企业财务报告反映的财务指标为主要依据，对企业的财务状况和经营成果进行评价和剖析，以反映企业在运营过程中的利弊得失、财务状况及发展趋势，为改进企业财务管理工作和优化经济决策提供重要的财务信息。财务管理是企业内部管理的重要组成部分，而财务分析则在企业的财务管理中起着举足轻重的作用，强化财务管理理念、财务分析程序、财务分析方法，对于提高企业财务管理水平均具有重要意义。

2. 财务分析的作用　财务分析的作用如下：①评价一定时期企业财务状况，揭示问题，总结经验教训；②为投资者、债权人及其他有关部门提供决策所需的财务资料；③考评各职能部门、内部单位工作业绩的依据。

3. 财务分析的目的　财务分析的目的是评价企业的偿债能力、资产管理水平、获利能力和发展趋势。

二、初始投入估算

从生产角度看，园林绿化苗木产业是农业中集约化程度较高的产业分支，其设备投入和技术投入在种植业中均比较高，而且投资期较长，决定了发展园林绿化苗木的成本投入要比传统种植业高许多。

（一）估算范围及依据

1. 估算范围　估算范围包括基础建设工程、购买设备、种植工程、其他资产、预备费用、建设投资、铺底流动资金等。

2. 估算依据　估算依据为国家有关建设项目投资估算的具体规定及有关政策法规，设备价格以现行价估算，建构筑物造价按当地单位造价资料预算定额估算，其他费用按现行有关规定和要求进行估算。

（二）资金筹措

资金用于购买生产苗木所必需的设备、土地、建筑物、办公用品和劳动力等。园林苗圃资金通常来源于：投资人全资，发展到第3、5年出售部分股权（骨干员工持股，收回部分投资）；通过银行贷款形式补充不足资金部分；自有资金（资本金、资本公积金、盈余公积、未分配利润）；上市募集资金。

资金筹措一般有三种方式：贷款、发行股票、中外合作（合作经营、合作开发）。

（三）初始投资成本估算

投资成本估算应进行分项和总体估算，再制定分年实施计划。使园林苗圃建设按照一次规划、分项实施、逐年建设、滚动发展的要求，在计划时间内全面实施。新建园林苗圃的总投资估算如下（表7-1）：

1. 基建类　基建类费用包括土地租金、道路、水体、建筑、大棚等费用。其中租用的土地应根据计划培育苗木的种类、数量、规格、出圃年限、育苗方式及轮休等因素及各树种的单位面积产量估算费用。

2. 生产工具、设备类　根据预测的销售量，假设达到100%的生产能力，苗圃需要购买的工具和设备。

3. 种植工程　种植工程费用包括种植乔木、灌木、藤本等的费用。不同规格的苗木价格不同，同等规格的苗木因生长年限不同价格不同。

4. 预备费用　预备费用包括基本预备费及涨价预备费。

5. 铺底流动资金　铺底流动资金是为保证项目建成后进行试运转所必需的流动资金，对于苗圃来说，包括物料费、管理费、生产水电费等。一般按规定流动资金中的30%为铺底流动资金，需要企业自筹。

6. 其他费用

表 7-1　总投资估算表

类别	项目	细项	单位	数量	单价（元）	复价（万元）
基建类	土地租金		亩	900	900	81.00
	道路		m²	9 600	80	76.80
	水体		m²	10 032	50	50.16
	建筑	建筑用房	m²	1 505	800	120.40
	大棚		m²	5 000	100	50.00
	排水沟		m	4 152.56	10	4.15
	电力		m	3 600	20	7.20
	围墙		m	2 861	50	14.31
生产工具、设备类	办公设备		套	2	10 000	2.00
	生产工具		套	3		5.00
	办公车辆					10.00
种植工程	乔木	以胸径计	万株	10.6		401.00
	灌木	以高度计	万株	900		220.00
		以冠幅计	万株	176.05		139.00
其他费用						81.00
预备费用	基本预备费6%					75.73
	涨价预备费3%					37.87
建设投资						1 262.00
铺底流动资金						322.00
总投资						1 584.00

三、经营财务分析

（一）成本费用分析

园林苗圃生产必须严格核算经营成本，它包括苗木生产的直接费用（包括种子、肥料、药物、水电消耗、物料消耗、人工费用、机具折旧费等）和间接费用（包括管理费、医疗费、社会保险费、公益事业费、行政办公费等），把这些费用分摊到苗木成本上，严格控制非生产性开支。对成本费用进行估算是园林苗圃经济核算工作的重要内容，可以综合反映和监督生产耗费，正确计算产品和作业的成本，分析成本、费用变动的原因，不断改善经营管理，降低成本，节约费用，增加资金积累。表 7-2 为苗圃总成本估算表，从表中可以看出，各成本费用逐年增加，种植成本最多，这与园林苗圃功能有关。这些成本费用支出的目的都是为了保证园林苗圃能够正常运营，最终都将转化为利润的扣减项，而管理费用直接从当期利润中扣减。

表 7-2 总成本估算表

单位：万元

项目	生产年限（年）					合计	备注
	2	3	4	5	6		
种植成本	374.85	391.22	408.46	426.60	445.69	2 046.82	土地使用费、种苗费、农药肥料费等
管理费用	200.53	227.67	242.58	257.20	271.20	1 199.17	管理办公费、技术开发费等
财务费用	0.00	0.00	0.00	0.00	0.00	0.00	建设贷款利息、流动资金利息
销售费用	128.30	153.35	166.05	178.35	190.85	816.90	按销售收入5%
总成本	703.68	772.24	817.08	862.14	907.74	4 062.89	
固定成本	327.46	357.93	376.33	394.63	412.51	1 868.86	
可变成本	376.22	414.32	440.75	467.51	495.23	2 194.03	
经营成本	637.25	705.81	750.65	795.71	841.31	3 730.73	

苗木生产成本主要指生产一种苗木所消耗的费用，计算公式如下：

产品总成本（或某种苗木的总成本）＝总人工费用＋总物资资料费用

产品单位面积成本＝产品总成本/产品种植面积

多年生苗木产品的单位面积成本计算：

一次性收获的多年生苗木产品的单位面积成本＝（往年费用＋收获年份的全部费用）/产品种植面积

多次性收获的多年生苗木产品的单位面积成本＝（往年费用本年摊销额＋收获年份的全部费用）/产品种植面积

间作、套作、混种生产方式的苗木产品成本计算：

某苗木产品总成本＝各种苗木产品总成本之和×某种苗木产品种植面积/各种苗木产品种植面积之和

园林苗圃生产的成本控制是指园林苗圃生产部门在苗木生产全部过程中，为控制人工、机械、生产资料消费和费用支出，降低成本，达到预期的生产成本目标，所进行的成本预测、计划、实施、检查、核算、分析、考评等一系列活动。

生产成本控制涉及采购、生产、库存、销售、工资、固定资产、人力资源等关联部门。采购部要把好采购成本关，在质量保证前提下尽最大努力把成本降到最低；生产部要严格执行成本计划，实行成本目标管理，提高园林苗圃生产的科学管理水平，优化苗木生产管理程序，在苗木生产过程中进行分段控制，如育苗阶段、苗木移栽阶段、水肥管理阶段、病虫害防治阶段、整形修剪阶段、越冬防寒养护管理阶段，提高各阶段的生产效率；财务部要严格财务管理制度，对各项成本费用限制和监督，把好信息成本关，生产成本要核算规范、完整和准确，建立灵敏的成本信息反馈系统，使有关人员能及时获得信息、纠正不利成本偏差；成控部要规划园林苗圃成本控制管理工作，依据规划组织开展成控工作，协助园林苗圃降低成本。

（二）销售收入分析

销售收入是园林苗圃的主要收入。园林苗圃实现销售收入是实现利润的前提和基础，其销售收入主要来自苗木。在苗木销售过程中，园林苗圃按照销售价格收取或应收取苗木的价款，形成园林苗圃的苗木销售收入。苗木的价格根据其生产成本和预先设定的目标利润及税率等因素决定，计算公式为：

园林苗木价格＝（园林苗木生产成本＋目标利润）/（1－应缴税率）

本单位应缴税金金额＝销售收入总额×适应税率

园林苗木的销售价格一般采用市场价，买卖双方可以自由协商制定，受市场供需情况、买卖双方的心理、苗木质量、购买能力等因素影响。园林苗圃在组织市场营销的活动中，一般以价格理论为指导，根据变动的价格影响因素，灵活运用价格策略，合理制定产品价格，以取得较大的经济利益。国内外有许多成功企业的经验可供借鉴，如心理定价策略、地区定价策略、折扣与让利策略、新产品定价策略和产品组合定价策略等。

苗木可以保值升值。园林苗圃外购苗木的生长周期一般是1～2年，自培苗木生长周期一般是3～5年。苗木的生长过程也是它的增值过程，园林苗圃根据苗木的实际情况进行销售，当苗木生长达到既定郁闭度进入销售周期后，受生长空间所限，其年生长量的增长开始呈下降趋势，通过销售疏移部分苗木可缓解或解决。按市场的基本规律，规格越大的苗木价位越高，保留到最后的苗木可创造很好的经济价值。表7-3为根据苗木的成本和市场分析对苗木产品进入市场的单位销售价格进行估算而编制的销售预测表，从表中可以看出，苗木销售收入与生产期呈明显的正相关。

表7-3 销售收入及税金估算表

项 目	生产年限（年）					合计
	2	3	4	5	6	
销售收入（万元）	2 566	3 067	3 321	3 567	3 817	16 338
乔木	1 350	1 620	1 755	1 890	2 025	
单价（元/株）	450	450	450	450	450	
数量（万株）	3	3.6	3.9	4.2	4.5	
灌木	750	900	975	1 050	1 125	4 800
单价（元/株）	3	3	3	3	3	
数量（万株）	250	300	325	350	375	
球状灌木（$s=1.2m$）	20	20	20	20	20	100
单价（元/株）	100	100	100	100	100	
数量（万株）	0.2	0.2	0.2	0.2	0.2	
球状灌木（$s=1m$）	27	27	27	27	27	135
单价（元/株）	90	90	90	90	90	
数量（万株）	0.3	0.3	0.3	0.3	0.3	
藤本	85	100	110	120	130	545
单价（元/株）	5	5	5	5	5	
数量（万株）	17	20	22	24	26	
水生	334	400	434	460	490	2 118
单价（元/株）	2	2	2	2	2	
数量（万株）	167	200	217	230	245	
销售税及附加	0	0	0	0	0	0
增值税	0	0	0	0	0	0
销项税	0	0	0	0	0	0
进项税	0	0	0	0	0	0
城建附加税7%	0	0	0	0	0	0
教育附加税4%	0	0	0	0	0	0

注：苗圃项目属农业项目，根据现行税法规定，免征增值税、城建附加税和教育附加税

(三) 利润分析

产品销售收入减去投入成本即得利润。企业进行财务利润分析时,使用较多的是利润表,它是反映企业在一定会计期间经营成果的报表,由于它反映的是某一期间的情况,又称为动态报表,有时也称为损益表、收益表。表7-4为苗圃利润明细表,由表可见,该苗圃在投产后5年内累计可实现销售收入16 338万元、净利润12 275.11万元。

表7-4 利润表

单位:万元

	生产年限(年)					合计
	2	3	4	5	6	
产品销售收入	2 566.00	3 067.00	3 321.00	3 567.00	3 817.00	16 338.00
总成本	703.7	772.2	817.1	862.1	907.7	4 062.89
利税总额	1 862.32	2 294.76	2 503.92	2 704.86	2 909.26	12 275.11
税金及附加	0.00	0.00	0.00	0.00	0.00	0.00
利润总额(1-2-3)	1 862.32	2 294.76	2 503.92	2 704.86	2 909.26	12 275.11
应纳所得税利润	1 862.32	2 294.76	2 503.92	2 704.86	2 909.26	12 275.11
所得税	0.00	0.00	0.00	0.00	0.00	0.00
上缴两税	0.00	0.00	0.00	0.00	0.00	0.00
税后利润	1 862.32	2 294.76	2 503.92	2 704.86	2 909.26	12 275.11
可分配利润	1 862.32	2 294.76	2 503.92	2 704.86	2 909.26	12 275.11
法定公积公益金15%		344.21	375.59	405.73	436.39	1 561.92
累积公积公益金		344.21	375.59	405.73	842.12	
应付利润		1 950.54	2 128.33	2 299.13	2 472.87	8 850.87
未分配利润	1 862.32	2 294.76	0.00	0.00	0.00	4 157.08
累积未分配利润	1 862.32	4 157.08	4 157.08	4 157.08	4 157.08	

近年来,各种绿化苗木市场价格上升很快,利润较为可观,尤其是大规格苗木。苗木生产行业门槛较低,要想从众多竞争者中突出,苗木生产者要有把握全局的眼光,不要为眼前利益所动,坚持自己正确的发展方向;力求在苗木的生产方法上创新,对于当前同质化情况严重的苗木产业来说,小的创新往往可以换来意想不到的价值,获得较多的利润。

(四) 现金流量分析

现金流量是指企业一定时期的现金和现金等价物的流入和流出的数量。稳定的现金流对园林苗圃来说至关更要,因为现金是企业偿还债务、支付股利、进行各种投资的支付手段,现金流量信息是评价企业资产的流动性、企业的财务弹性、企业的赢利能力、抵御风险及决定企业未来能否发展的重要依据。一般情况下,如果企业经营活动产生的净现金流量为正数时,说明企业产品有市场,能够及时将货款收回,同时企业付现成本和费用控制在较合适的水平上;反之,则企业所生产产品销售可能存在问题,回款能力差,或付现成本较高。

现金流量表是反映企业会计期间内有关现金和现金等价物的流入和流出信息的会计报表。如企业当期从银行借入1 000万元,偿还银行利息6万元,在现金流量表的筹资活动产生的现金流量中分别反映借款1 000万元,支付利息6万元。这些信息是资产负债表和利润表所不能提供的。通过现金流量表,可以概括反映经营活动、投资活动和筹资活动对企业现金流入和流出的影响。表 7-5 主要财务评价指标是"三率一期":投资利润率为 121.69%,内部收益率为 128.55%,财务净现值为正,投资回收期为 2.10 年,由此可见该苗圃财务上可行。

表 7-5　现金流量表

单位:万元

	合计	建设期	生产期				
		1	2	3	4	5	6
现金流入	17 466.53	0.00	2 566.00	3 067.00	3 321.00	3 567.00	4 945.53
销售收入	16 338.00		2 566.00	3 067.00	3 321.00	3 567.00	3 817.00
回收固定资产余值	0.00						
回收流动资金	1 128.53						1 128.53
现金流出	6 121.42	1 262.17	1 544.79	766.25	816.20	835.27	896.75
建设投资	1 262.17	1 262.17					
流动资金	1 128.53		907.54	60.44	65.55	39.56	55.44
经营成本	3 730.73		637.25	705.81	750.65	795.71	841.31
税收	0.00		0.00	0.00	0.00	0.00	0.00
所得税	0.00		0.00	0.00	0.00	0.00	0.00
税后净现金流量	11 345.10	−1 262.17	1 021.21	2 300.75	2 504.80	2 731.73	4 048.78
累计净现金流量	23 762.69	−1 262.17	−240.95	2 059.79	4 564.59	7 296.32	11 345.10
税前净现金流量	11 345.10	−1 262.17	1 021.21	2 300.75	2 504.80	2 731.73	4 048.78
累计税前现流量	23 762.69	−1 262.17	−240.95	2 059.79	4 564.59	7 296.32	11 345.10
动态经济指标							
财务内部收益率(IRR)			128.55%				
财务净现值(NPV) $i=12\%$			6 517.94				
投资回收期			2.10				

现金流量表中的相关数据能帮助园林苗圃经营者发现问题所在,如通过分析现金购销比率是否正常,发现苗木是否存库、经营业务是否萎缩。园林苗圃在应用现金流量表时,为了更好地发挥实际运用效果,应根据实际需要,结合园林苗圃实际情况确定现金流的计算周期,反映一个阶段内的现金流状况,为决策提供依据,避免盲目扩大引起的现金流入减少的问题,实现良性现金流;在降低风险与增加收益之间寻求一个平衡点,以确定最佳现金流量。

四、风险分析

(一)定性分析

除不可抗力、自然灾害(旱、涝、冰雹、霜冻、台风、森林火灾、病虫害、地震等)或社会其他因素对市场冲击外,园林苗圃基本不会发生亏损情况。苗木行业发展至今,种植苗木存在潜在的升值空间。一般来说,具有严格的管理制度和保障措施、良好的苗木生产经验和技术的园林苗圃,经营管理风险不大。

很多园林苗圃产品主要是满足公司自身园林工程用苗木,从外部市场分析来看,优质苗木短期内不会出现供过于求的情况。随着土地资源越来越贵,从长远看,市场形势较好。通过以市场为导向的多元化产品布置方案,加强新品种引进、开发,不断保持产品的市场优新特性,市场风险不大。

(二)定量分析

1. 盈亏平衡分析 盈亏平衡分析是在一定市场、生产能力及经营管理条件下(即假设在此条件下生产量等于销售量),通过对产品产量、成本、利润相互关系的分析,判断企业对市场需求变化适应能力的一种不确定性分析方法,也称量本利分析。

园林苗圃的固定成本是不受产品产量及销售量影响的成本,即不随产品产量及销售量的增减发生变化的各项成本费用,如设备费、土地费、折旧费、办公费、管理费等。而可变成本是随产品产量及销售量的增减成正比例变化的各项成本,如原材料、生产人员工资等。

盈亏平衡分析常用盈亏图解法来表示各因素之间的关系(图7-1)。盈亏平衡点的表达形式有多种,可用产销量、单位产品售价、单位产品的可变成本及年固定总成本的绝对量表示,也可用某些相对值如生产能力利用率表示,其中以产量和生产能力利用率表示的盈亏平衡点应用最广泛。盈亏平衡点(break even point,BEP)可以采用公式计算法求取,也可以采用图解法求取。用公式计算如下:

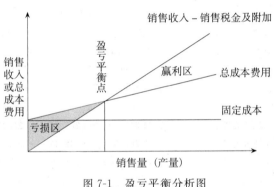

图7-1 盈亏平衡分析图

①BEP(产量)=年固定总成本/(单位产品价格-单位产品可变成本-单位产品销售税金与附加)=BEP(生产能力利用率)×设计生产能力

②BEP(生产能力利用率)=年固定总成本/(年销售收入-年可变总成本-年销售税金与附加)×100%

③BEP(产品售价)=(年固定总成本/设计生产能力)+单位产品可变成本+单位产品销售税金与附加

表7-6 盈亏平衡点

项目	生产年限(年)				
	2	3	4	5	6
盈亏平衡点(生产能力利用率)	14.95%	13.49%	13.07%	12.73%	12.42%

由表7-6可以看出,园林苗圃盈亏平衡点逐年降低,在第2年时生产能力达到14.95%可保本,而在第6年只需达到12.42%即可保本。盈亏平衡点越低,抗风险能力越强,说明随着生产年限的延长,此园林苗圃适应市场变化的能力越强、安全幅度越高。由于市场变化快,园林苗圃要经常测算盈亏平衡点,判断投资方案对不确定因素变化的承受能力,为决策提供依据。较低的盈亏平衡点,表明园林苗圃赢利的可能性越大,亏损的可能性越小,有较

好的抗经营风险能力。

2. 敏感性分析 敏感性分析是投资项目的经济评价中常用的一种研究不确定性的方法。它在确定性分析的基础上,进一步分析不确定性因素对投资项目的最终经济效果指标的影响及影响程度。敏感性因素一般可选择主要参数如销售收入、经营成本、生产能力、初始投资等进行分析。若某参数的小幅度变化能导致经济效果指标的较大变化,则称此参数为敏感性因素,反之则称其为非敏感性因素。

影响园林苗圃效益的主要因素是苗木产量、成本和价格。在产量预测中,要充分考虑影响产量的各项因素。价格虽然波动性大,但以近几年的市场价格作为主要依据。某种苗木产品在市场滞销时,仍可通过对此种苗木的培育生长、增加树龄等方式,使价值倍增,在市场好转时卖出更好的价格。受市场的影响,成本和价格对财务内部收益率影响较大,园林苗圃在经营中应稳定市场,搞好市场开拓,注重进一步提高苗木质量,提高产品市场竞争力,还应加强成本管理,降低经营成本,避免风险。

第三节 园林苗圃建设经营案例
—— 棕榈园林股份有限责任公司
句容苗圃建设与经营

园林苗圃是培育苗木的场所,是培养和经营各类树木苗木的生产单位或企业。棕榈园林股份有限责任公司是由中山市小榄区棕榈苗圃场慢慢发展成一个集苗圃、工程、设计和研究一体化的综合性园林企业,随着公司业务的发展,棕榈园林股份有限责任公司的苗圃事业也走出广州,迈向全国,不断地发展壮大。

2008年为进一步推进长江三角洲地区改革开放和经济社会发展,国务院提出了指导意见,带动了该地区城镇绿化建设的发展,使棕榈园林有限责任公司的工程事业在华东地区迅速发展,该区的工程建设需要大量的绿化苗木,因此亟须建设一个苗木供应基地(苗圃)。如果新苗圃不能及时完成建设,将消耗大量资金到市内、外其他苗木生产基地购买苗木,这对公司的事业发展极为不利,因此苗圃建设势在必行。当时棕榈园林有限责任公司在华东地区的苗圃仅有上海苗圃,但在上海建立苗圃的成本高,无法满足工程用苗或绿化成本太高。为了增加乡土植物的种植和其他区域优良苗木的引种驯化,满足本公司的工程绿化需求,并通过销售苗木来增加公司的收益,棕榈园林股份有限公司苗木事业部决定在华东除上海外的其他省份建立一个流转性的、综合性的乡村苗圃。

一、苗圃选址与可行性分析

苗木培育工作是一项需要集约经营的事业,有较强的季节性,要求以最短的时间,用最低的成本,培育出优质高产的苗木。苗木的产量、质量及成本等都与苗圃所在地各种条件有密切的关系。因此,在建立园林苗圃时,要对苗圃用地的各种条件与培育主要苗木的种类和特性,进行全面的调查分析,选择适于作苗圃的地方,并进行科学合理的规划设计与建设。

2009年公司规划人员对华东地区浙江、江苏、上海三省、直辖市的市场进行了综合考察和分析,确定了苗圃的选址——江苏省句容市天王镇。该镇距沪宁高速公路35km,

距宁杭高速公路仅 8km；宁常高速公路及 340 省道横穿东西，104 国道纵贯南北，到南京市区中心只需 50min；距南京新生圩、镇江大港 50km，离上海港 200km。全境属北亚热带季风气候，四季分明，环境宜人，山清水秀，民风淳朴，被海内外投资者誉为风水宝地，历来为商家必争之地。其地势较高、地势平坦开阔，排水良好，并且靠近村镇，劳动力丰富，招工方便。

另外，江苏省句容市天王镇苗木市场有着得天独厚的苗木资源优势及良好的苗木储备及销售氛围；苗圃处于农村地区，地价较为便宜，可节省大量建设成本，具有较强自主性。通过调查，公司可以在唐陵村租到土地，因此，公司规划人员会同施工和经营人员通过对已确定地块进行实地踏勘和调查（包括地形地势、土壤调查、水文、病虫草害）认为，该地区可以用来发展苗木事业。

在财务上，经营人员和财务人员估算，该项目的苗圃（一期 36.75hm^2）租地费用 70 万元/年；基础设施建设费约 230 万元；苗木引进和新增园林机械为 3 200 万元，三项合计为 3 500 万元，经公司管理层决定由总公司直接拨款。在苗圃可行性报告通过后，棕榈园林有限责任公司于 2009 年 7 月正式成立了棕榈园林股份有限公司句容苗圃。

二、苗圃规划设计

苗圃的选址和可行性报告得到有关部门的批准后，在培育苗木之前，应进行总体规划，合理布局。根据培育苗木的种类、数量和种植面积，以及苗圃地不同立地条件和管理便利，将圃地分成不同区域；考虑到城郊区园林苗圃作为城市园林绿地系统中的一部分，应使城市景观与生态相结合，做到可持续发展，合理规划苗圃地。

根据苗圃的功能及自然地理情况，以充分利用土地、方便生产管理、利于苗木生长、提高工作效率及经济效益为原则。苗圃区划分为生产区和辅助区，通常生产用地占总面积的 80%，在保证管理需要的前提下，尽量增加生产区的面积，以提高苗圃的生产能力。句容苗圃的性质是流转性苗圃，一期土地面积 36.75hm^2，二期土地面积 23.17/hm^2。截至 2011 年 4 月 30 日，基本完成一期的苗木种植任务，二期已经进行整体规划和道路建设。本节介绍一期工程的建设过程。

（一）生产用地规划

根据句容苗圃的性质和公司的需要，苗圃内的生产用地包括大苗区和引种试验区，其中大苗区是重点，占地面积约 33.33hm^2，主要用于培育树龄较大、树干胸径 20cm 以上的苗木。其苗木来源主要是从其他生产型苗圃采购的精品苗木，还有一部分是农村房前屋后的一些分散苗木，通过种植养护，苗木成活后可以直接用于华东地区的工程绿化；也可以增加库存，进行长期培育。由于种植区面积较大，为了便于种植且方便管理，将种植区按照地理位置分为三个大区，每一大区又分为小块（图 7-2）：A 区 18 个，B 区 17 个，C 区 23 个。所种植苗木主要是华东地区常用的绿化树种，如樟树、朴树、榉树、广玉兰、玉兰、石楠、杨梅、金桂、女贞等。

句容苗圃的引种试验区主要用于种植新引进的树种或品种，以及科研开发、培育新品种等，根据所栽树种及品种的要求，选择土质疏松肥沃、小气候条件较好的地块，利于观察及管理，并划出一部分地块专门用于棕榈园林研究院引进新品种。

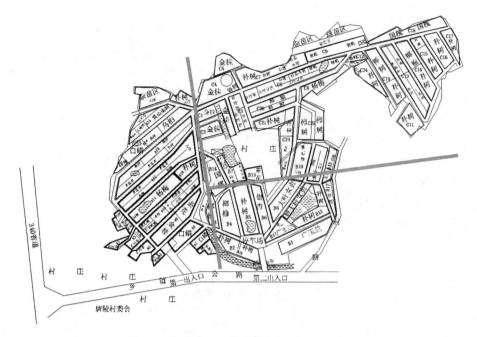

图 7-2　句容苗圃一期种植规划图（2011 年 6 月）

（二）辅助用地规划

辅助用地包括办公建筑、道路、排灌系统、产地仓库、防护林带等，这些用地总和要求低于总面积的 20%，并占用土质差的地块。句容苗圃的辅助用地约 3.67hm^2，占一期苗圃总面积的 10%，充分利用土地资源进行苗木的生产。

1. 道路系统　从保证运输车辆、耕作机具、作业人员的正常通行考虑，合理设置道路系统及路面宽度。根据句容苗圃的实际情况，苗圃道路设主干道，种植区道路间距为 38.5m，并适当设置环路。既减少道路的铺设，又可以满足苗木的进圃和出圃，及起吊机的最大负荷量（起吊机臂长 20m），通过多年的实践总结出，两条主干道之间的种植区面积为 38.5m 时，可以达到最大的土地利用率。

主干道是苗圃内部和对外运输的主要道路，多以办公区和主要操作区为中心设置，宽度 5m，以利于会车和大苗木运输。铺路材料为当地易取材的建筑垃圾、水泥道砟和宕渣等。环路在保证能够运输和错开车道的同时，减少道路占地。图 7-3 为句容苗圃的道路规划图。

2. 排灌系统　排灌系统包括灌溉系统和排水系统，两者可结合设立，减少土地占用。

（1）灌溉系统　苗圃必须有完善的灌溉系统，以保证苗木对水分的需求。灌溉系统包括水源、提水设备、引水设施三部分（图 7-4）。

水源分地表水和地下水两类。地表水指河流、湖泊、池塘、水库等直接暴露于地面的水源。地表水取用方便，水量丰沛，水温与苗圃土壤温度接近，水质较好，含有部分养分成分，可直接用于苗圃灌溉，但需注意监测水质有无污染，以免对苗木造成危害。采用地表水作为水源时，选择取水地点十分重要。取水口的位置最好选在比用水点高的地方，以便能够自流给水。如果在河流中取水，取水口应设在河道的凹岸，因为凹岸一侧水深，不易淤积。河流浅滩处不宜选作取水点。地下水指井水、泉水等来自于地下透水土层或岩层中的水源。取用地下水时，需要事先掌握水文地质资料，合理开采利用。钻井开采地下水宜选择地势较

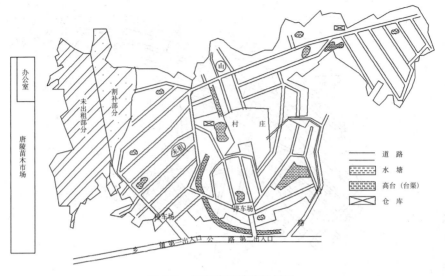

图 7-3 句容苗圃道路规划图

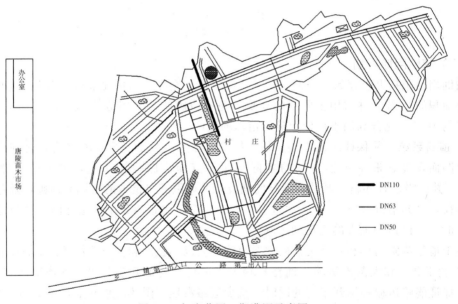

图 7-4 句容苗圃一期灌溉示意图

高的地方，以便于自流灌溉。钻井布点力求均匀分布，缩短输送距离。句容苗圃内有三个大的水塘，可以直接利用地表水，考虑到旱情的发生，建立地下取水设施备用。

(2) 排水系统　排水系统可与灌溉系统同道路系统类似，但标高相反，支渠高主渠低，分级设计，把地表径流逐步汇总到主排水渠。

句容苗圃的地势低、雨量多，应重视排水系统的建设。排水系统分为大排水沟、中排水沟、小排水沟三级。大排水沟应设在圃地最低处，直接通入河流、湖泊或城市排水系统；中、小排水沟通常设在路旁；作业区内的小排水沟与步道相配合。在地形、坡向一致时，排水沟和灌溉渠往往各居道路一侧，形成沟、路、渠整齐并列格局。排水沟与路、渠相交处应设涵洞或桥梁。苗圃四周宜设置较深的截水沟，防止苗圃外的水入侵，并且具有排除内水、保护苗圃的作用。

3. 办公建筑 办公建筑包括办公室、食堂、宿舍、实验室、绿化场地、车库、水电通信管理室等，随苗圃建设逐步改善，不一定一次建完，可设计预留地，为日后改进留有余地。总体原则是少占土地，节约用地。为了便于苗木的采购和销售，句容苗圃规划将职能办公室建立在唐陵苗木市场，生产办公室和其他的建筑建在苗圃内。

4. 场地仓库 场地仓库包括停车场地、机械仓库、肥料仓库、药品仓库等。在机械仓库中，除了大型机械外，其余的小型园林工具采用分包到人，每个工人具有个人工具储藏柜，避免工具的混淆和丢失。药品仓库用来放置农药，有专人管理。

在实际操作中，可行性报告与苗圃规划设计一起进行，同时上报审查，以便于上级机关更准确地掌握情况，做出更为科学的决策，做到同时批复、同步实施。

三、苗圃建设施工

1. 水、电、通信的引入和建筑工程施工 由于当地政策不允许私自在租赁土地上建设建筑物，句容苗圃管理人员在唐陵苗木市场且离苗圃最近的地方租赁一套房子作为场长、财务人员、采购人员、销售员等人员的办公场所，以利于充分利用苗木市场的资源；将生产办公室（活动板房）建在苗圃入口、离职能办公室近的地方；其中生产办公室周围建宿舍、仓库、车库、机具库等。

2. 圃路工程施工 苗圃道路施工前，需要联系施工车辆、施工人员；路面铺路材料为当地易取材的建筑垃圾、水泥道砖、宕渣等，既节省用工成本又节约时间。

苗圃道路施工前，先在设计图上选择两个明显的地物或两个已知点，定出一级路的实际位置，再以一级路的中心线为基线，进行圃路系统的定点、放线工作，然后施工。苗圃路面有多种，如土路、石子路、灰渣路、柏油路、水泥路等，从节约成本和实用性考虑，主干道是灰渣路，而环路为土路（图7-5）。

a　　　　　　　　　　　　　　b

图7-5　句容苗圃道路系统现场图片
a. 主干道的施工　b. 苗圃入口处的主干道

3. 灌溉工程施工 句容苗圃用于灌溉的水源主要是地表水，故先在取水点修筑取水构筑物，安装提水设备（图7-6）。采用管道引水方式灌溉，按照管道铺设的设计要求挖1m以上的深沟，在沟中铺设管道，并按设计要求布置出水口。作为苗圃应急用水的地下取水，应先钻井，安装水泵，钻井布点力求均匀分布，以缩短输送距离。

图 7-6　句容苗圃储备供水泵及 PVC 给水设施

4. 排水工程施工　一般先挖掘向外排水的大排水沟。挖掘中排水沟与修筑道路相结合，将挖掘的土填于路面。作业区的小排水沟可结合整地挖掘。排水沟的坡降和边坡均要符合设计要求（图 7-7）。

图 7-7　句容苗圃排水设施

5. 土地平整工程施工　句容苗圃的地形以坡度不大的水稻田为主，可在路、沟、渠修成后结合土地翻耕进行平整，或在苗圃投入使用后结合耕种和苗木出圃等，逐年进行平整，既可节省苗圃建设施工的投资，也不会造成原有表层土壤的破坏（图 7-8）。

图 7-8　苗圃整地

四、苗圃经营管理

句容苗圃位于交通便利的江苏省句容市天王镇唐陵村苗木市场附近，南靠沿江高速，西接104国道，北邻340省道。有着得天独厚的苗木资源优势及良好的苗木储备及销售氛围。

句容苗圃现有落叶、常绿树种20余种，以朴树、榉树、桂花、榔榆等乡土树种为主，另有和棕榈园林研究院共建苗木品种10余种。句容苗圃作为公司重要的苗木流转场之一，主要为江苏省工程项目输送优质苗源，并兼顾长三角等其他区域。

苗圃经营是指苗圃的经济运营，为实现既定的发展目标而进行运筹、谋划、决策。解决的是苗圃的战略问题，如苗圃的发展方向、苗木产品计划、营销策略等。经营的目标是效益，经营状况直接影响着苗圃的效益高低。

（一）投资经营

1. 苗圃建设经营 根据苗圃的地位和作用，在选择苗圃位置时要考虑苗圃的经营环境，包括圃地附近的交通、水电、劳动力、空气质量、市场等条件，句容苗圃在选择的过程中，充分考虑经营环境。句容苗圃在圃地选择后，进行量地规划、道路规划、排灌系统规划、种植规划等一系列规划建设，并建立专业的采购、生产、养护、统计、销售等团队，为句容苗圃的建设经营提供基础保证。

2. 苗木成本控制 成本大小是衡量生产经营好坏的一个综合性指标。实行成本核算对于计算补偿生产费用、计算赢利、确定产品价格和考核经营水平具有重要意义。

苗木成本费用是指苗木生产过程中产生的一系列费用，包括人工费用（员工工资及附加费用）和物资资料费用（种苗费、农药费、肥料费、基质费、水电费、机器费、残次品折损费、设备折旧费等）。

（二）生产经营

1. 苗圃的安全生产 句容苗圃严格落实公司安全技术中心的安全工作要求。开展安全教育培训，学习《安全手册》，增强安全意识。排查和整改苗圃的安全隐患。做好安全生产工作，防止或减少安全事故发生，为工作人员人身安全提供保证，减少苗圃不必要的损失。

句容苗圃在有安全隐患的生产区域设立安全生产标识，提醒工作人员注意安全，及时防范。

所有人员进入苗圃生产区必须佩戴安全帽并系紧安全帽，预防高空坠物砸伤，不能靠近吊机工作范围，防止吊钩脱落砸伤人员，或所吊树、土球坠落砸伤人员；高空修剪作业时必佩戴安全带，防止坠落事件发生；高空作业时有人扶梯，防止梯子滑倒造成人员坠落。

苗圃周围设防护栏，防止外来人、物进入苗圃毁坏苗圃设施和苗木；有安全隐患的排灌水沟进行防护和标志，防止事故发生。

2. 苗木采购 句容苗圃成立了专门的采购队伍，由专门的采购人员在调研苗木市场、与其他苗圃及公司工程部和供应商沟通协调、掌握苗木品种适应性的基础上，科学合理地制定苗木采购计划，并在采购过程中灵活应变，根据具体情况做出相应的调整。采购过程遵循"控制成本、采购性价比最优的苗木材料"的目标。

采购员应尽量做到以下几点：尽可能充分收集、了解苗木市场供应信息，做好整理分析，做到货比三家；注重沟通技巧和谈判策略；加强对苗木价格信息和供应商信息的管理。

句容苗圃根据实际情况，进行苗木采购的一般流程是：根据自己苗圃和公司、工程需要，制定进苗计划；根据计划清单，搜集苗源；对不同苗源信息进一步了解，如有合适苗木，对不同苗源进行现场看苗，拍照作证并询问价格；看苗后，对苗的质量、规格、价格等进行情况汇总；根据需要，通过对各个苗木供应商的苗木价格、质量等进行对比分析，进一步确定供应商能否及时供应所需苗木，复核所选苗木供应商；根据本公司合同范本，拟定采购合同，采购合同上要清楚标明需要苗木的品种、规格、技术要求、数量和价格等相关内容；合同做好后，由合同经办人通过网上审批流程，经苗圃负责人、苗圃场长、财务主管等同意，合同方可形成；根据合同签订的来苗时间，要求供应商及时供货，在来苗时检查供应商的送单货，对苗木品种、规格、数量、价格等进行复核；卸苗后，对苗木进行验收，不合格的及时发现，及时和供应商沟通处理；根据来苗情况开具入库单，写明应到苗木种类、数量、规格等及实到苗木种类、数量、规格等；根据到苗情况开具外购苗验收结算单和苗木结算表，确定苗圃进苗情况和资金需要情况，如资金款项巨大，根据结算表也可分期付款，但需要与供货商达成协议；根据结算表，为供应商提供付款申请表，经财务部门审批资金拨付，审批会签表后，付款给供应商。

3. 苗木入圃

（1）苗木验收　到苗后即进行苗木验收，对苗木品种、规格、土球、树形、长势、病虫害、机械损伤等情况进行检查，确定是否符合要求。对不合格苗木应及时发现，及时沟通，及时处理。

（2）苗木种植　句容苗圃初建时，苗木种类少、数量少。根据发展规模和生产需要，选择适宜的苗木种类，进行了苗木补偿种植。

根据树种习性，确定各品种的最佳移植时间，加强与供应商的沟通，及时通知供应商来苗。确定来苗数量和种类，根据来苗数量，合理安排机械、材料和劳动力（必要时可招聘临时工），确保苗木及时种植。一般来说，常绿树种应优先种植，落叶树种（尤其是易成活的桑树、银杏等）可略微延迟种植。

种植前根据苗木种类和移植季节，对苗木进行修剪；对主要枝干进行草绳包扎；对有损伤的树皮和枝条进行薄膜包扎。在种植过程中，应做好支撑防护。种植后，应及时浇定根水。部分苗木品种移植后，冬季需要采取防寒措施，夏季采取遮阴、降温措施，以促进根系恢复，提高成活率。

句容苗圃以容器苗种植为主，有专门的种植队伍，种植的主要流程如下：种植前定点放线，确定种植位置；挖树穴及松土，并在树穴底部填有机肥；到苗后对需要修剪的苗木进行适当修剪和伤口处理；对苗木拴风浪绳；对来苗拴吊带，并在所拴位置做适当的保护，防止树木起吊过程中损伤树皮，造成不必要的损失；拴好吊带后，慢慢起吊苗木；然后把苗木卸到栽植的最佳位置，在卸苗过程中要做卸苗支撑，防止苗木枝条断裂；卸苗后，根据不同树种、不同移植季节对苗木进行草绳捆扎和修剪处理，对伤口进行必要的伤口处理，有的大树还需要进行必要的根部处理，如喷生根剂等；做好苗木的相关处理后，在主要枝干上扣钢拉绳，然后进行种植定位；借用人力和物力进行苗木扶正，一般是树形正而不是树干正，有利于树形的营造和景观效果的形成；苗木扶正后解除包扎土球的草绳，铁丝网可不解除；进行培土，培土时一般根据树种特性做土壤改良，如一般的培土加入有机肥，特殊树种如桂花等需要加适量黄土，改善原有土壤环境，回填土确保细碎无大块；培土时确保苗木土球下垫土没有空洞、土壤夯实，然后进行打桩支撑，固定苗木；最后及时浇定根水，第一次浇透，水管插入土球中间，浇水从下往上，确保浇透无空心，然后夯实，如发现土量流失过多，应及时补土，以后3~5d浇水一次，夏季高温季节应根据苗木对水分需要浇水，有时需对苗木喷洒必要的叶面水；及时挂牌，标志苗木编号、品种、规格、到苗期等；最后要及时进行必要的日常养护和特殊养护。

4. 苗木养护 养护工作主要包括日常养护和特殊的抗灾防护养护。

（1）日常养护

①浇水：种植后要及时浇定根水，一次浇透，隔3~5d浇第二次，以后视情况而定，保证树木必要的有效水。每次浇水做到"不干不浇，浇则浇透"，特别是对有些不耐水湿的苗木，不能太湿，否则会烂根。苗木种植后除正常的根部水之外，夏季高温季节应视苗木对水分的需求，根据气温变化，进行树干保湿和叶面洒水，起到降温、补水的作用。一般当气温到达25℃时喷叶面水，气温低2~3次/d，气温高5~6次/d，每次喷水以不滴水不流水为度，以免造成根部积水。为防止根部积水，有时对根部进行防护处理。

在日常养护中，对排水沟进行及时清理，保证苗圃地排水顺畅，雨季做好排涝工作。

②施肥：容器苗与地栽苗不同，主要靠人工施肥提供营养。补肥方法包括栽种时培土中添加有机肥和根外追肥（直接根外地面撒施、根周围挖坑埋施、液施）。

③病虫害防治：经常性检查病虫害发生及危害情况，抓住最佳防治期，合理选用化学药剂，及时防治；做好农药储存、施用过程中的安全防护工作；部分农药大面积使用前应做小范围的试用；施药机械应及时清洗。

④修剪整形：日常修剪包括种植前修剪和种植后修剪。种植前修剪是根据苗木种类和种植季节，保持苗木原有树形，减少水分蒸腾散失，提高成活率；种植后养护修剪一般是根据树种的萌发能力强弱和分枝特点及不同季节，采取各种措施对树木进行整形修剪。有时对移植后恢复不佳的苗木应进行重剪或回缩。

⑤中耕除草：中耕除草的目的是松动表层土壤，利于根系呼吸及根部浇水，提高土壤保墒能力。容器苗除草一般是人工除草，防止药害对苗木的影响。苗圃地可采用人工除草或除草剂除草。

⑥捆扎保湿：对容器苗特别是大树容器苗，将主干或接近主干的一级主枝或更细的枝条用草绳或无纺布缠绕，不宜过紧或过密，可减少水分蒸发，起到保湿、预防树干日灼和冬天冻伤的作用。

（2）特殊养护

①防高温：夏季气温高，可搭建遮阴棚，减少树体水分散失，并防止强烈的日晒；用草绳缠绕苗木枝干，对树木保湿、防晒；喷叶面水，补水降温。

②抗旱：合理灌溉，及时满足苗木对水分的要求；加强养护管理，如及时中耕、除草，秋冬季节按时培土、覆盖等。

③防日灼：保持适当的定干高度、合理的栽植密度、草绳包扎等。

④排水防涝：经常检修苗圃地沟渠，特别是雨季，确保苗圃地平整、沟渠排水畅通；加强防涝管理，及早发现并排除积水，对冲歪、冲倒的苗木及时扶正，并采取一定的修剪和遮阴处理。对发生过积水的苗圃地要翻晒土壤，加快土壤水分蒸发，促进新根生长。

⑤防寒保暖：低温对苗木的影响很大，特别是不耐寒植物。防寒措施有：加强养护管

理,提高抗寒性(适量施用磷、钾肥,促使枝条早熟,有利于树木的抗旱越冬);加强树体保护,减小低温伤害(灌"冬水"和"春水"、根颈培土、树干包草或覆膜保暖、搭风障等)。对受冻苗木要加强水肥管理,保证前期肥水供应,修剪受冻枝条,防治病虫害等。

⑥防霜:利用喷洒药剂和激素,推迟苗木物候期,延长苗木休眠期,躲避早春回寒霜冻;搭棚防霜;稻草包裹苗木。

⑦抗雪:大雪来临前,对树木的大枝设立支柱、对苗木做适当的修剪、搭建遮阴网挡雪、包扎主干主枝,防止树干和树枝冻伤;大雪之后,及时清理积雪:可人工振落积雪、用水冲刷积雪、加温使积雪融化;对倒伏苗木、受压枝条及时扶正;对断枝及时修剪整形。

⑧防风:根据树木根系特性,选择合适的苗圃地种植,如浅根性苗木避免种在风口;对苗木进行合理修剪,减少阻力;合理养护管理,如合理施肥,促使苗木根系生长,增强树木抗风能力;支撑与拉杆稳固苗木等;在大风来临前,要检查支撑和拉杆,并加固支撑。

(三)营销经营

1. 苗木销售 句容苗圃是棕榈园林有限责任公司主要的流转型苗圃,客户主要是公司内部的工程部或其他客户单位。句容苗圃遵循公司苗木销售制度,为公司主营业务服务。积极与公司工程部以及其他客户沟通,促进苗木销售。

对苗圃苗木做好苗木分级、挂牌工作。合理安排机械、材料、劳动力和运输车辆,确保苗木及时出圃发往工地及满足其他客户需求。苗圃根据公司对来苗质量的划分和公司需要进行苗木分级,可以分为一级、特级和已预订、展示品、非卖品。

句容苗圃苗木销售的一般流程:苗圃信息通过网络、宣传册、杂志等及时提供给工地和其他客户,或者给老客户直接推荐品种;工地或其他客户一般会根据自身需求打电话咨询,包括苗木的种类、规格、数量、初步价格等;如果客户有意向选择本苗圃苗木,则邀请客户看苗,并做好接待工作,根据客户需求,选定苗木;在客户选苗前,衡量苗木在客户要求苗木出圃时是否可以出圃。句容苗圃规定,刚种苗木(刚浇定根水,土球易散)、没有发新根苗木(不易成活,短时间不易恢复景观效果,移栽价值不大)、种植时是散土球且种植不到半年的苗木等不宜出圃;对所有客户选定的苗木挂牌标记客户信息及出苗时间,特别用"挖"字标注;在客户选苗后,根据公司要求与客户洽谈苗木价格,经双方同意,签订公司销售单或者供货合同,以及开具相关发票及收款票据;根据客户需求,拟定苗木出圃时间。

2. 苗木出圃

(1)苗木出圃准备

①开具植物检疫证和木材运输证:确定苗木出圃后,要在出苗前根据出苗清单到当地林业部门开具植物检疫证和木材运输证,做到一车一证。周六和周日起苗要在周五提前开好两证,其他节假日需在放假前一天开好两证。

②运输车辆的准备:出苗前估计所选苗木应配的合适车辆,并注意成本的控制。做到苗木装车时,适当宽松而不能过分挤压,防止损坏苗木。

③吊机的准备:装车前预先估计比较合适的吊机及数量。

④出苗工人和出苗时间的合理安排:确定出苗时间的前一天,根据第二天的出苗量确定出苗人员。答应工地或其他客户的到苗时间不要轻易改变,除非有特殊情况,如下雨不能出苗。注意出苗质量和效率,做到有条不紊,按时完成苗木出圃。

⑤开具销售单、出库单:出苗前,及时开具销售单给统计人员开具出库单,出苗负责人

拿到出库单后方可出苗。

(2) 苗木出圃流程

①起苗：挖苗前，把起吊带提前绑扎在苗木的合适位置，并把吊机吊钩放好，且根据苗木围堰土的情况确定是否要提前浇水。挖苗时，首先要去除苗木围堰表土，然后挖土球。根据苗木种类、苗木规格、移栽时的天气状况、运输条件和时间、成本等因素，确定土球大小和形状。挖土球时，要保证土球不散，周围根系断而不裂。对挖好的土球首先打腰箍，然后对土球进行包扎，常用橘子包或五角包等包扎方式。有特殊要求的苗木需要在土球上包扎遮阴网或用铁丝包扎。包扎完毕，根据苗木出车时间和苗木自身需要，确定土球是否洒水保湿。包扎好的苗木要利用吊机起苗，平放于宽敞的空白处。

②收冠：根据出苗需要、苗木种类、出苗季节确定是否修剪及修剪量，然后根据车型包扎树冠，起到收冠的作用。

③对已收冠的苗木，用吊机装车：运输车辆的车厢内需铺衬垫物。装车过程中要慢慢升起苗木，防止摆动使土球散落。通常使土球朝前、树冠向后，避免运输途中因逆风而使枝梢翘起折断。缓慢放下，避免不必要的枝条断裂。一车多苗时，从前往后依次装车，确保苗木不能太拥挤。树身与车板接触处，垫草绳或者软物，并用绳索固定，以防擦伤树皮。

装车后，根据车型和苗木数量，进一步收冠处理，将树冠围拢好，检查树冠不接触地面，以免运输过程中碰断枝条而损伤冠形。

④最后盖网装车出苗：要做到装车苗尽快运出，保证苗木质量。

3. 到苗情况跟踪 人性化管理服务，与项目及客户及时电话沟通，询问到苗情况，遇到问题及时解决。

第八章 华南地区常见园林苗木的培育

不同区域应用不同的园林植物，营造具有地域特色的植物景观。这些园林植物的生物学特性、观赏特色、景观特色和应用形式也不相同。本章选择80余种华南地区常见的园林植物，根据其生物学特性分为落叶乔木、常绿乔木、常绿灌木、造型苗木、棕榈植物、藤本植物和其他类群（水生植物和竹类）七类，介绍其形态特征、分布与应用区域、生物学特性、园林应用、繁殖方法和苗木培育技术。

第一节 落叶乔木

（一）大花紫薇

【学名】*Lagerstroemia speciosa*

【科属】千屈菜科紫薇属

【形态特征】大花紫薇为落叶小乔木，株高8～15m，树冠圆形，冠幅5～7m。叶互生或近对生；叶片革质，椭圆形或卵状椭圆形，长10～25cm，宽6～12cm，先端钝形或短尖，基部阔楔形至圆形。顶生圆锥花序长15～25cm；花淡红色或紫色，直径5cm；花萼有12条纵棱或纵槽，裂片三角形；花瓣6，近圆形或倒卵形，长2.5～3.5cm；雄蕊多达100～200枚，着生于萼管中下部；子房球形，4～6室。蒴果倒卵形或球形，直径2～3.8cm，6裂。种子多数。花期5～7月，果实成熟期翌年1月。

【分布与应用区域】大花紫薇原产亚洲热带地区，我国广东、广西、福建、海南、云南等地栽培。

【生物学特性】大花紫薇为阳性植物，需强光，也耐半阴，耐热，不耐寒，耐旱，耐碱，耐风，抗污染。喜高温湿润气候，月平均温度在25℃以上生长迅速。对土壤要求不严，以土层深厚、质地疏松而肥沃的沙质壤土栽培为宜，pH5.5～6.5。

【园林应用】大花紫薇适合用作行道树、园景树，单植、列植、群植均可。

【繁殖方法】大花紫薇采用播种或扦插繁殖。播种繁殖在10～11月果实成熟而未开裂时进行，将采集的种实日晒脱粒，种子宜沙藏或随采随播。播种床宽0.8～1m，高25cm，留30cm步道。将种子均匀地撒于苗床上，撒上一薄层细碎沙土覆盖，淋透水后再盖一层遮阳网。幼苗长出2～3对真叶、苗高5～10cm时即可上袋培育。

大叶紫薇扦插在春季3月发新芽前进行，选择一年生以上成熟的枝条，剪成长15～20cm的插穗进行扦插，可用干净的河沙作插床或者干净疏松的细碎黄土作育苗床。插后淋透水，用薄膜小拱棚盖密实以保温保湿。扦插苗发根、芽长10cm以上时可移至育苗袋培育。

【苗木培育】大花紫薇袋苗高50cm左右时，可以移至大田。栽植畦宽0.8m，高25cm，步道宽60cm。采用双行栽植，株行距80cm×80cm，两行间的苗木呈品字形错开栽植，以增加苗木生长的空间。栽前种植穴底施足有机肥，使苗木有充足的养分供给生长。大叶紫薇苗期植株主干不明显，柔软，应以竹竿等支撑，引导主干向上生长，逐步培养形成主干。在苗木胸径小于4cm以前，均需立支柱固定植株，以保证主干通直，一般采用竹子和绳单株或成排绑扎的方式。胸径达到8cm以上时，可以出圃作城市绿化用苗。

（二）凤凰木

【学名】*Delonix regia*

【科属】苏木科凤凰木属

【形态特征】凤凰木为落叶大乔木，高10~20m，胸径可达1m。树形为广阔伞形，分枝多而开展。大型二回羽状复叶互生，长20~60cm，有羽片15~20对，对生；羽片长5~10cm，有小羽片20~40对；小羽片密生，细小，长椭圆形，全缘，顶端钝圆，基部歪斜，叶脉则仅中脉明显。总状花序伞房状，顶生或腋生，长20~40cm；花大，直径7~15cm；花萼和花瓣皆5片，花瓣红色。荚果带状或微弯曲呈镰刀形，扁平，下垂呈深褐色，长30~60cm，内含种子40~50粒。花期5~8月。

【分布与应用区域】凤凰木原产非洲马达加斯加。世界热带、南亚热带地区广泛引种。中国台湾、海南、福建、广东、广西、云南等地有引种栽培。

【生物学特性】凤凰木为热带树种，喜高温多湿和阳光充足环境，生长适温20~30℃，不耐寒，种植区域冬季温度不低于5℃。浅根性，但根系发达，抗风能力强。抗空气污染。生长迅速。一般一年生高可达1.5~2m，二年生高可达3~4m，种植6~8年始花。在华南地区，每年2月初冬芽萌发，4~7月为生长高峰，7月下旬因气温过高，生长量下降，8月中下旬以后气温下降，生长加快，10月份后生长减慢，12月至翌年1月份落叶。

【园林应用】凤凰木树冠宽阔平展，枝叶茂密，枝叶广展犹如凤凰之尾羽，故名凤凰木，夏初开花，犹如火焰。开花时红花绿叶，对比强烈，相映成趣。可作行道树、庭荫树。

【繁殖方法】凤凰木采用播种繁殖，于3月下旬至4月中旬进行。由于种壳坚硬，不易吸水，直接播种不易发芽，因此需要在播种前进行处理，一般采用浓硫酸腐蚀处理。将种子倒进玻璃器皿中，慢慢加入无水的浓硫酸，直至快淹没种子为止，用耐腐蚀的玻棒等搅拌种子至浓硫酸开始变淡褐色时，将浓硫酸倒去，然后用清水反复漂洗干净后，再用清水浸泡12~24h，使种子充分吸水膨胀后即可播种。凤凰木的种子比较大粒，可直接播在育苗袋中，深度与种粒大小相当，播后4~6d开始发芽，发芽率90%以上，20d后苗高可达10~15cm。

【苗木培育】凤凰木幼苗期每月施薄肥1~2次，由于幼苗对霜冻较敏感，入秋后应停止施肥，促其早日木质化。进入冬季，要用薄膜覆盖以防霜冻。袋苗生长1~2年后应移至大田继续培育，株行距80cm×80cm，两行间的苗木呈品字形错开栽植，以增加苗木生长的空间。栽前种植穴底施足有机肥，将育苗袋剪开后取出苗木，将主根剪短，种在种植穴中，淋透水，因其根部具有根瘤菌，能固氮而增加土壤肥力，所以栽植时不要拆散袋苗的泥球，同时要注意栽植地不能选在积水地，以免根瘤菌死亡，影响植株生长。凤凰木生长强健，耐粗放管理，病害较少，主要虫害为凤凰木夜蛾，应及时防治。

（三）木棉

【学名】*Bombax ceiba*（*Bombax malabaricum*）

【科属】木棉科木棉属

【形态特征】木棉为落叶乔木，植株高达40m，树干具锥形皮刺，枝条轮生，向四周近水平方向延伸。掌状复叶互生，小叶5～7枚，卵状长椭圆形，全缘，无毛。花簇生于枝端，花径约10cm；花萼杯状，直径3～4.5cm，常5浅裂；花瓣5，肉质，红色、金黄或淡黄色；雄蕊多数，合生成短管，排成3轮，最外轮集生为5束；子房5室。蒴果长椭球形，长10～15cm，木质，裂为5瓣，内有棉毛。种子倒卵形，光滑。花期2～3月，果熟期6～7月。

【分布与应用区域】木棉分布于海南、云南、广东、广西、四川、贵州、江西、福建、台湾等地，海南、广东、广西、云南南部一带是其分布中心。据分析，北纬26°大致是其分布的北限，垂直分布范围在海拔1 400m以下。

【生物学特性】木棉为阳性植物，喜高温湿润气候，不耐寒，生长最适温度为23～31℃。在微酸性至中性肥沃土壤上生长良好，耐干旱，耐瘠薄，不耐水湿。深根性，萌芽性强，生长迅速，5年可开花。

【园林应用】木棉树形端庄，开花壮观，为高级园景树、行道树。可于各式庭园、校园、公园、游乐区、庙宇等处种植，单植、列植、群植均美观。主干有大型皮刺，幼儿园避免栽植，以免伤及幼童。

【繁殖方法】由于木棉的种子容易得到，生产上主要采用播种繁殖。每年6～7月木棉蒴果变褐色未开裂时采收，将蒴果曝晒取出种子，立即播种，种子千粒重为17.5g，每公顷播种45～60kg。由于种子较小，可用条播法，播种沟行距30cm，深5cm，在沟内点播种子，粒距10cm，覆土1～2cm，播种后在床面盖一层草，之后保持苗床土壤湿润，5～6d即可发芽，14d基本发芽结束，发芽率可达70%以上。苗高5～6cm时移到育苗袋栽植。

【苗木培育】木棉袋苗第二年可地栽培育大苗，株行距1.2m×1.2m，定植当天淋足定根水。移植苗要根据其生长规律进行施肥，木棉每年有两个生长高峰期和一个缓长期，第一次生长高峰在5～7月，第二次生长高峰在8～9月，缓长期在10～11月。因此，第一次施肥应在4月中旬进行，第二次施肥在7月中旬进行，第三次施肥在9月中旬进行，三次共施复合肥0.5kg/株。胸径达到8cm以上时，可以出圃作城市绿化用苗。

（四）美丽异木棉

【学名】*Chorisia speciosa*

【科属】木棉科异木棉属

【形态特征】美丽异木棉为落叶大乔木，株高18～30m，枝平展，树冠伞形，树干浅黄绿色，近基部最粗，幼时常有圆锥形大刺。掌状复叶，小叶5～7枚，长椭圆形或倒长卵形，呈辐射状分布，叶缘细锯齿，长8～12cm。总状花序顶生；花大而繁密，直径10～15cm，具有2～5枚不规则筒状萼片，花瓣淡紫粉红色或深粉红色，基部浅黄色且具紫褐色条纹；花丝合生成肉质雄蕊管，包围花柱，仅露出柱头。蒴果长椭圆形，长10～20cm。种子扁圆形，褐色，藏于绵毛内，冬季或翌春成熟。花期夏末至冬初盛开（10～12月）。

【分布与应用区域】美丽异木棉原产南美洲，是澳大利亚和美国加利福尼亚州亚热带地区常见的观赏树种，在我国主要分布于广东、海南、福建、台湾等地。

【生物学特性】美丽异木棉为阳性植物，喜高温多湿气候，日照需充足，荫蔽条件下生育不良。幼时生长极迅速，在广东湛江地区，播种一年就可长至1.5m，4～5年就可以开花。耐热、耐旱，适于热带至南亚热带地区栽培。

【园林应用】美丽异木棉是优良的观花乔木，是庭院绿化和美化的高级树种，也可作为高级行道树。

【繁殖方法】美丽异木棉主要采用播种繁殖，于4~5月种子成熟期进行。成熟的果实稍用力压便会开裂，每个果有80~120粒种子，随采随播，采用点播的方法，直接点播在育苗袋中，注意不能播得太深，否则会使种子发芽推迟，发芽率下降。点播完成后用稻草或遮阳网覆盖，保持土壤湿润，播种后一周左右开始发芽，发芽至1/3时揭开遮阳网，中午光照强烈时遮阴，使种子有足够的光照，以免徒长。

嫁接是我国美丽异木棉早期的育苗方式，以1~2年生木棉苗作砧木，以美丽异木棉顶芽作接穗，注意不能选择美丽异木棉侧枝作接穗，否则嫁接苗会出现强烈的偏冠现象。

【苗木培育】美丽异木棉是速生树种，播种苗半年左右便可定植到大田，株行距2m×2m。喜高温多湿气候，生长旺季为3~9月，肥水一定要充足，每个月施用一次有机肥或复合肥，以达到最佳的生长速度。管理恰当的美丽异木棉叶色光亮，第二年胸径可达8~10cm。由于其生长迅速，枝条比较脆弱，应设立支柱扶持，避免强风吹倒折枝，同时进行适当的修剪，采用短截方法，当苗木有2~3轮一级分枝时短截最靠近底部一轮的一级分枝，截去枝条长度的1/3~1/4。不能采用重短截，一级分枝修剪过度会导致分枝点膨大，极不美观。

（五）榄仁

【学名】 *Terminalia catappa*

【科属】使君子科榄仁树属

【形态特征】榄仁为落叶乔木，树高可达15m或更高，树枝平展轮生，树冠伞形，冠幅5~6m，老树有明显板根。叶互生，倒卵形，长12~22cm，宽8~15cm，秋季转黄或红叶，冬季落叶。穗状花序长而纤细，腋生，长15~20cm，雌雄异花植物，雄花长于上部，雌花或两性花长于下部。花多数，绿色或白色，长约10mm。核果，扁椭圆形，两端稍渐尖，两边具棱，棱上具翅状的狭边，像船只的龙骨状构造，长3~4.5cm，宽2.5~3.1cm。种子长圆形。

【分布与应用区域】榄仁原产马达加斯加、印度东部和安达曼群岛及马来半岛。我国海南、广东、广西、云南、台湾有栽培。

【生物学特性】榄仁为热带树种，在湿热气候条件下生长茂盛，能耐轻霜及短期-1℃低温。喜光，在全光照或适度荫蔽均生长良好。稍耐瘠薄，在沿海沙地、泥炭土、石灰岩土壤上均可生长。抗风力强。

【园林应用】榄仁树姿优美，枝条围绕主干轮生，树冠宽大浓郁，春季新芽翠绿，秋冬落叶前转变为黄色或红色，为优美的观赏树种，可在公园绿地孤植、丛植，也可作背景树成片栽植。树冠遮阴效果好，适于作行道树成行栽植。生性极强，也可作为海岸绿化树种。

【繁殖方法】榄仁采用播种繁殖，于每年9月果实成熟呈黑色时进行。果实成熟自然跌落到地面上进行收集，采回的果实无需特殊处理，直接带果密播于沙床，保持沙床湿润。据在广西南宁播种试验，当年10月播种，至11月中旬开始发芽，翌年2月下旬进入发芽盛期，播种宜早，通常发芽率在85%以上。待发芽后10d左右即可移入容器育苗袋内培育，因发芽不整齐，宜分批移栽。一年生容器苗高1~1.5m，地径1.2~1.5cm。

【苗木培育】榄仁一年生容器苗需在苗圃地继续培育2~3年才能成为园林绿化用苗，由于榄仁树冠较大，移植密度宜稀，株行距以 2m×2m 为宜。为节约用地，在小苗期间常间种其他灌木小苗，或沿圃地四周栽植。榄仁树苗生长快，树高年生长量在 1.2m 以上，为培育良好的树形，发现树干弯曲的苗木应及时矫正，在旁边插一根竹竿，将榄仁树扎在竹竿上固定。大规格苗木应进行修枝，具体方法是逐年将树干下部干枯的枝条锯掉，使苗木的枝下高逐年提高，直至枝下高达到 1.8m。

（六）小叶榄仁

【学名】*Terminalia mantalyi*

【科属】使君子科榄仁树属

【形态特征】小叶榄仁为落叶乔木，主干挺直，侧枝轮生，自然分层，株高可达 15m，冠幅 4～5m。叶互生，枇杷形，全缘，具短茸毛，4～6 对羽状脉，4～7 叶轮生，冬季落叶前变成红或紫红色，落叶后光秃柔细的枝干也具有独特风格。穗状花序腋生，花小而不显著。核果纺锤形，具种子一枚。成年植株夏秋季开花，秋末冬初核果成熟。

【分布与应用区域】小叶榄仁原产非洲，我国广东、广西、云南、香港、台湾等地有栽培，是广州、深圳等地园林景观主调树种之一。

【生物学特性】小叶榄仁为阳性植物，喜高温多湿，生育适温为 23～32℃，13～16℃能正常生长，0℃以下易受冻害。适应性强，生长较快，易移植，寿命长。对土壤要求不严，但在排水良好的肥沃壤土或沙壤土中生长迅速。抗风吹袭，耐盐碱，为优良的海岸树种。

【园林应用】小叶榄仁主干笔直，株型优美，层次分明，质感纤细，常用作庭园树和行道树，庭园中孤植、丛植景观效果良好。

【繁殖方法】小叶榄仁生产上主要采用播种繁殖，播种季节一般为春、夏两季，最好选用上年秋末冬初成熟自然掉落的种子。播后半个月即可发芽，移入营养袋进行容器育苗。幼苗期需水较多，应保持土壤湿润，可施少量水肥 2～3 次，促进幼苗苗壮快速成长。幼苗长到 50cm 左右移入大田培育大苗。

小叶榄仁也可采用嫁接繁殖，通常在早春进行，砧木选用 1～2 年生榄仁实生苗，采用劈接法嫁接。

【苗木培育】园林绿化所用的小叶榄仁需要在苗圃培育 5 年以上，经过 1～2 次移植。一年生容器苗在春夏移入大田，株行距 0.8m×0.8m，3 年后通过移植扩大到 2m×2m。容器苗地栽后要做好田间管理，根据气候和土壤情况及时浇水，春、夏、秋各施一次有机肥或复合肥等。小叶榄仁萌芽力强，应经常修剪主干下部的侧枝，逐步提高第一分枝的高度。一般经 5 年以上大田培育，植株高度 3～5m 时即可出圃。

（七）垂柳

【学名】*Salix babylonica*

【科属】杨柳科柳属

【形态特征】垂柳为落叶乔木，高达 18m，胸径 1m，树冠倒广卵形，冠幅 6～10m，小枝细长下垂，淡黄褐色。叶互生，披针形或条状披针形，长 8～16cm，先端渐长尖，基部楔形，具细锯齿。雄蕊 2，花丝分离，花药黄色；雌花子房无柄，腺体 1。花期 3～4 月，果熟期 4～5 月。

【分布与应用区域】垂柳分布于长江流域及其以南平原地区，华北、东北有栽培。垂直分布在海拔 1 300m 以下，是平原水边常见树种。亚洲、欧洲及美洲许多国家都有悠久的栽培历史。

【生物学特性】 为阳性植物，喜光，喜温暖湿润气候及潮湿深厚的酸性及中性土壤，较耐寒，特耐水湿，但也能生于土层深厚的高燥地区。垂柳根系发达，生长迅速，15年生树高达13m，胸径24cm。

【园林应用】 垂柳枝条细长，柔软下垂，随风飘舞，姿态优美潇洒，植于河岸及湖池边最为理想，柔条依依拂水，别有风致，自古即为重要的庭园观赏树，也可用作道树、庭荫树、固岸护堤树及平原造林树种。此外，垂柳对有毒气体抗性较强，并能吸收二氧化硫，故也适于工厂区绿化。

【繁殖方法】 垂柳主要采用扦插繁殖，于早春进行。选择生长快、无病虫害、姿态优美的雄株作为采条母株，剪取2～3年生粗壮枝条，截成15～17cm长的枝段作为插穗。扦插株行距20cm×30cm，插后充分浇水，并经常保持土壤湿润，成活率极高。垂柳也可用播种繁殖或嫁接（皮下枝接）繁殖。

【苗木培育】 垂柳扦插苗出根后先用育苗袋种植，1年后苗高达到1m以上时移入大田继续培育。移植在春季进行，株行距0.8m×0.8m。苗木培育期间应做好松土、除草、灌溉、施肥等田间管理工作，特别要做好病虫害防治。主要虫害有天牛、柳毒蛾、柳叶甲等，其中天牛蛀食树干，被害严重时易遭风折枯死。主要病害有锈病、煤烟病等。发现病虫害应及时防治。

（八）黄花风铃木

【学名】 *Tabebuia chrysantha*

【科属】 紫葳科风铃木属

【形态特征】 黄花风铃木为落叶乔木，株高4～6m，干直立，树冠圆伞形。掌状复叶，小叶4～5枚，倒卵形，纸质有疏锯齿，叶色黄绿至深绿，全叶被褐色细茸毛。先花后叶，花冠漏斗形、五裂，花冠边缘皱曲，花色金黄。蓇葖果，开裂时果荚多重反卷，向下开裂。种子带薄翅，有许多茸毛以利种子散播。花期3～4月，花期10d以上。

【分布与应用区域】 黄花风铃木原产墨西哥、中美洲、南美洲，为巴西国花，自南美巴拉圭引进我国，我国华南、云南南部栽培。

【生物学特性】 黄花风铃木性喜高温，生育适温23～30℃，不耐寒，在我国仅适合热带亚热带地区栽培。苗期要求较强的光照，特别是在温室环境进行播种育苗时，极易因为光照和通风不足造成小苗势弱并发生猝倒病。因此在种子发芽，真叶展开后，要保证生长环境的遮光率不超过50%，同时保持足够的通风。

【园林应用】 黄花风铃木是优良行道树，也可在庭院、校园、住宅区等种植。黄花风铃木会随着四季变化而更换风貌。春天枝条叶疏，清明前后开出漂亮的黄花；夏天长叶结果荚；秋天枝叶繁盛，一片绿油油的景象；冬天枯枝落叶，呈现出凄凉之景。黄花风铃木作为庭院树和景观树时，可孤植或丛植、对植。

【繁殖方法】 黄花风铃木采用播种育苗，果为蓇葖果，5～6月成熟，种子具翅，夏天翅果纷飞，要在果实成熟时及时采摘。随采随播，幼苗2～3片真叶时，移入育苗袋中进行容器育苗。幼苗期病害较多，特别是猝倒病。因此育苗期间要做好遮阴防护、排涝，并定期喷药预防，以减少病害发生。苗高25cm以上时移植到大田培育。

【苗木培育】 黄花风铃木移植于春季进行，株行距0.8m×0.8m，种植前先整地，施足基肥。种植成活后应加强肥水管理,夏秋季节多施薄肥,以促进小苗快长。苗期生长快,主干柔软,容易倒伏并易产生萌芽,自然株型往往不佳。苗高 30~50cm 时应在旁边插一根高约 2m 的竹竿引导植株直立生长,苗每长高 50cm 捆扎一次。生长期间还应定期进行修剪整形,剪去低矮的分生侧枝,冬季落叶后进行一次修枝整形,才能保持主干生长通直。经过 3~4 年培育,径粗 4~6cm 可出圃作为绿化用苗。

(九)大叶榕

【学名】 *Ficus virens* var. *sublanceolata*

【科属】 桑科榕属

【形态特征】 大叶榕为落叶乔木,高达 30m,胸径 3~5m。树冠广卵形,干粗大,枝柔软,自然伸展,有乳汁。单叶互生,叶薄革质,长椭圆形或卵状椭圆形,长 8~16cm,宽 4~7cm,全缘,叶面光滑无毛,有光泽;1~2 月落叶,约 10d 后即萌新叶,嫩叶芽毛笔状。隐花果近球形,直径 5~8mm,熟时黄色或红色。花期 5 月,果熟期 9~10 月。

【分布与应用区域】 大叶榕分布在热带亚热带。我国海南、广西、云南(南部至中部、西北部)、四川有栽培。

【生物学特性】 大叶榕为阳性植物,喜高温多湿气候,耐干旱瘠薄,抗风,抗大气污染。生长迅速,移栽容易成活。榕树属于热带树种,夏季勤浇水,可生长良好。

【园林应用】 大叶榕形态优美,树冠均匀,枝叶茂盛。春季幼叶长出时为浅绿色,新叶展放后鲜红色的托叶纷纷落地,甚为美观,其后渐转深绿。适应力强,是优良的行道树种。宅旁、桥畔、路侧随处可见,树冠庞大,树下是炎炎夏日理想的遮阴地,是园林或行道常植树种之一。

【繁殖方法】 大叶榕采用扦插及空中压条等方法繁殖,以扦插繁殖育苗最为常用。于春季发芽前剪取成熟的一年生以上枝条,长 20cm 左右,下端切口稍晾干后插在干爽细碎的黄泥插床中,株行距 15cm×20cm,插深 5~8cm,插后结合消毒浇一次透水,盖上小薄膜拱棚保湿。大约 2 个月生根,可先移到育苗袋中进行容器育苗,待 3~5 个月根系扎实后移植到大田培育。

【苗木培育】 大叶榕是粗生快长树种,对土壤要求不高,一般苗圃地就可以选作大叶榕的培育基地。种植前先整地,施足基肥,按 1.5m×2.0m 的株行距种植。种植成活后加强肥水管理,3 年左右便可成为绿化用苗。由于大叶榕的根系过于强大,所以在苗木培育期间要进行 1~2 次断根处理,使根系回缩。同时要对主干进行定期修剪,使苗干通直,第一分枝高达到 2.0m 以上。

第二节 常绿乔木

(一)南洋杉

【学名】 *Araucaria heterophylla*

【科属】 南洋杉科南洋杉属

【形态特征】 南洋杉为常绿乔木,在原产地高可达 50m,树冠塔形,树皮横裂。大枝平展或斜生,侧生小枝密集下垂,近羽状排列。幼树的叶排列疏松,开展,锥形、针形、镰形或三角形,长 7~17mm,微具四棱;老树和花果枝上的叶排列紧密,卵形或三角状卵形,

第八章 华南地区常见园林苗木的培育

上下扁,背面微凸,长6～10mm。球果卵圆形或椭圆形,长6～10cm。种子椭圆形,两侧具结合而生的薄翅。

【分布与应用区域】南洋杉原产大洋洲东南沿海地区。我国华南地区、云南南部等地有栽培,长江以北有盆栽。

【生物学特性】南洋杉为阳性树种,也耐半阴。喜温暖湿润气候,不耐寒,忌干旱,在气温25～30℃、相对湿度70%以上的环境条件下生长最佳。喜肥沃含腐殖质沙质壤土,不耐水湿,抗风力强。生长快。

【园林应用】南洋杉为美丽的园景树,可孤植、列植或配植在树丛内,也可作为大型雕塑或风景建筑背景树。盆栽苗用于前庭或厅堂内点缀环境,则十分高雅。

【繁殖方法】南洋杉主要采用播种繁殖,在7～8月进行,种子不宜在阳光下暴晒,忌脱水藏,忌堆沤发热,尽量保持种子新鲜,即采即播。播前先破伤种皮,并用0.5%的高锰酸钾消毒,然后沙床催芽,沙床也要严格消毒。一般在28～30℃和一定湿度条件下催芽,15～20d可萌动,幼苗出土后要搭荫棚,并经常喷药防病。

扦插繁殖一般在春、夏季进行,采用3～5年生、生长健壮、无病虫害、叶色浓绿的实生苗作母株,必须选择主枝作插穗,插穗长10～15cm,插后在18～25℃和较高的空气湿度条件下,约4个月可生根。如在扦插前将插穗基部用0.2g/L吲哚丁酸(IBA)浸泡5h后再扦插,可促进其提前生根。

【苗木培育】南洋杉小苗先用育苗袋种植,待苗高30cm左右时可移植到花盆种植或直接地栽培育。盆栽可先用口径28cm左右的花盆,随着苗木的生长逐步换大规格花盆。如果是地栽,要选择疏松肥沃排水好的地方,整地后起高畦,做好排水沟。株行距为1.0m×1.0m,不能太密,否则会因光照不足而造成底层的枝叶干枯,失去观赏价值。种植后在旁边插1支竹竿,将南洋杉苗扎在竹竿上,以防止主干弯曲或倒伏。

(二)竹柏

【学名】*Nageia nagi*

【科属】罗汉松科竹柏属

【形态特征】竹柏为常绿乔木,株高20m,树冠圆锥形,树皮呈小块薄片状脱落。叶对生或近对生,长卵形、卵状披针形或针状椭圆形,革质,长2～9cm,宽0.7～2.5cm,具有多数平行细脉,无中脉。雄球花腋生,常呈分枝状。种子球形,熟时暗紫色,有白粉,苞片不发育成肉质种托,外种皮骨质。花期3～4月,种子10月成熟。

【分布与应用区域】竹柏产于我国南岭山地及以南地区海拔1 000m以下的常绿阔叶林中,我国华南地区园林应用。日本也有分布。

【生物学特性】竹柏为阴性树种,喜温热潮湿多雨气候。对土壤要求严格,适宜于排水良好、肥厚湿润、呈酸性的沙壤或轻黏壤土上生长。

【园林应用】竹柏叶形奇异,枝叶青翠有光泽,树冠浓郁,树形秀丽,是南方良好的庭荫树和行道树,也是风景区和城乡"四旁"绿化的优秀树种。

【繁殖方法】竹柏主要采用播种繁殖,3月种实成熟时进行,将采下的果实洗去果肉,稍阴干后即可播种。也可用沙藏处理,到翌春再将种子取出播种。选择日照较短、水源方便、肥沃湿润、通透性好的沙壤土作床育苗,播种后应搭盖透光度为30%～50%的荫棚,幼苗出土后要做好除草、松土、追肥、淋水及病虫害防治等管理工作。幼苗高10cm左右时，可先移到育苗袋中进行容器育苗，当年生苗高可达 30cm。

竹柏也可扦插繁殖，于冬季或早春进行，选用幼龄树枝条作插穗，成活率可达 90% 以上。

【苗木培育】培育竹柏苗宜选在低山丘陵阴坡或半阴坡土壤疏松肥沃、排水良好的地带。整地并施足有机肥，做好排水沟，选择苗高 50cm 左右的容器苗，按 0.8m×0.8m 株行距种植。栽植当年要适时中耕除草，追施肥料，若遇干旱要浇水降温并盖草保墒。以后每年要中耕除草 1~2 次，并适当进行修剪整形，使第一分枝的高度达到 1.8m 以上。

（三）杧果

【学名】*Mangifera indica*

【科属】漆树科杧果属

【形态特征】杧果为常绿乔木，株高 8~12m，树冠稍呈卵形或球形，冠幅 6~7m，树皮灰白色或灰褐色。叶互生，全缘，披针形，革质，新叶为紫红色，成熟叶为绿色。顶生圆锥花序，花小，无梗，淡黄色，有芳香。一般 12 月到翌年 1 月开花，5~6 月果熟。

【分布与应用区域】杧果原产喜马拉雅山以南的热带地区。我国广东、广西、福建、四川、台湾、云南南部等无霜地区有栽培，在华南地区城市绿化中广泛应用。

【生物学特性】杧果喜光、喜温暖湿润气候，不耐寒，不耐污染。对土壤要求严格，适生于土层深厚肥沃而排水良好的沙壤土和壤土，忌水浸。

【园林应用】杧果常作为行道树和庭荫树，用于城市道路、广场、居住区、工厂及公园绿化。

【繁殖方法】绿化用杧果采用播种繁殖，每年 6~7 月杧果成熟季节进行。将杧果去肉后，再将种子外层的壳剥开取出胚仁，操作时应尽量不要伤及胚仁。将胚仁按 10cm×10cm 株行距点播在沙床中，深度以盖住种子为宜，上面覆盖约 2cm 厚的沙层，播后淋水，保持沙床湿度 85% 以上，沙床上面用遮阳网覆盖，保持透光度 10% 以下。播种后约 7d 可发芽，待幼苗长至 2 片真叶后，将幼苗连同胚仁一起挖出来种到育苗袋中进行容器育苗。

【苗木培育】杧果容器苗高 50cm 以上时移植到大田继续培育成大规格绿化苗，移植于 4~5 月进行。先整地做畦，做好排水沟，然后按 0.8m×0.8m 株行距种植。小苗成活后要及时做好松土、除草、施肥、浇水等管理工作。杧果的病虫害特别是蛀梢虫会造成新梢枯死，因此要及时做好病虫害预防工作。作为绿化用的杧果，要求第一分枝在 1.8m 以上，所以在苗木培育过程中应适时进行修剪。

（四）人面子

【学名】*Dracontomelon duperreanum*

【科属】漆树科人面子属

【形态特征】人面子为常绿乔木，高达 20m，树冠半圆形，冠幅 6~7m。奇数羽状复叶，叶长 30~45cm，有小叶 5~7 对，叶轴和叶柄疏被柔毛，小叶互生，长圆形，长 5~14cm，先端渐尖，基部常偏斜，阔楔形至近圆形，全缘。圆锥花序顶生或腋生，比叶短，长 10~23cm，花白色。果扁球形，长 2cm，径约 2.5cm，成熟时黄色。花期 5~6 月，果期 9~10 月。

【分布与应用区域】人面子产于云南东南、广西、广东，生于低山丘陵中，越南也有分布。我国华南地区广泛应用。

【生物学特性】人面子为阳性植物。喜高温多湿环境，喜湿润肥沃酸性土壤。适应性颇强，耐寒，抗风，抗大气污染。

【园林应用】人面子树形雄伟塔形，枝叶繁茂，为优美的庭荫树和行道树。

【繁殖方法】人面子采用播种繁殖，9~10月种子成熟时进行。将果肉剥干净，选择色泽好、大小匀称、籽粒饱满、干燥无霉变的种子，用杀菌剂消毒后密播于沙床中，盖上遮阳网催芽。幼苗具2片真叶、苗高10cm以上时移到育苗袋中进行容器育苗。小苗培育1年，苗高80~100cm时移入大田培育大苗。

【苗木培育】培育人面子大苗应选择疏松肥沃排水良好之地，整地、施足有机肥、做畦，按0.8m×0.8m株行距种植，种植时育苗袋要撕开。小苗成活后要做好松土、除草、施肥、灌溉、病虫害防治等管理工作。人面子苗生长较快，在苗圃培育4~5年、平均胸径达8cm时，就可用于绿化。

（五）高山榕

【学名】*Ficus altissima*

【科属】桑科榕属

【形态特征】高山榕为常绿大乔木，株高可达30m，树冠伞形，冠幅8~10m。叶互生，厚革质，浓绿，广卵形至广卵状椭圆形，长10~21cm，顶端钝急尖，基部圆形或钝，全缘，三出脉。花序托成对腋生，幼时为外生灰色柔毛的帽状苞片所包围，雌雄同株。隐花果近球形，深红色或淡黄色。花果期3~12月。

【分布与应用区域】高山榕产于我国广东、广西及云南南部，多生于山地林中；马来西亚、印度及斯里兰卡也产。

【生物学特性】高山榕为阳性热带亚热带树种，喜高温多湿气候，喜疏松湿润土壤。耐贫瘠和干旱，抗风和抗大气污染。生长迅速，移栽容易成活。

【园林应用】高山榕叶大荫浓，常孤植作庭荫树或列植作行道树。

【繁殖方法】高山榕采用扦插繁殖，3~5月进行，选取一年生以上的成熟枝条，剪取长30cm左右的枝条尾段，保留顶端2~3片叶，待下切口稍晾干后，插在用干爽碎黄泥做成的插床中，插后消毒并淋透水，盖上薄膜小拱棚保温保湿。晴朗的白天小拱棚上可加盖一层遮阳网，并将小拱棚两端揭开通风。一般插后1个月生根，移植到育苗袋中进行容器育苗。

【苗木培育】高山榕苗高1m左右时移植到大田继续培育，移植一般于春季进行，先整地、施足基肥、做成种植高畦，将容器苗撕开后按0.8m×0.8m株行距进行种植，种植后淋透水。移植苗成活后要做好松土、除草、施肥、淋水等管理工作。苗木胸径3cm以上时进行1~2次断根处理，要对树干进行定形修剪，使第一分枝高度达到1.8m以上。

（六）橡胶榕

【学名】*Ficus elastica*

【科属】桑科榕属

【形态特征】橡胶榕为常绿乔木，株高达45m，树冠半圆形，冠幅8~10m，植株富含乳汁，具气根。叶片具长柄，互生，厚革质，长椭圆形至椭圆形，长10~30cm，全缘，侧脉多而明显平行；托叶单生，披针形，包被顶芽，长达叶的1/2，紫红色。雌雄同株，果实成对生于已落叶的叶腋，熟时带黄绿色，卵状长椭圆形。花果期9~11月。

【分布与应用区域】橡胶榕原产于印度、缅甸。我国华南地区常见露地栽培，长江以北作盆栽。

【生物学特性】橡胶榕为热带速生树种，耐热、不耐寒、耐旱、耐瘠、耐阴、耐风、抗污染、耐修剪、萌芽强、易移植，适应性强。

【园林应用】橡胶榕可孤植、列植、群植，作庭荫树或盆栽观赏。

【繁殖方法】橡胶榕主要采用扦插繁殖，在春季进行。从二年生健壮枝上截取插穗，穗长10～15cm，所有插穗下切口均用草木灰蘸涂，稍晾干后斜插入土，深度3～5cm，压实，株行距15cm×20cm。扦插后盖上遮阳网，每天淋水一次，使培养土始终保持在相对含水量60%左右，空气湿度保持在相对湿度70%左右。扦插后约20d生根，1个多月即可移栽，进入正常的栽培管理。空中压条繁殖可以参考细叶榕的做法。

【苗木培育】橡胶榕小苗先用育苗袋种植，苗高1m以上时，移植到大田培育。株行距0.8m×0.8m，移植时要把育苗袋撕开。移植成活后要做好肥水管理。第二、三年要将株行距扩大一倍，并进行断根处理，使根系回缩，促进细根生长。同时还要根据植株的生长情况，适时进行整枝，使植株的第一分枝高度达到1.8m以上。

（七）樟树

【学名】*Cinnamomum camphora*

【科属】樟科樟属

【形态特征】樟树为常绿乔木，高可达30m，树冠广卵形，冠幅6～8m。叶薄革质，卵形或椭圆状卵形，长6～12cm，顶端急尖或近尾尖，基部圆形，离基三出脉，脉腋有明显腺点。圆锥花序腋出，花小，淡黄绿色。果球形，紫黑色。花期4～5月，果熟期8～11月。

【分布与应用区域】樟树分布于我国长江以南和西南地区，越南、朝鲜和日本也有分布。亚热带地区广泛栽培。

【生物学特性】樟树喜光，喜温暖湿润气候，不耐干旱、瘠薄，忌积水。抗风，抗大气污染，并有吸收灰尘和噪声的功能。生长快，寿命长，是我国常见的古树树种之一。

【园林应用】樟树树姿雄伟，有挥发性樟脑香味，为优良的庭荫树和行道树种。樟树为国家二级保护植物。

【繁殖方法】樟树采用播种繁殖，10～12月将成熟的种子采下，搓洗干净后混沙储藏，翌年3月初即可取出催芽。先用50℃的温水浸种，温水冷却后再换50℃水重复浸种3～4次。将播种苗床整成床高35～50cm，床宽1.2m。采用条播，条播行距20cm左右，播后覆土盖稻草或遮阳网，保持苗床表土湿润，以利种子发芽。幼苗出土后应及时揭去稻草或地膜，待幼苗长出数片真叶时间苗，苗高10cm左右移植到育苗袋中培育。

【苗木培育】培育樟树苗木要选择地势较高、排水良好的沙壤地，整地、施足基肥、做好种植畦。选择苗高50cm以上的容器苗，按0.8m×0.8m株行距移植，移栽于1月中下旬至3月上中旬较为适宜。苗木成活后转入正常的管理，生长季节施肥3～4次，促进生长。樟树虫害较多，要注意观察，及时防治。在苗圃培育5年，苗木胸径可达5～6cm，选择早春季节，将苗木挖起来，用直径40～50cm的美植袋种植，在苗圃培育成大型容器苗。

（八）阴香

【学名】*Cinnamomum burmannii*

【科属】樟科樟属

【形态特征】阴香为常绿乔木，高达10～15m，树冠广卵形，冠幅5～6m。叶互生，革质至薄革质，卵圆形、长圆形至披针形，长 6～10cm，先端渐尖，无毛，离基三出脉，脉腋内无腺体，叶揉碎有肉桂香味。圆锥花序长 2～6cm。果卵形，长约 8mm。花期 3～4 月，果熟期 11～12 月。

【分布与应用区域】阴香分布于云南、广东、海南、福建，东南亚其他地区也有分布。

【生物学特性】阴香为阳性植物，喜温暖湿润气候及肥沃湿润土壤，忌积水。

【园林应用】阴香树冠圆球形，树姿优美，枝叶终年常绿，有肉桂香味，为优良的绿化树种，可作庭园风景树和行道树等。

【繁殖方法】阴香采用播种繁殖，选择当年采收的籽粒饱满的种子，用温热水浸种 12～24h，直到种子吸水并膨胀起来，将种子滤干水，用过筛的草木灰和种子混匀，均匀地撒在播种床面，覆盖 1cm 厚的土，播后可用喷雾器把苗床淋湿，播种后每天早晚浇水，保持苗床湿润，待苗高 4～5cm 移入容器培育，并搭 50% 透光度的荫棚。

【苗木培育】

培育阴香苗木要选择地势较高、排水良好的沙壤地，整地、施足基肥、做好种植畦。选择苗高 50cm 以上的容器苗，按 0.8m×0.8m 的株行距移植，移栽的时间在 1 月中下旬至 3 月上中旬较为适宜。苗木成活后转入正常的管理，生长季节施肥 3～4 次，促进生长。经过 5 年的培育，苗木胸径可达 5～6cm，这时可以选择早春季节，将苗木挖起来，用直径 40～50cm 的美植袋种植，在苗圃培育成大型容器苗。

(九) 尖叶杜英

【学名】*Elaeocarpus apiculatus*

【科属】杜英科杜英属

【形态特征】尖叶杜英为常绿乔木，高达 10～30m，有板根，分枝呈假轮生状，树冠塔形，冠幅 4～6m。叶革质，小枝粗大，倒披针形，长 11～20cm。总状花序生于分枝上部叶腋，花冠白色，花瓣边缘流苏状，芳香。核果圆球形，绿色。夏季为开花期，种子秋末成熟。

【分布与应用区域】尖叶杜英产于我国海南、云南南部，中南半岛至马来西亚也有分布。我国华南、云南南部广为栽培。

【生物学特性】尖叶杜英为阳性植物，喜温暖高温和湿润气候，不耐干旱和瘠薄，喜肥沃湿润、富含有机质的土壤。深根性，抗风力强。

【园林应用】尖叶杜英树冠塔形，花芳香，可作为园林风景树和行道树。

【繁殖方法】尖叶杜英采用播种繁殖，2 月下旬至 3 月中旬进行，采用条播方法，播种沟宽 10cm，行距 20cm，播种后覆土厚度 2cm，播种量 105～120kg/hm^2。播种后用遮阳网覆盖苗床，保持土壤疏松湿润，有利于种子发芽出土。一般播后 30～40d 后幼苗出土，及时揭去遮阳网，幼苗高 10cm 左右移到育苗袋中进行容器育苗。

【苗木培育】尖叶杜英选择土层深厚、疏松、肥沃、排水良好的壤土，深翻、施足基肥，做成种植畦，按 0.8m×0.8m 株行距将容器苗移植到圃地中，移植后第一次浇水需浇透，苗木恢复生长后进入常规管理。尖叶杜英苗生长较慢，种植 5 年，胸径 4～5cm，可以选择春季将苗木挖出种到 40～50cm 的美植袋中，在苗圃培育成大型容器苗。

(十) 白兰花

【学名】*Michelia alba*

【科属】木兰科含笑属

【形态特征】白兰花为常绿乔木，株高可达17m，树冠长卵形，冠幅5～6m。叶薄革质，长椭圆形或椭圆状披针形，长10～17cm；叶柄上的托叶痕通常短于叶柄长的1/2。花白色，芳香，通常不结实。花期4～5月和8～9月。

【分布与应用区域】白兰花原产于印度尼西亚爪哇。我国华南地区园林应用，西南地区部分地区也栽植。

【生物学特性】白兰花喜光，喜温暖多雨及肥沃疏松的酸性土壤，不耐寒、不耐旱，忌积水。对二氧化硫，氯气等有毒气体抗性差。生长快，寿命长。

【园林应用】白兰花树形美观，开花清香，宜作庭荫树和行道树，是华南地区重要的芳香树种。

【繁殖方法】白兰花原产地多采用播种繁殖，但广州一带因无种子，常采用靠接繁殖和圈枝繁殖。

白兰花靠接繁殖在生长季节进行。靠接所用的砧木，在南方主要用黄兰实生苗，北方一般选用辛夷实生苗。嫁接后50d左右，嫁接部位愈合，即可将嫁接苗从母株上剪下来。嫁接苗先用育苗袋种植后放在阴凉处一段时间，待新芽抽出后移植到大田培育。

【苗木培育】白兰花育苗要选择疏松、肥沃、排水良好、地下水位低的缓坡地，先深翻、施足基肥，然后做成育苗高畦。春季按0.8m×0.8m株行距将白兰花袋苗移植到圃地中，淋足定根水。苗木成活后加强肥水管理，以促进苗木的生长，雨季要做好疏通排涝工作，防止积水烂根死苗。经过5年培育，挑选胸径5cm以上的苗木移入口径40～50cm的美植袋种植，在苗圃培育成大规格容器苗。

（十一）桂花

【学名】*Osmanthus fragrans*

【科属】木犀科木犀属

【形态特征】桂花为常绿乔木或灌木，株高达10m，树冠卵圆形。叶对生，矩圆形或椭圆状卵形，幼树叶缘疏生锯齿，大树叶近全缘。短总状花序生于叶腋，花黄色或橙黄色，香气浓郁。核果椭圆形，长1.5cm，熟时紫黑色。10月开花，翌春果熟。

【分布与应用区域】桂花产于我国西南及华中地区，南方各地广泛栽培。

【生物学特性】桂花耐阴，为亚热带或暖温带树种，能耐−10℃的短期低温。要求深厚肥沃的土壤，忌低洼盐碱。病虫害不严重，对二氧化硫、氯气有较强抗性。

【园林应用】桂花为我国传统名花，树冠整齐，绿叶光润，可孤植于草地，列植于道路旁，均可赏姿闻香，或群植成林，或星散点缀于窗前屋后、水滨亭旁。

【繁殖方法】桂花采用压条繁殖，分为低压法和高压（圈枝）法。低压法需选择低分枝或丛生的桂花母株，于春季到初夏，将下部1～2年生易弯曲部位的枝用刀切割或环剥，深达木质部，压入3～5cm深的条沟内，用木条固定。高压（圈枝）法则于春季从母树上选1～2年生枝条，环剥后将伤口及以上部位裹上培养基质，整成纺锤形，外面用一块薄膜包住，两端扎紧。培养过程中，始终保持基质湿润，秋季发根后剪离母株。

【苗木培育】桂花小苗先用育苗袋种植后放在阴凉处，在苗木恢复生长后逐渐给予光照，使苗木适应自然生长环境。到翌春再将苗木移植到苗圃中，株行距0.5m×0.5m，栽后浇透定根水。苗木恢复成活后应加强管理，促进生长。苗高60～80cm时，选留3～5个分布均匀的主枝作为骨架，再在各主枝上选留生长健壮、位置合适的枝条，以培养丰满、健壮、匀称的树形，树冠直径达到 150cm、树高达到 200cm 时，修剪成椭圆形或圆头形。

（十二）红花羊蹄甲

【学名】*Bauhinia blakeana*

【科属】苏木科羊蹄甲属

【形态特征】红花羊蹄甲为常绿乔木，高达 10m，树冠近伞形，枝条柔软稍垂。单叶，互生，叶革质，近圆形或阔心形，长 8~13cm，顶端二裂至叶全长的 1/4~1/3，裂片顶端圆形。总状花序顶生或腋生，花冠紫红色，发育雄蕊 5 枚，3 长 2 短。几乎全年均可开花，盛花期在春、秋两季。

【分布与应用区域】红花羊蹄甲原产亚洲南部，我国华南地区广泛应用，在云南、四川、重庆部分地区少量栽培。

【生物学特性】红花羊蹄甲喜光，喜温暖至高温湿润气候，适应性强，耐寒，耐干旱和瘠薄，抗大气污染，对土质要求不严。

【园林应用】红花羊蹄甲花序连串，花大色艳，花期长，可作公园、庭园、广场、水滨等处的观赏树和行道树。

【繁殖方法】红花羊蹄甲采用芽接繁殖，一般于生长季节进行。砧木选用二年生羊蹄甲或洋紫荆实生苗。芽接前一年应对母树进行截干，以萌发新的较为强壮的枝条，在枝条上选取饱满的腋芽作接穗，将接芽部位用嫁接带扎紧，外面摘一片砧木的树叶盖住，防止接芽晒干。在嫁接部位上方 20cm 处将砧木剪断。芽接后半个月就可以看出是否成活，没有成活的立即重新嫁接。

【苗木培育】红花羊蹄甲嫁接成功后，开始施薄肥水，促进生长。管理期间嫁接口以上的砧木萌芽要及时抹除，以免影响嫁接苗的生长。翌春将嫁接苗移到大田继续培育成大苗，移植株行距 0.8m×0.8m，移植后淋足定根水，待苗木恢复生长后开始施肥。移植后经过半年左右，接芽与砧木完全融合在一起后，将嫁接口以上的砧木剪去，成为一株完整的红花羊蹄甲苗。再经过 3~5 年的培育，苗木胸径 6cm 左右时，可以用 40~50cm 的美植袋种植，培育成大型容器苗。

（十三）黄槐

【学名】*Cassia surattensis*

【科属】苏木科决明属

【形态特征】黄槐为常绿小乔木，高 4~7m，树冠卵圆形，冠幅 3~4m。偶数羽状复叶，小叶 7~9 对，椭圆形至卵形，长 2~5cm。花排成伞房状总状花序，生于枝条上部的叶腋；花瓣 5 枚，鲜黄色，雄蕊 10，全发育。荚果条形，扁平，有柄。花期全年不绝。

【分布与应用区域】黄槐原产于印度、斯里兰卡、马来群岛及海湾地区。我国南部有栽培。

【生物学特性】黄槐喜光，喜温暖湿润气候，适应性强，耐寒，耐半阴，但不抗风。

【园林应用】黄槐枝叶繁茂，树姿优美，花期长，花色金黄灿烂，富热带特色，为美丽的观花树、庭院绿化树和行道树。

【繁殖方法】黄槐采用播种繁殖，播种前种子需先进行处理，使发芽快，发芽整齐。将种子去除杂质后，倒入耐腐蚀的干爽玻璃容器中，然后徐徐倒入无水浓硫酸淹没种子，用玻棒不停搅拌，到浓硫酸变成淡黑色时，将浓硫酸倒掉，立即用清水反复冲洗经处理的种子，彻底洗去硫酸。处理后的种子可用温水浸种12~24h再播种。经处理的种子直接播在育苗袋中，约半个月发芽。

【苗木培育】黄槐种子萌芽后，幼苗高10cm左右时，可施1%的人尿或0.1%的尿素溶液。浇肥后，要用清水喷洒一次，洗去叶面肥水，以免造成小苗灼伤。做好除草、肥水、病虫害防治等管理工作，促进小苗生长，一年生苗木苗高100~120cm。选择春季将容器苗移植到苗圃地，株行距0.8m×0.8m，移植后淋足定根水。经过3年培育，胸径3cm以上时，可以改用30~40cm的美植袋种植，以培育大型容器苗。

（十四）塞棟

【学名】*Khaya senegalensis*

【科属】棟科非洲棟属

【形态特征】塞棟为常绿乔木，高可达30m，树冠阔卵形，冠幅6~8m，干粗大，树皮灰白色，呈斑鳞片状剥落。叶为偶数羽状复叶，小叶互生，5~6对，光滑无毛，革质全缘，深绿色，长圆形至长椭圆形，长5~6cm。复聚伞花序腋生，花梗较花短，花瓣4枚、黄白色。蒴果卵形，种子带翅。花期4~5月。

【分布与应用区域】塞棟原产于非洲热带。我国台湾南部、福建、广东和广西的中南部、云南南部有栽培。

【生物学特性】塞棟性喜温暖湿润气候，不耐寒，大树在广州寒冷的冬季有时会出现受冻症状。喜阳，不耐阴。能在干旱瘠薄地生长，但更适宜于湿润而排水良好的深厚肥沃土壤生长。

【园林应用】塞棟树干耸直，冠幅扩展，枝叶浓密，是优良的庭荫树和行道树。

【繁殖方法】塞棟采用播种繁殖，4~5月种实成熟后立即进行。将采集的种实摊在通风阴凉处阴干脱粒取得种子，种子随采随播，发芽率高。种子集中密播在播种床中，在小苗高10~15cm、具3~5片真叶时移到育苗袋中培育成容器苗。

【苗木培育】塞棟容器苗高50cm左右时，移植到大田培育，移植最好于春季进行。选择土层深厚、疏松、肥沃、排水良好的沙壤土地块，整地、施足有机肥，做宽80cm的种植畦。将容器苗按大小分级后移植到苗圃地，株行距0.8m×0.8m，呈品字形错开种植，移植后淋足定根水。移植苗恢复生长后加强肥水管理，促进生长，进入秋季后，应减少施肥，使苗木壮实，增强抗寒能力。培育胸径4~5cm的绿化苗经过一次断根即可，培育8cm以上的绿化苗，需间苗增大株行距。

（十五）黄槿

【学名】*Hibiscus tiliaceus*

【科属】锦葵科木槿属

【形态特征】黄槿为常绿灌木至小乔木，高4~7m，树冠广卵形或圆伞形，冠幅5~6m。叶互生，纸质至软革质，圆心形，顶端突尖，基部心形，上面深绿色光滑，下面灰白色，密被短柔毛，掌状脉。花大，单生或排成总状花序，顶生或腋生；花萼钟状，花冠黄色，直径8~10cm。蒴果近球形，直径约2cm，被柔毛。花期6~10月，果熟期11月至翌年2月。

【分布与应用区域】黄槿分布于我国华南、福建、台湾等地，印度、中南半岛至东南亚也有。常见生于滨海地带、河旁或灌丛中。

【生物学特性】黄槿喜温暖、湿润气候，能耐短期低温，喜光而耐半阴，对土壤要求不严，耐旱瘠和水湿，耐盐碱，抗风，抗大气污染和滞粉尘能力强。生长快，萌蘖力强，耐修剪。

【园林应用】黄槿适应性强，生长强健，枝叶茂密，树冠圆整美观，花大色艳，花期长，为优良的乡土树种。宜作行道树或庭园栽植，尤宜作海岸防风、防潮和固沙防护林树种。

【繁殖方法】黄槿主要采用扦插繁殖，以一年生枝条作为插穗，插穗基部 2～3cm 蘸促根剂后垂直插入干净细碎的黄泥插床中，插入深度 3cm 左右。在插床上搭小拱棚，用塑料薄膜将整个苗床密封，薄膜上再覆盖一层遮阳网，保持棚内相对湿度 90% 左右，约 50d 即可生根，可以移植育苗袋中培育。

黄槿也可以用播种繁殖，于 11 月种子成熟时进行，或将种子置于 6℃ 的低温环境储藏至翌春播种，播种后 4～5d 发芽出土，15d 开始长出真叶，幼苗高 10cm 左右时移植到育苗袋中栽植。

【苗木培育】黄槿容器苗高 50cm 时可以移植到大田地栽培育，株行距 0.8m×0.8m，在苗圃培育 3～5 年，期间应加强肥水管理，中期应断根一次，促进根系萌发。当胸径达到 6cm 以上时，转到 40cm 的美植袋中培养。

（十六）中国无忧树

【学名】*Saraca dives*

【科属】苏木科无忧花属

【形态特征】中国无忧树为常绿乔木，高 10～25m，树冠广圆形，冠幅 5～6m。叶片为大型偶数羽状复叶，互生，长 30～41cm；小叶 5～6 对，长椭圆披针形，最长达 43cm，宽 12.5cm，叶革质，墨绿色，全缘；嫩叶柔软下垂。大型顶生或茎生圆锥花序，具 2～3 个分枝，长 20cm，宽 15cm，苞片橙红色，花橙黄色。荚果扁平，长 20～30cm，宽 5～6cm，黑褐色，熟时爆裂，果荚卷曲。花期 3～4 月，果熟期 7～8 月。

【分布与应用区域】中国无忧树产于我国云南东南部、广东和广西南部以及越南、老挝。我国南方有栽培，是近年来在华南地区极为畅销的高档新优绿化树种。

【生物学特性】中国无忧树喜光、喜高温湿润气候，生长适温范围 18～28℃，稍耐寒，略耐旱瘠，忌涝，抗风，喜生于富含有机质、肥沃、排水良好的土壤。

【园林应用】中国无忧树枝叶苍翠浓密，树姿优雅，尤其嫩叶呈紫色聚合成串，柔软下垂，婀娜多姿，状似逍遥无忧，因而得名。花于树冠上呈橙红色成团红艳，状似火焰，故又名火焰花，极其美观，且花期长，为园林珍贵树种，属佛教文化树种之一。宜作行道树和庭园栽植观赏，尤宜于寺庙配置。

【繁殖方法】中国无忧树采用播种繁殖，种实在 7～8 月成熟，种子不耐储藏，只能保持半年左右，所以必须随采随播。采用条播、散播、点播等方法，一般 8 月下旬播种，9 月下旬开始发芽，10 月份为发芽盛期，发芽率一般可达 80% 左右。发芽后，幼苗应留在沙床或圃地防寒过冬。翌年 3 月春暖后，移至育苗袋培育。经过 2～3 年培育，苗高 50～60cm 时，移植到大田继续培育成大规格绿化苗。

【苗木培育】中国无忧树栽培应选择土层深厚、疏松肥沃、富含腐殖质、排水良好的中性至酸性土壤，整地，做种植畦，在 3～4 月按株行距 0.8m×0.8m 移植，成活后应加强肥水、病虫害防治等管理。在苗圃培育 5 年以上，胸径达到 5～8cm 时，在春季将苗木挖起来移种到40cm的美植袋中，培育成大规格容器苗。

（十七）海南红豆

【学名】*Ormosia pinnata*

【科属】蝶形花科红豆属

【形态特征】海南红豆为常绿乔木，高达3～5m，树冠呈卵圆形或伞形，幼树近圆锥形，冠幅4～5m。奇数羽状复叶，薄革质，具光泽，叶面深绿；小叶长椭圆形，全缘，长7～12cm，宽3～5cm。花序顶生，呈圆锥形，长20～30cm，花瓣5枚，花冠粉红。荚果微呈念珠状，成熟时黄色。种子椭圆形，种皮红色。花期7～8月，果实冬季成熟。

【分布与应用区域】海南红豆产于我国海南岛、广东西南部、广西南部，越南和泰国等地也有分布。近年来在我国华南地区广泛应用。

【生物学特性】海南红豆喜光，耐半阴，喜高温湿润气候，适应性颇强，耐寒，不耐干旱，抗大气污染，抗风，防火，是优良的多用途树种。

【园林应用】海南红豆主干通直，冠形优美，嫩叶艳丽，形态美，色泽美，观赏价值很高。不同的配置形式表现出不同的观赏意境，最适合作公园、绿地的中心树和行道树。

【繁殖方法】海南红豆采用播种繁殖，于12月中上旬，荚果成熟呈橙黄色时采收，置于太阳下暴晒至自行开裂脱出艳红种子。人工剥去或置于水中搓擦洗去红色种皮。种子应即时密播于播种床中，盖上遮阳网，搭盖塑料薄膜小拱棚，30～40d即可发芽。翌春幼苗长出2～3片真叶、苗高10cm左右时移入营养袋内培育。苗期应遮阴，保持透光度40%～50%，并加强松土、除草、施肥和浇水等管理。一年生苗高可达0.7m，地径1cm。

【苗木培育】海南红豆种植应选择土层深厚、疏松、肥沃、富含腐殖质、排水良好的中性至酸性土壤的地块，整地，做种植畦，4～5月按株行距0.8m×0.8m移植，成活后应加强肥水、病虫害防治等管理工作。苗木胸径3～5cm时，间苗一次，扩大株行距，留下的苗木进行断根处理。经过8～9年的培育，树高达5～6m，可以植到40～60cm的美植袋中培育成大规格容器苗。

第三节 常绿灌木

（一）大红花

【学名】*Hibiscus rosa-sinensis*

【科属】锦葵科木槿属

【形态特征】大红花又名扶桑，常绿灌木或小乔木，株高可达3m，冠幅1～1.5m。叶互生，广卵形或狭卵形，边缘有各种锯齿或裂缺，掌状叶脉，叶柄长。花单生叶腋，花冠喇叭形，直径8～20cm，有单瓣花及重瓣花，花色有红、粉、橙、白、黄等。花期很长，除了寒冷的冬季外，几乎全年有花。

【分布与应用区域】大红花原产我国南方，广东、广西、云南、福建、台湾、海南、香港、澳门等地均适宜应用。

【生物特性】大红花为阳性植物，要求阳光充足的环境。喜温暖湿润，适宜的生长温度为22～32℃，不耐寒，喜肥沃、排水良好的土壤。

【园林应用】大红花是园林中应用非常广泛的植物，可作绿篱，可以丛植修剪成球，可以布置花坛，也可盆栽观赏。

【繁殖方法】大红花生产上采用扦插繁殖，于春夏之间扦插，非常容易成活。插穗可用当年生的尾段，长15～20cm；也可以用一年生成熟枝段，剪成长15～20cm插穗。将叶片剪光后直接插入育苗袋中，每袋插3株。插后淋透水，盖上遮阳网，早晚淋水保湿，一般插后20d左右出根。

【苗木培育】大红花栽培管理非常容易，充足的肥水有利于其生长。所以扦插袋苗成活后应加强肥水管理，每月施肥1～2次，促进袋苗生长。干旱季节或回暖的天气应注意蚜虫、红蜘蛛等危害，及时喷药防治。作绿篱或花坛用的苗，需要培育到苗高30cm；作大型灌木用苗，需要培育到苗高80cm以上。

（二）夹竹桃

【学名】*Nerium oleander*（*N. indicum*）

【科属】夹竹桃科夹竹桃属

【形态特征】夹竹桃为常绿灌木，高可达5m，冠幅1～3m，植株含乳汁状树液。叶长条形，枝上部叶片轮生状，下部互生，厚革质，有光泽。花为聚伞花序，着生于枝顶；花冠漏斗状，花瓣有粉红、黄、白等色。花期全年，果实冬季成熟。

【分布与应用区域】夹竹桃原产印度，我国长江流域以南地区均可应用。

【生物学特性】夹竹桃喜光，喜温暖、湿润气候以及疏松、肥沃、排水良好的土壤，耐盐碱，不耐寒。在广东地区夹竹桃是粗生快长树种。

【园林应用】夹竹桃花期长，花色艳丽，植株形态潇洒，栽培管理粗放，是很好的绿化树种。常用于丛植，作观花灌木，也常列植作为高篱，起到遮挡阻隔作用。

【繁殖方法】夹竹桃采用扦插繁殖，每年春夏季取枝条剪成15～20cm长的茎段，直接插入育苗袋中，每袋插3枝，淋透水，盖上遮阳网，一个月左右生根。

【苗木培育】夹竹桃扦插袋苗成活后，选择阴天将遮阳网揭开，慢慢适应环境，待生长正常后，按常规肥水管理即可。作植篱用苗，一般培育3～6个月即可。作丛植或树墙用苗，需要在苗圃培育1～2年，使苗高达到1m以上，期间应进行1～2次修剪，促进发枝，使冠幅达到0.8～1m。

（三）海桐

【学名】*Pittosporum tobira*

【科属】海桐花科海桐花属

【形态特征】海桐为常绿灌木或小乔木，最高可达5m，枝叶密生，树冠圆球形，冠幅1～2m。单叶互生，有时在枝顶簇生，倒卵形或卵状椭圆形，厚革质，表面深绿色，光滑，具光泽，叶边缘向下内卷。伞形花序顶生，花乳白色或淡绿色，有香味。蒴果卵球形。花期5～6月，果熟期9～10。

【分布与应用区域】海桐原产我国长江流域，朝鲜、日本也有栽培。我国东、南沿海地带，江苏、浙江、福建、广东、海南、广西、台湾、香港、澳门等地适宜应用。

【生物学特性】海桐为中性树种，喜阳光，也耐半阴的生长环境，喜温暖湿润气候。适应性强，对土壤要求不严，黏土、沙土均能生长，有一定的抗寒、抗旱力，耐盐碱，萌芽力很强，耐修剪，是绿篱等景观绿化的好树种。

【园林应用】海桐通常用作房屋基础种植及绿篱材料，可孤植或丛植于草坪边缘或路旁、河边，也可群植组成色块。为海岸防潮林、防风林及厂矿区绿化树种，并宜作城市隔噪声和防火林带下木。华北多盆栽观赏，于低温温室越冬。

【繁殖方法】海桐采用播种繁殖，9～10月果熟将开裂时采收种子，摊放在通风阴凉处，阴干取出种子后立即进行苗床播种，播种床宜用遮阳网等覆盖，约翌春发芽，幼苗高10cm左右时移植到育苗袋中培育。

【苗木培育】目前苗圃生产的海桐苗都是袋装苗，有1.5kg、2.5kg、3.5kg袋等规格。生产1.5kg袋苗时，将幼苗移栽到口径10cm的育苗袋中进行培育，生产2.5kg袋苗时需要在海桐长到高20cm左右时换一次育苗袋，即将1.5kg袋苗移栽到口径20cm的2.5kg袋中继续培育。生产3.5kg袋苗时，需要将2.5kg袋苗再一次移栽到口径30cm的3.5kg袋中培育。海桐是粗生树种，袋苗的栽培管理粗放，但在栽培管理过程中，经常会发生蚜虫、介壳虫等危害，应及时喷农药防治。

（四）灰莉

【学名】*Fagraea ceilanica*

【科属】马钱科灰莉属

【形态特征】灰莉为常绿灌木，分枝多。单叶对生，长5～10cm，厚革质肉质状，倒卵形至矩圆形，先端渐尖，基部楔形；叶全缘，灰绿色，叶面光洁。花单生或为二歧聚伞花序，花顶生，喇叭形，花冠筒白色，芳香，花期5～6月。浆果卵形，淡绿色。

【分布与应用区域】灰莉原产台湾、广东、广西等地，上述地区、海南、港澳地区均适宜使用。

【生物学特性】灰莉喜高温多湿、通风良好的环境，不耐寒，冬季气温最好保持在10℃以上，但对干热气候表现出很强的适应性，生长适温为20～32℃。喜阳光照射，也耐阴。在疏松、肥沃、排水良好的土壤生长良好，也极耐干旱。

【园林应用】灰莉在园林中常单株种植或丛植，也可作绿篱植物使用。单株种植时常修剪成球形，近年也大量用于盆栽。

【繁殖方法】灰莉采用分株或扦插繁殖，春季挖取植株根系上萌发的小植株，将小苗带一小段根系剪下，直接插植于育苗袋中，经过约3个月栽培便可成为绿化用小苗。扦插繁殖于6～7月温度较高季节进行，剪取有顶芽、生长健壮的1～2年生枝条，长10～20cm，用生根粉处理后扦插，在遮阴、通风及相对空气湿度90%以上的环境下，1～2个月可生根。

【苗木培育】目前灰莉苗木常用的规格有2.5kg袋苗、3.5kg袋苗等，扦插苗首先用1.5kg袋种植，小苗长到高20cm时换成2.5kg袋种植，当苗木长到高30cm左右时换成3.5kg袋种植。灰莉是耐阴树种，小苗阶段可以在半阴环境下栽培，多施肥、勤浇水，促进小苗生长。随着苗木长大，可以逐渐撤去遮阳网，在全日照条件下栽培。

（五）鹅掌藤

【学名】*Schefflera arboricola*

【科属】五加科鹅掌柴属

【形态特征】鹅掌藤为常绿藤状灌木，高2～3m，冠幅0.5～1.0m。掌状复叶互生，小叶7～9枚，革质，倒卵状长圆形，长6～10cm，宽1.5～3.5cm，全缘。圆锥花序顶生，主轴和分枝幼时密生星状茸毛，花白色小型。果实卵形，有5棱。花期7月，果熟期8月。

【分布与应用区域】鹅掌藤产于台湾、广东及广西，生于谷地密林下或溪边较湿润处。

【生物学特性】鹅掌藤性喜高温多湿，生长适温 20～30℃，耐旱性强，生长快速，对土壤要求不严，以肥沃、腐殖质丰富的沙质壤土为佳。喜光，甚耐阴，全日照至荫蔽地均能生长良好。较耐修剪，适合作绿篱及室内盆栽造型。

【园林应用】鹅掌藤品种多，叶色丰富，从翠绿到斑叶，多彩多姿；性耐阴，是阴地或建筑物背阳面极好的绿化植物，也能用作绿篱。

【繁殖方法】鹅掌藤采用扦插繁殖，于 4～6 月进行，插穗需要选择健壮树上的当年生半木质化枝条，剪成 10cm 长枝段，用 0.2% 的多菌灵浸泡 15min，之后再用 0.5g/L 的 IBA 溶液处理插穗下端 10min，取出后插入苗床，约 20d 可生根。鹅掌藤也可采用播种及压条繁殖。

【苗木培育】鹅掌藤小苗先种在口径 10cm 的 1.5kg 袋中培育，当苗高 25cm 时，可以用作一般的花坛栽植使用。生产较大规格苗木时需要逐步换成大一级育苗袋种植培育。鹅掌藤喜半阴环境，在高温季节移栽时，栽后几天应遮光保护，并经常浇水。小苗成活后应加强肥水管理，生长期间注意病虫害防治。

（六）红刺露兜（红林投、红章鱼树、麻露兜树）

【学名】*Pandanus utilis*

【科属】露兜树科露兜树属

【形态特征】红刺露兜为常绿灌木或小乔木，株高 4～5m，干分枝，上具轮状叶痕。主干下部生有粗大而直的支持根。叶片丛生于茎枝顶部，呈螺旋状着生，剑状披针形，长 80～120cm，宽 4～8cm，叶缘及主脉基部具红色锐钩刺。雌雄异株，雄花序顶生成簇稍侧垂，苞片披针形，近白色；雌花序顶生，肉穗花序，具白色佛焰状苞，有香气。聚合果球形，成熟时呈黄色。

【分布与应用区域】红刺露兜原产非洲马达加斯加岛，分布于热带和亚热带部分地区。我国华南地区有引种。

【生物学特性】红刺露兜喜光，喜高温多湿气候，植株生性强健，耐旱又耐阴，为滩涂、海滨绿化树种。

【园林应用】红刺露兜适合庭园、草坪等绿化地作为配景植物，起点缀作用，甚为别致，更显出它的潜力。

【繁殖方法】红刺露兜可用分株和播种繁殖，分株繁殖系数低，生产上主要采用播种繁殖。种子形状奇特，底部多偏六角形，发芽适温 25～28℃，皮厚壳硬，一般播种前先用清水浸泡 5d（每天要换水），以利于种子吸水，促进发芽。出苗期约为 2 个月，播前应用杀菌剂消毒。播种基质为椰糠、泥炭土、沙以 1:1:1 的比例配合，播后覆土 1～2cm。

【苗木培育】红刺露兜在华南地区种植应选择阳光充足地块，以富含有机质、排水良好的沙壤土为宜，生长适宜温度 23～32℃，在此范围内保持土壤湿润，每月施有机肥或复合肥一次，生长更为旺盛。越冬温度 7℃ 以上，虽具耐旱习性，但高温高湿更有利于生长。冬季来临，其叶尖出现干枯，加之叶片狭长，如不及时修剪，外观表现"披头散发"、"生势不振"，给人一种垂头丧气的感觉，需注意修剪整理。常见病害为叶斑病，虫害为蚜虫、蓟马等，应注意喷药防治。

（七）美花红千层

【学名】*Callistemon citrinus* 'Splendens'

【科属】 桃金娘科红千层属

【形态特征】 美花红千层为常绿灌木至小乔木。叶互生,有油腺点,线状或披针状,全缘,有柄。花单生于苞片腋内,常排列成穗状花序,鲜红色,生于枝顶,花开后花序轴能继续生长。蒴果全部藏于萼管内,球形或半球形,先端平截,果瓣不伸出萼管,顶部开裂。自然花期为11月下旬至翌年4月。

【分布与应用区域】 美花红千层原产澳大利亚,我国华南地区引种栽培。

【生物学特性】 美花红千层为阳性树种,喜温暖湿润气候,较耐寒。喜肥沃、酸性或弱碱性土壤,耐瘠薄。萌发力强,耐修剪,抗大气污染。幼苗的成熟枝条在粤北低温(结冰时)均可露地越冬,但嫩枝会冻伤,所以华南偏北地区种植美花红千层,幼苗期要采取防寒保护措施。

【园林应用】 美花红千层株型紧凑,树形优美,花色鲜艳、醒目,整朵花均呈红色,簇生于枝条顶端,似瓶刷状,形态奇特美丽。适合栽植于人行道边的绿化带内、干道中间分车带中,栽植于公园、小区绿地,庭院景观的片植或点缀配置;也可修剪作中、矮花篱等,或列植、散植于草坪及林边、空旷地、河涌湿地水边或建筑物旁。

【繁殖方法】 美花红千层可采用播种及扦插繁殖,目前生产上以扦插繁殖为主。于6~8月选取半成熟的枝条,长8~10cm,基部稍带前一年成熟枝,带踵扦插。在18~21℃条件下扦插最易生根,为了提高扦插苗的质量,扦插前插穗下端用催根剂处理。播种发芽适宜温度为16~18℃,秋季播种,翌年春季移植,2~3年后可定植。

【苗木培育】 美花红千层一般用育苗袋种植,小苗阶段以泥炭土、河沙8∶2或已发酵的草菇泥、河沙8∶2混合作为基质,中苗阶段以泥炭土、已发酵的草菇泥、红泥或塘泥7∶3混合作为基质,基质中还需要拌入呋喃丹、菌线克、克线丹等药物预防线虫。美花红千层生长快,需要薄肥勤施,小苗一般用1000倍的尿素水淋施,每半个月一次;中苗用花生麸、挪威复合肥混合使用,每月一次。美花红千层枝条比较软,长至50cm左右要插竹竿扶植,促使其主干明显,株型丰满。梅雨季节苗期容易感染黑斑病,严重时叶片全部脱落,应积极预防。

(八)红车(红枝蒲桃)

【学名】 *Syzygium rehderianum*

【科属】 桃金娘科蒲桃属

【形态特征】 红车为常绿灌木或小乔木,嫩枝红色。叶片革质,椭圆形至狭椭圆形,长4~7cm,宽2.5~3.5cm,先端急渐尖,尖尾长1cm,尖头钝,基部阔楔形,侧脉相隔2~3.5mm,在上面不明显,在下面略突起,以50°开角斜向边缘,叶柄长7~9mm。聚伞花序腋生,长1~2cm。果实椭圆状卵形。花期6~8月,果期9~10月。

【分布与应用区域】 红车为中国特有植物,分布于广东、福建、广西等地,在园林中广泛应用。

【生物学特性】 红车喜光,也耐半阴,耐高温,不耐湿,要求疏松、排水良好的土壤。

【园林应用】 红车在公园、庭园、道路绿地中广泛使用,以自然树形或球形、层形、塔形、自然形、圆柱形、锥形等造型苗木三五成群配置成景,也可片植或列植作为地被或绿篱。

【繁殖方法】 红车采用播种繁殖。种子成熟期11月,成熟果实紫黑色,味甜,鸟兽喜欢啄食，应及时采收。采回的果实可堆沤或置水中浸泡2～3d，待果皮吸水软化后搓掉果皮，用清水洗净种子，室内摊开阴干，将润沙和种子按2∶1的比例混沙贮藏。翌年2～3月取出种子播种，播后约经50d，种子开始发芽出土。

【苗木培育】红车幼苗出土后，应及时清除苗床的杂草，追施0.1%的稀薄氮肥水，以利幼苗生长。5月开始，应及时做好松土、除草、施肥等工作，入秋以后不再施肥，以促进幼苗木质化，冬季要做好防寒措施。当年生苗高达50～70cm，地径0.5cm。第二年2～3月移植，培养球冠型苗木，定植株行距50cm×50cm；培养绿化树木，株行距60cm×50cm。挖苗时应保留好须根，剪去主根的1/3，并疏掉一些侧枝及过密叶片，以提高移苗成活率，栽后要浇足定根水。由于萌芽力强，在管理中还要注意修剪，以培育出整齐美观的树形。

（九）巴西野牡丹（艳紫野牡丹）

【学名】*Tibouchina semidecandra*

【科属】野牡丹科蒂牡花属

【形态特征】巴西野牡丹为常绿小灌木，株高1～4m，冠幅可达1m。叶对生，椭圆形至披针形，两面具细茸毛，全缘，三至五出分脉。花顶生，大型，5瓣，浓紫蓝色，中心的雄蕊白色且上曲。初开花呈现深紫色，后期则呈现紫红色。蒴果杯状球形。花期几乎全年。

【分布与应用区域】巴西野牡丹原产墨西哥热带雨林、西印度群岛和南美洲。近年来，我国华南地区广东等地引种栽培。

【生物学特性】巴西野牡丹生于低海拔山区及平地。性喜高温，耐旱和耐寒，宜在阴凉通风处越夏，适应性和抗逆性强。

【园林应用】巴西野牡丹株型紧凑美观，分枝力强，花多而密，花大色艳，适应性强，为优良的灌木及盆花植物，适于庭园孤植、丛植、花坛美化。

【繁殖方法】巴西野牡丹采用播种繁殖，8～9月蒴果由青绿色变棕褐色、肉质变紫、种子坚硬时进行采摘，采后于室内摊放晾干，3～4d后用手剥去果皮，放在水中浸泡揉搓，使种子与果肉脱离。漂洗去除杂质后晾干，忌日晒。翌年3月下旬至4月上旬播种，将种子混草木灰或细土拌均匀，然后撒播在苗床上，覆盖细土2cm，盖草浇水。气温25℃以上时，20d左右出苗，出苗后揭去盖草。

【苗木培育】巴西野牡丹栽培土质以腐叶土或沙质壤土为佳。苗高3～4cm可移植到育苗袋中进行培育，基质以火烧土、山坡土（园土）按3∶7的比例混合；苗高15cm左右，按行株距40cm×40cm开穴，每穴栽3株。定植后至封行前，应隔月松土除草一次。春、夏、秋季各追施人粪尿或复合肥一次，冬季追施堆肥或草木灰，追肥后进行培土。野牡丹对生长条件要求不严，只要注意淋水及适当施肥即可，一年生苗高40～60cm即可出圃。

（十）变叶木（洒金榕）

【学名】*Codiaeeum variegatum*

【科属】大戟科变叶木属

【形态特征】变叶木为常绿灌木，株高1～2m，植物体具乳汁。叶互生，叶形变化多样，因品种不同而异，有线形、椭圆形、宽卵形、琴形、戟形或螺旋扭曲等，叶色绿至深绿或红紫色，叶背上常有白色、黄色、红色或紫色的斑点或线条，叶脉有时为红色或紫色。总状花序，花小不明显，单性。蒴果球形，白色。

【分布与应用区域】变叶木原产印度、马来西亚、菲律宾和大洋洲。我国华南地区普遍栽培。

【生物学特性】 变叶木为阳性植物，喜阳光充足的环境。喜温暖，生长适温为20~30℃，冬季温度不低于13℃，温度4~5℃时叶片受冻害。喜肥沃、保水性强的黏质壤土。

【园林应用】 变叶木因其叶形、叶色多变显示出色彩美、姿态美，华南地区多用于公园、绿地和庭园美化，既可孤植、丛植，也可作地被、绿篱。

【繁殖方法】 变叶木采用扦插繁殖，3~5月进行。插穗以新梢成活率高，老枝不易生根。剪取直径1cm的枝条顶端长10cm，剪口有乳汁，晾干后再插入沙床，插后遮阴保持湿润和25~28℃的温度，20~25d生根，35~40d可以移栽。

【苗木培育】 变叶木常用育苗袋或花盆种植，培养土以腐叶土、园土、沙土各1份混合而成。移植成活后要做好松土、除草、施肥等管理工作，要合理使用肥料，尽量少施氮肥，以免叶色变暗绿色、彩斑点减少。春、秋、冬三季变叶木均需充分见光，光线越充足，叶色越美丽；盛夏酷暑时节需遮50%的阳光，以免暴晒。冬季不得低于15℃，以免失去观赏价值，甚至造成死亡。

（十一）金凤花（洋金凤、蛱蝶花）

【学名】 *Caesalpinia pulcherrima*

【科属】 苏木科云实属

【形态特征】 洋金凤为常绿灌木，高可达3m，分枝多。茎绿色或粉绿色，枝上疏生硬刺。叶互生，二回羽状复叶，长12~26cm，羽片对生；小叶7~11对，长椭圆形或倒卵形，长1~2cm。总状花序顶生或腋生，长达25cm；花冠橙红色或黄色，边缘呈波状皱折，有明显的爪。荚果近长条形，扁平，长6~10cm。花果期近全年。

【分布与应用区域】 洋金凤原产西印度群岛。我国云南、广西、广东和台湾等地庭园常栽培。

【生物学特性】 洋金凤喜光，不耐阴，喜温暖湿润环境，耐热，不耐寒，以排水良好、富含腐殖质的微酸性土壤为宜。

【园林应用】 洋金凤树姿轻盈婀娜，花期长，花形如蝴蝶，花时繁花满树，远望如一群群彩蝶飞舞于绿叶丛中，极富趣味，为美丽的观花树种。常孤植、丛植于庭园或园林绿地，也可列植布置于建筑之前或道路两侧，以其自然形态和繁花供人观赏。

【繁殖方法】 洋金凤采用播种繁殖，在春、秋季均可进行，以春播发芽率较高。所用种子越新鲜越好，播前需用60℃热水浸种。将种子直接播在育苗袋中，每袋2~3粒，播种后覆土约2cm，经常浇水保持土壤湿润。发芽后3~4d浇水一次，视生长情况施薄肥2~3次。

【苗木培育】 洋金凤一般使用袋苗。培育袋苗所用的基质要求疏松、肥沃、排水良好，有条件的应加入腐熟的有机肥，混合均匀后装袋。在小苗阶段，应加强管理，勤施薄肥，促进侧枝生长。苗木开花后随时摘除凋谢的花序，促使萌发新枝。洋金凤是热带树种，在寒冷地区冬季可盆栽，置温室中保温过冬。

（十二）狗牙花（马蹄香、白狗花）

【学名】 *Ervatamia divaricata*

【科属】 夹竹桃科狗牙花属

【形态特征】 狗牙花为常绿灌木，高可达3m，冠幅0.8~1.0m。单叶对生，长椭圆形，长达5.5~11.5cm，宽1.5~3.5cm，全缘，具光泽。聚伞花序近顶生，小花6~10朵，花白色，边缘有皱纹，径达5cm，芳香。蓇葖果长2.5~7cm，叉开或外弯。花期5~11月。

【分布与应用区域】狗牙花原产云南南部，印度也有分布，现广泛栽植于亚洲热带亚热带地区。

【生物学特性】狗牙花喜高温湿润环境，抗寒力较低，遇长期5~6℃低温，植株严重受冻害，0℃以下冻死。喜半阴地，全光照下亦能生长良好。喜肥沃，湿润且排水良好的酸性土壤。

【园林应用】狗牙花枝叶茂密，株型紧凑，绿叶青翠欲滴，花净白素丽且清香宜人，典雅朴质，花期长，为重要的衬景和调配色彩花卉，适宜作花篱、花境，也可布置于庭园观赏。

【繁殖方法】狗牙花主要采用扦插繁殖，温室内全年都可进行，室外以3~5月扦插最佳，选一年生健壮枝条，剪取长8~12cm的枝梢作插穗，伤口处有乳汁流出，洗净汁液，插入蛭石中，注意保湿遮阴，约2周即可生根。也可采用高空压条繁殖（圈枝），于生长季节进行。

【苗木培育】狗牙花小苗先用育苗袋种植，种植后淋透水，袋苗上方盖遮阳网保护，苗木恢复生长后将遮阳网揭去。栽培管理粗放，充分的肥水管理可以促进袋苗生长。狗牙花不耐寒，温度低于10℃叶会发黄脱落，低于0℃枝条会受冻，所以要做好防寒措施，入秋后应减少施肥，促进苗木成熟，增强抗寒力。常见虫害有蓟马、蚜虫、介壳虫等，应采取措施，及时防治。

（十三）龙船花（仙丹花）

【学名】*Ixora chinensis*

【科属】茜草科龙船花属

【形态特征】龙船花为常绿小灌木，高0.5~2m。叶对生，偶4叶轮生，薄革质，披针形、矩圆状披针形至矩圆状倒卵形，长6~13cm，宽3~4cm，先端急尖，基部楔形，全缘。顶生伞房状聚伞花序，花序分枝红色，花冠红色或橙红色，高脚碟状，筒细长。浆果近球形，熟时紫红色和紫黑色。花期近全年。

【分布与应用区域】龙船花原产中国海南、福建、广东、广西和云南南部，常在园林应用。越南、菲律宾、马来西亚和印度尼西亚有分布。

【生物学特性】龙船花为阳性植物，喜阳光充足环境，也耐半阴，耐旱，不耐水湿，要求疏松、肥沃、富含腐殖质的酸性土壤。喜温暖气候，生长适温15~25℃，冬季温度不低0℃，过低易遭受冻害。

【园林应用】龙船花株形美观，开花密集，花色丰富，花期长，适合庭院、道路、风景区绿地布置。株型紧密，耐修剪，适合作绿篱、花坛植物。

【繁殖方法】龙船花主要采用扦插繁殖，3~5月进行。选取半成熟枝条，长10~15cm，插穗下端用0.5%的吲哚丁酸溶液浸泡3~5min，之后插入沙床中，淋透水。在24~30℃条件下，插后40~50d生根。也可以采用播种繁殖，冬季采种，翌年春播，发芽适温22~24℃，室内育苗盘播种，20~25d发芽。长出3~4对真叶时可移至育苗袋中培育。

【苗木培育】龙船花小苗先用口径10cm的育苗袋培育，每袋种3株。苗高25cm时换大一级育苗袋培育或改为盆栽。栽培基质以pH5.0~6.5的富含腐殖质、疏松、肥沃的酸性土壤为好，忌用盐碱土和重黏土。栽培管理粗放，生长季节勤施薄肥，促进生长。幼苗高15~

20cm时摘心一次，促其多发分枝，使株型丰满。常见病害有叶斑病和炭疽病，常见虫害有介壳虫，应及时防治。

（十四）朱蕉（红叶铁树、千年木）

【学名】*Cordyline fruticosa*

【科属】百合科朱蕉属

【形态特征】朱蕉为常绿灌木，株高可达3m。地下部分具发达根茎，易发生萌蘖。主茎挺拔，不分枝或少分枝。叶聚生于茎顶，披针状椭圆形至长圆形，长20～60cm，宽5～10cm，顶端渐尖，基部渐狭，绿色或紫红色，绚丽多变；有明显的叶柄，长约16cm。圆锥花序腋生，长20～45cm，宽20cm，分枝多数；花淡红色至青紫色，间有淡黄色，花小。浆果圆球形。花期春至夏。

【分布与应用区域】朱蕉原产我国南部地区，印度、太平洋岛屿等地。我国华南地区、云南南部地区广泛应用。

【生物学特性】朱蕉喜阳光充足的环境，也耐阴，喜温暖，不耐寒，生长适温为20～25℃，10℃以上才能安全越冬，怕涝，要求肥沃、疏松和排水良好的沙质壤土。

【园林应用】朱蕉株形美观，色彩华丽高雅，栽培品种多，叶形变化多样。常配置庭园、公园和道路绿地，一般丛植或片植。

【繁殖方法】朱蕉采用扦插繁殖，于3～5月进行。剪取植株一年生以上的成熟枝条，剪成10～20cm的枝段，下端用0.2%吲哚丁酸处理1～2min后，插于干净沙床中，在24～27℃条件下，30～40d生根并萌发，新芽长至4～5cm时移栽。

【苗木培育】朱蕉小苗用花盆或育苗袋种植，基质用腐叶土2份与沙或锯末1份配制，使之呈微酸性。栽培管理比较容易，生长季节，除浇水保持土壤湿润和较高空气湿度外，每半月施肥一次。天气干燥时，容易引起叶尖及边缘枯黄，应向叶面喷水增湿。夏季光照太强，不利于朱蕉生长，叶片易老化、色暗，应注意遮阴。冬季应放室内光照充足处，减少浇水，宜干不宜湿。在通风不良环境下，植株易遭介壳虫和红蜘蛛危害，要注意喷药防治。

（十五）红桑

【学名】*Acalypha wilkesiana*

【科属】大戟科铁苋菜属

【形态特征】红桑为常绿灌木，高1～4m。叶互生，椭圆状披针形，长8～10cm，宽5～8cm，顶端渐尖，叶面色彩多样。花单性同株，穗状花序腋生，淡紫色，柔弱，无花瓣；雄花序长达20cm，直径不及0.5cm。蒴果钝三棱形。花熟期5～7月，果熟期7～11月。

【分布与应用区域】红桑原产斐济及南太平洋诸岛北部，现广植于热带、亚热带各地。我国华南地区广泛栽培。

【生物学特性】红桑属较典型的热带树种，阳性植物，喜高温多湿环境，抗寒力低，气温10℃以下叶片即有轻度寒害，要求疏松、排水良好的沙质土壤。

【园林应用】红桑枝条丛密，冠形饱满，是著名的观叶植物，常用自然形态植株或修剪成型植株配置庭园、公园和道路绿地，也可用于花坛、花境中的镶边、图案布景及彩篱、地被。

【繁殖方法】红桑采用扦插繁殖，3月下旬至4月下旬进行。选用一年生健壮枝条，剪成长10cm左右插穗，剪后浸水1～2h，密插入湿沙床中，淋透水。插床要遮阴并保持湿润，约20d可发根发叶，45d左右可移至育苗袋中培育。

【苗木培育】红桑扦插苗高10cm左右时，摘除顶芽，促使早日萌发成丛冠形。生长期间要及时中耕除草，以免杂草影响其生长。入冬盖薄膜保温，翌春暖后揭开薄膜，对植株进行修剪，各主枝保留2～3节，促进侧枝萌发，修剪完成后将袋苗换成大一级育苗袋培植。抗病性较强，主要病害有白锈病，主要虫害有蚜虫，应及时防治。

（十六）美蕊花（红绒球）

【学名】*Calliandra haematocephala*

【科属】含羞草科朱缨花属

【形态特征】美蕊花为常绿小乔木或灌木，株高2m。二回羽状复叶，羽片1对，每个羽片具小叶5～10对，长圆形，小叶长0.8～2cm，宽2～5mm，先端圆，具短尖头，中脉稍偏上缘。头状花序，花丝淡红色，下端白色。花期8～12月。

【分布与应用区域】美蕊花原产南美洲。我国广东、广西、云南、台湾、福建等地均有栽培。

【生物学特性】美蕊花为阳性植物，也耐半阴。喜温暖，生长适温为23～30℃。耐旱，耐修剪，易移植。对土壤要求不严，以地势高、排水良好的肥沃沙质壤土生育最旺盛。冬季休眠期会落叶或半落叶。

【园林应用】美蕊花自然形态植株在庭园、校园、公园等地单植、丛植、列植或群植，常修剪形成绿篱和地被。

【繁殖方法】美蕊花采用播种、高空压条（圈枝）等方式繁殖。播种于春季气温20℃左右时进行。由于种皮坚硬，播种时可用80～100℃热水烫种，自然冷却后浸泡1d，密播在播种床中，待小苗高10cm时移到育苗袋中培育。高空压条（圈枝）繁殖于生长季节进行，在枝条上每隔30cm左右开一个环割口，将树皮剥掉，几天后在各圈口上包上小泥团，外层再包上一层薄膜，并将上下两端扎紧，约2个月生根，剪下种到育苗袋中。

【苗木培育】美蕊花在园林绿化中一般用各种规格的袋苗，繁殖苗首先用1.5kg袋种植，成活后应加强肥水管理，每月施用一次，幼株需水较多，生长期要注意灌水。当小苗高达30cm时，换大一级育苗袋培育。为了促进抽生新的枝叶，每年春季修剪一次，以培育良好的树形及高度。美蕊花不耐寒，冬季应注意避风，保暖，温度不应低于15℃，以减少落叶。

（十七）翅荚决明（有翅决明）

【学名】*Cassia alata*

【科属】苏木科决明属

【形态特征】翅荚决明为多年生常绿直立灌木，高1.5～3m。偶数羽状复叶长30～50cm，叶柄和叶轴有狭翅；小叶6～12对，倒卵状长圆形，长8～15cm。总状花序顶生或腋生，花梗长，花冠黄色直立。荚果带形、具翅，果荚宽1.2～1.5cm，果荚瓣中央有直贯的纸质翅，翅缘有圆钝齿，种子三角形或稍扁。花期7月至翌年1月，果熟期10月至翌年3月。

【分布和应用区域】翅荚决明原产美洲热带地区，分布于广东和云南南部地区，现广布于全世界热带地区。

【生物学特性】翅荚决明生于疏林或较干旱的山坡上，喜光，喜高温湿润气候。适应性强，耐半阴，耐贫瘠，不甚耐寒，不耐强风。宜植于日照充足和通风良好之地。对土壤要求不高，土质只需土层深，即可生长。

【园林应用】翅荚决明整体观赏效果好，尤其是苞叶和花芽、花瓣具有同样鲜明的黄色，因而整个花序形成被观赏的对象，有较高的观赏价值。可丛植、片植于庭院、林缘、路旁、湖缘，其金黄之花，给人以愉悦、亮丽、壮观之美，恰好营造出金秋收获季节那种喜洋洋的氛围。

【繁殖方法】翅荚决明采用播种繁殖，于春季进行。将种子均匀撒播在沙床上，覆盖一层厚0.5～0.8cm的沙，淋透水，并盖上遮阳网。待幼苗长至高4～5cm时，移植到容器中培育，基质采用表土1份、黄心土1份加磷肥1%混合均匀。移植后要盖遮阳网，并加强管理，使幼苗尽快恢复生长。入秋后逐渐减少淋水次数和淋水量，停止施肥，促进苗木木质化，增强对病虫害的抵抗能力。

【苗木培育】翅荚决明萌芽力强，适应性较强，耐干旱瘠薄的土壤，栽培管理容易。培育容器苗时，应根据小苗的生长情况，逐步换大一级育苗袋。培育地栽苗时，按40cm×40cm株行距移植。种植时每株放入适量腐熟堆肥作基肥，移植后浇透水，晴、旱天气加强淋水。苗木恢复生长后施尿素或复合肥，浓度从0.3%开始，随着苗木增长，浓度逐渐增大，最高不超过1%，每月施肥2次。对于地茎较细的苗木，应在旁边插竹竿支撑，同时加强病虫害防治。

（十八）黄金榕（黄叶榕）

【学名】*Ficus microcarpa* 'Golden Leaves'

【科属】桑科榕属

【形态特征】黄金榕为常绿灌木，树冠广阔，树干多分枝。单叶互生，椭圆形或倒卵形，叶表光滑，叶缘整齐，叶有光泽，嫩叶呈金黄色，老叶为深绿色。球形隐头花序，其中有雄花及雌花聚生。

【分布与应用区域】黄金榕产于热带、亚热带的亚洲地区。中国广东、广西、海南、福建及云南南部等地区有分布和栽培。东南亚及大洋洲也有分布。

【生物学特性】黄金榕为阳性树种，喜光，耐阴，喜温暖湿润的气候，耐涝，抗污染能力强。较耐寒，可耐短期的0℃低温，温度25～30℃时生长较快，空气相对湿度80%以上时易生气根。适应多种土壤，沙土、黏土、酸性土及钙质土均宜。

【园林应用】黄金榕枝叶茂密，树冠扩展，是华南地区行道树及庭荫树的良好树种，可单植、列植、群植于庭园、校园、公园、游乐区、庙宇等。可作为草坪主景，也可种植于高速公路分车带绿地，耐修剪，可塑成各种造型的景观，还可与其他观叶草本混植，如与绿苋草等形成色彩对比。

【繁殖方法】黄金榕采用扦插繁殖，3～5月进行。剪取枝条顶端部分，长约15cm，除去下部2～3片叶，保留顶芽及其他叶片，插穗下端剪口有乳汁溢出，可蘸上草木灰，除去溢出的乳汁后，直接插入口径10cm的育苗袋中，每袋插3株。扦插完成后插床淋透水，结合淋水进行消毒，之后插床上方搭薄膜小拱棚，保持温度24～30℃及较高的空气湿度，1个月左右即可生根。

【苗木培育】黄金榕扦插苗出根后，刚好进入生长季节，应加强肥水管理，促进小苗生长。小苗高达25cm时，可以作为花坛栽植用苗。若培育较大规格苗木，应换成大一级育苗袋继续培育。黄金榕适应性强，长势旺盛，容易造型，病虫害较少。

(十九) 花叶假连翘

【学名】*Duranta repens* 'Variegata'

【科属】马鞭草科假连翘属

【形态特征】花叶假连翘为常绿灌木，株高0.2～0.6m，多分枝，呈半攀缘状，枝疏具刺。叶对生，坚纸质，卵状椭圆形或卵形，长2～6.5cm，宽1.2～3.5cm；顶端急尖或钝，基部楔形，全缘或中部以上有锯齿，新叶金黄色。总状花序顶生或腋生，花萼被毛，花冠淡蓝色，先端5裂，裂片开展。核果肉质，圆形或近卵形，果成熟时橘黄色。花期4～12月，果熟期6～11月。

【分布与应用区域】花叶假连翘原产中南美洲热带地区，我国华南地区广泛栽培，且常逸为野生，华中和华北地区多为盆栽。

【生物学特性】花叶假连翘喜温暖湿润气候，抗寒力较低，遇5～6℃长期低温或短期霜冻，植株受寒害；喜光，也耐半阴；对土壤的适应性较强，沙质土、黏重土、酸性土或钙质土均宜；较喜肥，贫瘠地生长不良；耐水湿，不耐干旱。

【园林应用】花叶假连翘分枝密集，枝下垂或平展，全叶或叶缘有黄白色条纹，耐修剪，且一年能多次抽生新梢，故长年可赏，为美丽的绿篱植物。花期长，花蓝色，清新淡雅，果黄色，醒目引人，成熟时成串下垂。可孤植、丛植为园景树，赏其自然株形与蓝花黄果，效果极佳。

【繁殖方法】花叶假连翘主要采用扦插繁殖，于春末夏初进行。选择1～2年生嫩枝，剪成长10cm左右插穗，直接插于口径10cm的育苗袋中，每袋插3株，约1个月生根。也可采用播种繁殖。种子无休眠期，应随采随播。当气温达到20℃以上时，播后10d左右可发芽，发芽率约50%，当小苗高达10cm时，移植到育苗袋中培育。

【苗木培育】花叶假连翘是粗生快长树种，苗期应加强肥水管理，促进袋苗生长。当苗高达25cm时，可以作为花坛栽植用苗。若培育更大规格苗木，需要进行移植，换上大一级育苗袋。栽培期间还应进行修剪，促进植株萌发新枝，以形成丰满的株型。花叶假连翘不耐寒，在北方，冬季应在不低于5℃的温室内过冬。

第四节 造型苗木

经过造型的苗木称为造型苗木。苗木造型不但是提升苗圃产值的有效途径之一，而且是提升城市绿化美化质量的迫切需求。园林中恰当地应用造型苗木，可收到良好的艺术效果。

1. 苗木造型的类型 根据造型树形状的不同，苗木造型可分成四类。

(1) 规整式 将苗木修剪成规则的几何形状，如伞形、方形、球形、圆柱形、圆锥形、螺旋形等，整体布局显得十分规整、大方、庄严。适于这类造型的苗木要求枝叶茂密、萌芽力强、耐修剪或易于编扎，如圆柏、红豆杉、紫薇、五角枫、红叶石楠、小叶女贞等。

(2) 仿建筑、鸟兽式 将苗木外形修剪或绑缚、盘扎成亭、台、楼、阁等建筑形式或各种鸟兽姿态，适于规整式造型的树种，一般也适于本类造型。

(3) 篱垣式 通过修剪或编扎等手段使列植的苗木形成高矮、形状不同的篱垣，常见的绿篱、树墙均属此类。树篱在园林中常植于建筑、草坪、喷泉、雕塑等的周围，除了造景外，还有分割空间和防护作用。这类造型一般要求枝叶茂密、耐修剪、生长偏慢的木本植物如女贞、圆柏、海桐、洒金榕等。

（4）桩景式 以苗木的各种形态表现大自然优美景色，集中典型再现古木奇树神韵的艺术品。多用于露地园林重要景点或花台，大型树桩即属此类。适于这类造型的树种要求树干低矮苍劲拙朴，如罗汉松、紫薇等。

2. 苗木造型技术 成功的苗木造型是自然美与人工美的良好结合。根据不同树种的自然株形与观赏特性，造型方式有所不同。造型时还应考虑不同树种的生长发育规律。生长快速、再生能力强的树种，整形修剪可稍重，生长缓慢、再生能力弱的树种宜轻剪。一个完美的苗木造型，需经多年甚至数十年的努力才能完成，因此苗木造型还需有远近结合的全面设想。苗木造型的技术措施主要有以下三种。

（1）修剪 主要是通过剪截树干与枝叶，增强修剪后苗木的整体观赏效果。落叶树多在落叶后至翌年春季萌芽之前进行修剪，常绿树则在春、夏分两次进行。

（2）盘扎 根据造型需要，将枝条进行绑缚牵引使其弯曲改向。在桩景式造型中常用，多在苗木的生长季节进行。

（3）编扎 将一株、几株或数十株树木长在一起的枝条交互编扎形成预想形状。编扎多在早春枝条萌芽前进行，编扎成型后，还要常修剪及养护。

（一）罗汉松

【学名】*Podocarpus macrophyllus*

【科属】罗汉松科罗汉松属

【形态特征】罗汉松为常绿乔木，树冠广卵形，冠幅4～5m。叶条状披针形，先端尖，基部楔形，两面中肋隆起，螺旋状互生。雌雄异株或偶有同株。种子卵形，有黑色假种皮，着生于肉质而膨大的种托上，种托深红色。种子似头状，种托似袈裟，全形宛如披袈裟之罗汉，故而得名罗汉松。花期5月，果熟期10月。

【分布与应用区域】罗汉松产于江苏、浙江、福建、安徽、江西、湖南、四川、云南、贵州、广西、广东等地区，在长江以南地区均有栽培。日本也有分布。

【生物学特性】罗汉松喜温暖阳光，但喜生于半阴、湿润的环境和疏松肥沃、排水良好的偏酸性土壤，耐寒性较弱。

【园林应用】罗汉松树形古雅，苍劲挺拔，四季常青，种子与种柄组合奇特，惹人喜爱。既适宜地植，也适合盆栽，是用于庭园绿化的优良树种。既可孤植或群植，也宜作绿篱或盆景材料，可修整成塔形或球形，也可整形后作景点布置。

【繁殖方法】罗汉松主要采用播种繁殖，种子不宜长期保存，采后应立即播种。目前主要采用播种筛育苗，基质选用泥炭、珍珠岩按3∶1的比例混合均匀，加入适量的生石灰，将pH调到6.5左右，将混合基质装入播种筛并刮平，然后将种子密播在播种筛里，上面再盖一层基质，轻轻压实，淋透水，置于塑料大棚中进行管理。保持苗床湿润，幼苗8～10d即可出土，出土后除去盖草立即遮阴，切勿暴晒。入冬后注意防冻，一年后可分栽。也可以用扦插繁殖。

【苗木培育】罗汉松生长缓慢，一般先用育苗袋种植，培育成容器苗。容器苗高1m时再移到苗圃地栽培育，初期株行距0.8m×0.8m。一般胸径10cm以下的苗木培育成圆锥形树冠，到胸径3cm时进行间苗，将株行距扩大一倍，使植株有充分的生长空间，保证下部枝条不干枯。胸径 20cm 以上的罗汉松主要用于造型，根据各植株的形态特点，采用因树造型的方法，将各主枝用不同规格的粗铝丝进行蟠扎固定，制成云片式，树顶扎成馒头式，形成层次分明、疏密有致的大树盆景造型。

（二）红花檵木

【学名】*Lorpetalum chinese* var. *rubrum*

【科属】金缕梅科檵木属

【形态特征】红花檵木为常绿灌木或小乔木。嫩枝被暗红色星状毛。叶互生，革质，卵形，全缘，嫩叶淡红色，越冬老叶暗红色。花 4~8 朵簇生于总状花梗上，呈顶生头状或短穗状花序，花瓣 4 枚，淡紫红色，带状线形。蒴果木质，倒卵圆形。花期 4~5 月，果熟期 9~10 月。花期长，30~40d，国庆节可再次开花。

【分布与应用区域】红花檵木主要分布于长江中下游及以南地区，华南地区广泛应用。

【生物学特性】红花檵木喜光，稍耐阴，但阴时叶色容易变绿。适应性强，耐旱。喜温暖，耐寒冷。萌芽力和发枝力强，耐修剪。耐瘠薄，但适宜在肥沃、湿润的微酸性土壤中生长，土壤 pH5.5~6.5 最为适宜。

【园林应用】红花檵木为常绿植物，新叶鲜红色，不同株系成熟时叶色、花色各不相同，叶片大小也有不同，应从叶色及叶的大小两方面因素来考虑其景观效果。可进行孤植、丛植、群植。选株形高大丰满的植株孤植于重要位置或视线焦点，如入口附近、庭院或草坪中独立成景，并注意与周围景观的强烈对比，以取得"万绿丛中一点红"的效果；与其他植物成丛点缀于园林绿地中，既可丰富景观色彩，又可活跃园林气氛；群植可应用于大型色雕、色篱、灌木球、桩景、色块、模纹花坛等。红花檵木枝繁叶茂，树态多姿，木质柔韧，耐修剪蟠扎，还是制作树桩盆景的好材料。

【繁殖方法】红花檵木主要采用扦插繁殖，于 3~5 月进行。选用疏松的黄泥为扦插基质，确保扦插基质通气透水，扦插前插穗下端用吲哚丁酸等催根剂进行浸泡处理。插后淋透水，结合淋水，定期进行消毒处理，保持温暖和较高的空气湿度，避免阳光直射，同时注意扦插环境通风透气。在温暖湿润条件下，20~25d 形成红色愈合体，1 个月后即长出新根。也可采用嫁接繁殖，采用切接法，2~4 月进行，砧木选用白花檵木。

【苗木培育】红花檵木扦插苗用 10~20cm 口径的育苗袋种植，每袋种 3 株，种植后盖上遮阳网，苗木成活后揭去。苗木高 30cm 左右时，可作花坛栽植用苗。如果作大型灌木用苗时，需要将袋苗移植到大田地栽培育，株行距 0.6m×0.6m，地栽后应加强肥水管理，并根据生长情况进行修剪，以培养成丰满的冠型。大型红花檵木桩景常用白花檵木嫁接而成，嫁接成活后应加强肥水管理，促进植株生长。红花檵木造型主要有圆球形及层次分明的树桩盆景造型，其中树桩盆景造型用蟠扎与修剪相结合的方法，将树冠扎成层次分明的圆片状。

（三）龙柏

【学名】*Sabina chinensis* var. *chinensis* 'Kaizuca'

【科属】柏科圆柏属

【形态特征】龙柏为常绿小乔木，高达 4~8m，树冠圆柱状。叶大部分为鳞状叶，少量为刺形叶，沿枝条紧密排列成十字对生。孢子叶球单性，雌雄异株，春季成熟，淡黄绿色，顶生于枝条末端。浆质球果，表面被有一层碧蓝色蜡粉，内藏两颗种子。枝条长大时呈螺旋伸展，向上盘曲，似盘龙姿态，故名龙柏。

【分布与应用区域】龙柏原产中国及日本，分布于福建、广东、广西、贵州、云南等地区。华南及华东地区城市常见栽培。

【生物学特性】龙柏喜深厚肥沃的土壤，要求排水良好，忌潮湿渍水。耐旱力强，喜充足的阳光。适生于高燥、肥沃、深厚的土壤，对土壤酸碱度适应性强，较耐盐碱。对二氧化硫和氯气抗性强，但对烟尘的抗性较差。

【园林应用】龙柏侧枝扭曲螺旋状抱干而生，别具一格，可以作为盆景造型树，也可以组团式混合配置。常孤植、列植或群植于公园、庭园、绿墙和高速公路中央隔离带，植于建筑物或纪念碑前，给建筑物增加了古朴厚重感。利用其小苗的叶色、株形栽植成绿篱或与其他绿篱材料组成拼花模纹，经整形修剪成平直的圆脊形，可表现其低矮、丰满、柔和的特点。

【繁殖方法】龙柏主要采用嫁接繁殖，用靠接法，于生长季节进行。用2～3年生侧柏实生苗作砧木，选择龙柏植株上成熟的粗细一致的枝梢进行靠接，靠接操作完成后将砧木固定好。1～2个月嫁接部位愈合后可将植株剪下来，将接口上方的砧木部分剪去，促进嫁接苗生长。龙柏也可采用扦插繁殖，春季2月下旬至3月中旬进行，插穗应剪取母株外围向阳面长15cm左右的顶梢，将插穗下端用0.5g/L的吲哚丁酸溶液处理后再插在苗床中，插后放在荫棚内，浇透水，每天定时喷雾，保持相对湿度80%以上，适时通风换气，3～4个月生根。

【苗木培育】龙柏小苗阶段一般用育苗袋集中培育，苗高达50cm时可地栽，株行距0.6m×0.6m，培育大苗时需将株行距扩大到1.2m×1.2m。种植地必须设置好排水沟，能够把多余的水彻底排干净。龙柏自然树形为圆锥形，非常漂亮，既可以不修剪，维持其圆锥形树形，也可以通过扎作及修剪塑造各种树形，如游龙形、多层塔形、花瓶形、动物造型等，龙柏生长较慢，造型花费的时间较长，但成型后可以保持较长时间不变形。

（四）榕树

【学名】*Ficus microcarpa*

【科属】桑科榕属

【形态特征】榕树为常绿大乔木，株高20～25m，生气根。树皮深褐色。单叶互生，叶革质，椭圆形、卵状椭圆形或倒卵形，长4～10cm，宽2～4cm。花序托单生或成对生于叶腋，隐花果腋生，近扁球形，初时乳白色，熟时黄色或淡红色。花期5～6月，果熟期9～10月。

【分布与应用区域】榕树分布于广西、广东、福建、台湾、浙江南部、云南、贵州，菲律宾、印度、马来西亚、缅甸、越南、泰国、日本、澳大利亚也有分布。生长于村边或山林中。

【生物学特性】榕树为阳性植物，需强光，生育适温23～32℃。耐热、怕旱、耐湿、耐瘠、耐阴、耐风、抗污染、耐剪、易移植、寿命长。热带树种，生长速度快。

【园林应用】榕树是热带地区重要的绿化树种，树形高大，浓荫蔽地，且较少病虫害，宜作庭荫树、行道树。孤植可起到标志性的提示作用和独木成林的独特效果；配置在亭廊旁，可烘托和柔化刚硬的亭廊，具有较好欣赏效果；风景区最宜群植成林，也适于河道堤岸绿化。

榕树枝条易于加工绑扎造型，耐修剪，萌芽力、成枝力强，分枝丛密，并能在枝干上长出奇异美丽的气生根，是制作盆景及营造绿篱、绿墙及绿篱雕塑的好材料。

【繁殖方法】榕树主要采用扦插繁殖，一般于春末夏初进行。选择1~2年生成熟枝条，剪取15~30cm长的尾段作为插穗，剪去插穗下端1/3的枝叶，插穗下端可用生根剂浸泡处理。之后将插穗1/3~1/2插入已备好的河沙或珍珠岩制成的插床中，遮阴并保持插床湿润。在25~30℃温度及半阴条件下，1个月左右可以生根。

细叶榕也可采用空中压条繁殖，大小枝条均可进行空中压条（圈枝），经过1~2个月生根后便可剪（锯）下来种植。

【苗木培育】榕树小苗先用育苗袋种植，苗高1m以上时移植到大田培育，株行距0.8m×0.8m。既可用作城市绿化，也可用于造型。造型有多种形式，如榕树笼、层榕、层次分明的盆景造型、龙形造型等。一般采用钢筋、粗铁丝扎作骨架，将榕树细枝绑扎在骨架上，再逐步修剪成型。由于榕树生长很快，造型树要经常修剪，才能维持良好的造型。

（五）九里香

【学名】*Murraya exotica*

【科属】芸香科九里香属

【形态特征】九里香为常绿灌木或小乔木，株高3~8m。树皮苍灰色，分枝甚多，光滑无毛。奇数羽状复叶互生，小叶3~9枚，卵形、倒卵形至近菱形，先端钝或钝渐尖，全缘，上面深绿色光亮，下面青绿色，密生腺点。3至数花聚成聚伞花序，顶生或腋生；小花直径达4cm，极芳香，花瓣5，白色。浆果红色，球形或卵形。花期4~6月，果期9~11月。

【分布与应用区域】九里香产于中国云南、贵州、湖南、广东、广西、福建、台湾等地，亚洲其他一些热带及亚热带地区也有分布。

【生物学特性】九里香是阳性树种。喜温暖湿润气候，耐旱，不耐寒。以阳光充足、土层深厚、疏松肥沃的微碱性土壤栽培为宜。

【园林应用】九里香株姿优美，枝叶秀丽，花芬芳袭人，且耐修剪，常作绿篱或庭院栽植，可植于建筑物南向窗前，开花时清香入室，沁人肺腑。也可盆栽供室内观赏，老株可培养成古树盆景。

【繁殖方法】九里香采用播种繁殖。于3~5月种子成熟时进行，将采集的红色种实搓洗去除果实部分，淘洗出种子。将种子密播于育苗床中，上面盖一层薄泥土，然后在育苗床上盖一层遮阳网保护，按常规管理，约1个月可发芽。幼苗10cm高时移植到育苗袋中培育，也可以将种子直接播于育苗袋中，每袋2~3粒种子。

【苗木培育】九里香袋苗高25cm时，可以作为绿篱或花坛用苗。要培育大规格苗木时，需将袋苗种植到苗圃地里，初次种植株行距0.6m×0.6m，第二次种植时，应将株行距扩大到1.0m×1.0m，以培育九里香球形植株。种植于每年春季进行，种植后淋透水，苗木恢复成活后应做好肥水管理，促进植株生长。经过4年左右的培育，可以形成冠幅80cm左右的九里香球形植株；经过20年左右的培育，地径可以达到15~20cm，适宜作为九里香树桩盆景材料，进行造型。

（六）簕杜鹃

【学名】*Bougainvillea spectabilis*

【科属】紫茉莉科三角花属

【形态特征】簕杜鹃别名叶子花、三角梅，为攀缘灌木。茎粗壮，有腋生盲刺，枝具刺、拱形下垂。叶互生，卵形或卵状披针形，长 5～10cm，宽 3～6cm，全缘，先端渐尖，基部楔形，下面无毛或微生柔毛。花顶生，常 3 朵簇生在苞片内，花梗与苞片中脉合生；苞片 3 枚，叶状，暗红色或紫色，椭圆形，长 3～5cm，宽 2～4cm；花冠管状，淡绿色，先端 5 齿裂。

【分布与应用区域】簕杜鹃原产巴西，中国各地均有栽培，华南及西南温暖地区可露地栽培越冬。

【生物学特性】簕杜鹃喜温暖湿润、阳光充足的环境，不耐寒，在 3℃ 以上才可安全越冬，15℃ 以上才可开花。对土壤要求不严，耐贫瘠，耐碱，耐干旱，忌积水，耐修剪。

【园林应用】簕杜鹃苞片大，色彩鲜艳如花，且持续时间长，适宜种植在公园、花圃、棚架等的门前两侧，攀缘作门辕，或种植在围墙、水滨、花坛、假山等的周边，作防护性围篱，成为华南的一大景观。也可盘卷或修剪成各种图案或育成主干直立的灌木状，作盆花栽培。老株可培育成桩景，苍劲艳丽，观赏价值极高。

【繁殖方法】簕杜鹃主要采用扦插繁殖，3～6月以及 9～10月进行。选择已成熟的木质化枝条，剪成长 20cm 的枝段，把叶片全部剪去，插穗下端先用 0.5g/L 的吲哚丁酸溶液浸泡 5～10min，然后再蘸一下用上述浓度的生根剂调配的黄泥浆，处理好的插穗插入干净的沙床中，插完后淋透水，并进行一次插床消毒，在插床上方搭遮阴小拱棚。保持湿润，每隔一周用杀菌剂消毒一次，大约 1 个月可生根，新芽长 5cm 左右时可移到育苗袋中培育。也可采用嫁接繁殖，使同一植株上同时开多种不同颜色的花。

【苗木培育】簕杜鹃扦插苗先用育苗袋种植，成活后加强肥水管理，促进扦插苗生长。簕杜鹃是非常粗生的树种，生长非常快，根系粗壮，扦插苗高 30cm 后换成塑料盆种植或直接地栽比较好。培育大规格苗木时需要根据植株的生长情况及时换大一级花盆。袋苗或盆栽苗常用作立交桥、阳台等处的悬垂绿化、篱笆、丛植或盆栽观赏，大规格盆栽苗可修剪成球。

造型簕杜鹃需要选地径 12cm 以上的植株，通常采用扎作加修剪的方法，将植株上的粗枝按着生位置用竹片加铁丝扎成一层层，再将各层逐步修剪成层次分明的树桩。

（七）紫薇

【学名】*Lagerstroemia indica*

【科属】千屈菜科紫薇属

【形态特征】紫薇为落叶灌木或小乔木，株高 3～7m；树皮易脱落，树干光滑，幼枝略呈四棱形，稍成翅状。叶互生或对生，椭圆形、倒卵形或长椭圆形，长 3～7cm，宽 2.5～4cm。圆锥花序顶生，长 4～20cm；花萼 6 浅裂，裂片卵形，外面平滑；花瓣 6，红色或粉红色，边缘有不规则缺刻，基部有长爪。蒴果椭圆状球形，长 9～13mm，宽 8～11mm，6 瓣裂。种子有翅。花期 6～9 月，果期 7～9 月。

【分布与应用区域】紫薇产于亚洲南部及澳洲北部。中国华东、华中、华南及西南均有分布，各地普遍栽培。

【生物学特性】紫薇耐旱、怕涝，喜温暖潮润，喜光，喜肥，对二氧化硫、氟化氢及氯气的抗性强，能吸入有害气体。喜肥沃、湿润而排水良好的石灰性土壤，耐旱，怕涝。萌芽力强，生长较慢，寿命长。

【园林应用】紫薇适种于建筑物前、庭院内、池畔、河边、草坪中、公园小径两旁等。

可片植、丛植体现鲜艳热烈的气氛，或与常绿树种配置构成多彩画面。因其枝干极耐修剪，枝条柔软，便于蟠扎，寿命长，又常被用于盆景、桩景制作。紫薇对有毒气体有较强的抗性，吸附烟尘的能力比较强，是工矿区、街道、居民区绿化优良树种。

【繁殖方法】紫薇主要采用扦插繁殖，非常容易生根，一般于2~3月植株萌芽前进行。选取一年生木质化无病虫害的壮枝，剪成长15cm左右的枝段，直接插入扦插床、育苗床或育苗袋中，深度10cm左右，插后淋一次透水，并用杀菌剂消毒一次，然后在苗床上方盖上塑料薄膜小拱棚。扦插后根据苗床的干湿情况适当淋水，保持苗床的湿度，每半个月苗床消毒一次。约45d后生根，待插穗长出新芽后逐渐使其接受光照，并撤去塑料薄膜，2个月后开始施肥。也可采用播种繁殖，于3月进行。

【苗木培育】紫薇袋苗高50cm左右时可以移植到苗圃地栽，苗高达到1.5m、地径1~2cm时，可用于绿化，其中茎干笔直没分枝的植株可用于造型，如编织成屏风、花瓶、拱门等。造型于早春2月进行，将植株贴近地面剪断，植株下端用0.5g/L的吲哚丁酸浸泡处理后，再裹一层用上述浓度的生根剂调配的泥浆，按照预先设计的式样（如花瓶造型），将枝条双向斜插排列，扦插深度为8~10cm，插后浇透水。扦插生根后，按设计的样式（如花瓶）及规格进行捆扎造型，将紫薇枝条由下至上编排，每个枝条的交叉点用棕丝捆牢。由于紫薇再生力很强，只要加强肥水管理，每个交叉捆扎点12~16个月可愈合在一起，形成紫薇造型。

（八）福建茶

【学名】*Carmona microphylla*

【科属】紫草科基及树属

【形态特征】福建茶为常绿灌木，株高可达3m。叶在长枝上互生，在短枝上簇生，叶面具明显气孔，革质，深绿色，倒卵形或匙状倒卵形，边缘常反卷，先端有粗圆齿，表面有光泽，有白色圆形小斑点，叶背粗糙。春季和夏季开花，聚伞花序腋生，或生于短枝上，花冠白色或稍带红色，针状。核果球形，成熟时红色或黄色。

【分布与应用区域】福建茶产于我国广东、福建、台湾、广西等地区。亚洲南部及东南部热带地区也有分布。

【生物学特性】福建茶对管理要求不严，但必须栽植于疏松肥沃、排水性良好的微酸性土壤中。喜湿怕旱，稍有失水，即会出现大批叶片萎黄脱落。喜温暖、喜光、畏寒，在阳光充足和通风良好的地方生长健壮。

【园林应用】福建茶树形矮小，枝条密集，绿叶白花，叶翠果红，风姿奇特，四季均宜观赏。常用作绿篱、花坛图案。老树桩树干嶙峋，虬曲多姿，树姿飘逸，制作成盆景甚为古雅，是我国岭南盆景制作的主要材料之一。

【繁殖方法】福建茶主要采用扦插繁殖，春季或梅雨季节进行。选取健壮的一年生枝条，截成长8~12cm的枝段作插穗，仅留上部数枚叶片，其余均剪去。将插穗用0.5g/L的吲哚丁酸浸泡处理后，再裹一层用上述浓度的生根剂调配的泥浆，直接插在育苗袋或苗床中，基质以疏松而肥沃的沙壤土或干净的黄泥为好，插后浇透水，搭荫棚。插后1个多月可生根成活，扦插苗成活后要做好松土、除草、浇水、施肥等管理工作。

【苗木培育】福建茶袋苗高达25cm时，可作为花坛、绿篱种植用苗。近几年陆续出现了福建茶各式造型，如云片状、长颈鹿、大象造型盆栽等。云片状福建茶树桩造型盆栽需要选择地径 10cm 以上的植株，将主干前后左右迂回弯曲向上，顶端部分的枝修剪成圆头状，在主干的各弯位培育枝条，通过竹片铁线扎成圆片状，再用绿篱剪修剪整齐。长颈鹿等造型盆栽需要选择地径 3cm 以上的植株，在口径 40~50cm 的大釉盆中每盆种 4 株当四只脚，用细钢筋、铁线造好动物的腿部、身体、尾巴、头部等部分的轮廓，然后逐渐将福建茶的小枝扎在轮廓上，修剪整齐，扎成一个造型需要花几年时间。

第五节　棕榈植物

（一）大王椰（王棕）

【学名】*Roystonea regia*

【科属】棕榈科大王椰子属

【形态特征】大王椰为常绿乔木，单干高耸挺直，可达 15~20m，干面平滑，上具明显叶痕环纹，中央部分稍肥大。叶聚生茎顶，冠幅 4~6m，羽状复叶长可达 3~4m，全裂；小叶披针形，长而柔软，先端二裂，除羽轴顶部外，均排列不在同一平面上，常扭成不整齐的 4 列；叶鞘长 1~1.3m，光滑亮绿，环抱茎顶。肉穗花序着生于最外侧的叶鞘着生处，花乳白色，多分枝。每年开花结果 2 次，花期 3~5 月及 10~11 月，果期 8~9 月及翌年 5 月。

【分布与应用区域】大王椰原产中美洲。我国华南和福建、云南南部常见栽培。

【生物学特性】大王椰属于阳性树种，日照需充足，喜高温多湿。栽培土质不拘，只要表土深厚、排水良好皆能成长，以富含有机质的沙质壤土为最佳。抗风、抗氟化氢污染能力较强。

【园林应用】大王椰为著名热带观赏植物，树形高大、挺拔，干粗壮高大。大王椰是营造典型热带植物景观的常用树种，适作行道树、风景树，在庭园、校园、公园等地孤植、对植或群植，特别适宜在大型草坪或空旷场地多株丛植，展现该树种的挺拔与婆娑。

【繁殖方法】大王椰采用播种繁殖，种实在 7~8 月开始陆续成熟，在外果皮由青变成红褐或紫色时采收，将采集的种实湿水堆沤数日，果皮软化后置水中浸泡搓洗得到纯净的种子，种子不宜脱水，不宜日晒，需要即播或催芽。一般采用播种筛在大棚内集中催芽，发芽需要 20℃ 以上，种子有短期休眠，且发芽不整齐，从 9~10 月开始发芽一直到翌年 7 月才结束，先发芽的种子先移植到 20cm 的育苗袋中培育，一直到发芽结束为止。

【苗木培育】一年生大王椰小苗高 20~25cm，地径 2~4cm。第 2 年可以换大一级规格育苗袋继续培育，到苗高 1m 以上时移植到大田培育大规格绿化用苗。移植于 4~5 月进行，株行距 1.0m×1.0m，为了促进苗木生长，穴底应施足有机肥。大王椰苗高 3m 左右进行间苗移苗，将株行距扩大一倍，未移栽的植株需要进行一次断根处理。移栽时要将部分老叶剪短，并将未剪的叶片扎起来，以减少水分散失，成活后再将叶片解开。

（二）加那利海枣

【学名】*Phoenix canariensis*

【科属】棕榈科刺葵属

【形态特征】加那利海枣为常绿乔木，株高 10~15m，树冠伞形，冠幅 5~7m。茎单生，直径 50~70cm，紧密地覆以叶柄残基。叶聚生茎顶，羽状全裂。较密集，长可达 6m，每叶有 100 多对羽片叶，小叶狭条形，坚挺且内向上折叠，排列整齐，两面亮绿色，长 100cm

左右，宽 2～3cm，近基部小叶成线刺状，基部由黄褐色网状纤维包裹。穗状花序腋生，长可至 1m；花小，黄白色，每年开花 2 次，花期 4～5 月及 10～11 月。核果椭圆形，果期 7～8 月及翌春，熟时橙色。

【分布与应用区域】加那利海枣原产非洲加纳利群岛，近年在我国南方地区广泛栽培。耐寒性较好，是棕榈植物园林北移应用的主要树种，在华南、长江中下游华东以及西南地区应用。

【生物学特性】加那利海枣喜温暖湿润环境，生长适温 20～30℃，热带亚热带地区可露地栽培，在长江流域冬季需稍加遮盖，黄淮地区则需室内保温越冬，喜光又耐阴，抗寒、抗旱。对土壤要求不严，以土质肥沃、排水良好的有机壤土最佳。

【园林应用】成年加那利海枣植株高大雄伟，形态优美，特别是修剪叶片形成的菠萝型叶柄基部很有特色。幼树阶段造景效果也非常好。可孤植、对植作景观树，或列植为行道树，也可三五株群植造景，是街道绿化与庭园造景的常用树种，深受人们喜爱。

【繁殖方法】加那利海枣采用播种繁殖，种子必须充分成熟后采收，才能保证发芽率，从外地调运的种子，必须用 0～5℃的低温冷藏。由于幼苗主根健壮，须根很少，移栽成活率很低，所以种子应直接播在育苗袋里，以保证移栽成活率。也可先在沙床播种，待叶子高 5cm 时取出剪去一部分主根，用生根剂处理后再置于沙床，促使须根萌发，须根密集后再移到口径 20cm 的育苗袋中，这样培育的苗须根多，移栽成活率高，后期长势强劲。

【苗木培育】加那利海枣袋苗高 50cm 时移植地栽培育，栽时需施足基肥，栽后应定期追肥，有机肥、无机肥均可。大苗生长较快，肥水需求更大，且要有充足光照，才能生长健壮。大树移栽需带完整土球，并适量剪去基部叶片，减少水分蒸发，才有利于根系再生以及植株恢复生长。加拿利海枣抗逆性较强，但偶有致死黄化病发生，应及时防治。

（三）银海枣（野海枣、林刺葵）

【学名】*Phoenix sylvestris*

【科属】棕榈科刺葵属

【形态特征】银海枣为常绿乔木，株高 10～16m，胸径 30～33cm，茎具宿存的叶柄基部。叶长 3～5m，羽状全裂，灰绿色，无毛；羽片剑形，长 15～45cm，宽 1.7～2.5cm，顶端尾状渐尖，排成 2～4 列，下部羽片针刺状；叶柄较短，叶鞘具纤维。花序长 60～100cm，直立，分枝花序纤细，花序梗长 30～40cm，明显压扁；佛焰苞近革质，长 30～40cm，开裂成二舟状瓣；花小，雄花白色，有香味，卵形至狭长圆形，长 6～9cm；雌花近球或半球形。果实长圆状椭圆形或卵球形，橙黄色，长 2～5cm。种子长圆形，长 1.4～1.8cm，两端圆，褐色。花期 4～5 月，果期 9～10 月。

【分布与应用区域】银海枣原产印度、缅甸，我国海南、广东、广西、云南、福建、台湾等地区有引种栽培。

【生物学特性】银海枣为阳性植物，喜高温湿润环境，喜光照，有较强抗旱力。生长适温 20～28℃，冬季低于 0℃易受害。耐盐碱，生长速度快。对土壤要求不严，但喜土质肥沃、排水性好的壤土。

【园林应用】银海枣株形优美，树冠半圆丛出，叶色银灰，孤植于水边、草坪作景观树，观赏效果极佳，为优良风景树和行道树，庭园、校园、公园皆可单植、列植、群植，更适合配置于滨海庭园。

【繁殖方法】银海枣采用播种繁殖，一般于 9~10 月种实成熟时进行。成熟果实呈黄色至橙色，采收后及时脱去果皮及果肉取得种子，将种子用 500 倍甲基托布津或多菌灵溶液消毒 30min，然后用清水浸种 1~2d。经处理的种子集中在苗床中播种，基质以河沙、椰糠和少量黄泥按一定比例配制而成，既保湿又透气。种子发芽较快，一般播后 1~2 个月发芽，发芽率约 80%。种子露白时，取出移植到口径 20cm 的育苗袋中培育。

【苗木培育】银海枣种子点播到育苗袋后，夏天应搭盖 50% 荫棚，尽量减少太阳曝晒，降温保湿，冬天则应采取薄膜覆盖保温保湿。幼苗长到 1~2 片叶时，开始追肥，每隔 15d 施一次薄肥。保持基质通透不渍水，以免造成烂根死苗。银海枣小苗生长缓慢，在育苗袋中培育 2~3 年再定植大田，定植季节 4~9 月。定植时，小心去掉营养袋，避免因培养土松散影响成活率。定植深度以保持袋苗土面刚露出即可。定植后，浇透定根水。定植 1 个月后，小苗开始生长，此时要及时追肥。经 3~5 年精心培育，植株基部直径可达 25~30cm 以上，自然高 2.0m 以上。

（四）鱼尾葵（孔雀椰子、假桄榔）

【学名】*Caryota ochlandra*

【科属】棕榈科鱼尾葵属

【形态特征】鱼尾葵为常绿乔木，高可达 20m。树冠伞状卵圆形，茎单干直立，有环状叶痕。叶二回羽状全裂，大而粗壮，先端下垂，羽片互生，厚而硬，形似鱼尾；叶鞘抱茎，具褐色网状纤维。花序腋生，弯曲且下垂，长 2~3m，分枝多，花黄色，多数，穗状紧密排列。核果球形，成熟后淡红色。花期 6~7 月，果期翌年 9~11 月。

【分布与应用区域】鱼尾葵原产亚洲热带、亚热带及大洋洲。我国海南五指山有野生分布，台湾、福建、广东、广西、云南均有栽培。

【生物学特性】鱼尾葵喜温暖，不耐寒，生长适温为 25~30℃，越冬温度要求 10℃ 以上。根系浅，要求排水良好、疏松肥沃的土壤。喜疏松、肥沃、富含腐殖质的中性土壤，不耐盐碱，不耐强酸，不耐干旱瘠薄，不耐水涝。耐阴性强，忌阳光直射，叶面会变成黑褐色，并逐渐枯黄。

【园林应用】鱼尾葵是我国最早栽培作观赏的棕榈植物之一。树姿优美潇洒，茎干挺直，叶片翠绿，形状奇特。可于庭院中观赏，也可盆栽作室内装饰用，是优良的室内大型盆栽树种，羽叶可剪作切花配叶，深受人们喜爱。

【繁殖方法】鱼尾葵采用播种繁殖，随采随播。成熟果实呈淡红色，采收后及时脱去果皮及果肉，将种子密播于沙床中，上面盖一层厚 1cm 的沙并刮平。播后 2~3 个月可以出苗，当种子露白时，即取出移植到口径 20cm 的育苗袋中培育。

【苗木培育】鱼尾葵小苗在育苗袋中培育 1~2 年，苗高 50cm 时移植到大田培育。3~10 月为生长期，一般每月施液肥或复合肥 1~2 次，促进植株旺盛生长。在干旱的环境中叶面粗糙，并失去光泽，应喷叶面水。鱼尾葵在高温高湿及通风不良条件下极易感染霜霉病，使叶片变成黑褐色而影响观赏价值，需在发病前喷洒 800~1000 倍液托布津等杀菌剂预防；另外，在高温干燥气候下易发生介壳虫，应喷 800 倍氧化乐果等防治。

（五）散尾葵

【学名】*Chrysalidocarpus lutescens*

【科属】棕榈科散尾葵属

【形态特征】散尾葵为丛生灌木至小乔木,株高3~8m。干有明显的环状叶痕。叶羽状全裂,裂片披针形,两列排列,先端弯垂;叶轴和叶柄黄绿色,腹面具浅槽,叶鞘初时被白粉。肉穗花序生于叶丛下,多分枝。果陀螺形或纺锤形,熟时橙黄色。花期5~6月,果期翌年8~9月。

【分布与应用区域】散尾葵原产马达加斯加群岛,我国引种栽培广泛,在华南地区可作庭园栽培或盆栽种植,其他地区可作盆栽观赏。

【生物学特性】散尾葵原产热带,喜热不耐寒,生长适温20~30℃,5℃以下易受寒害;对光照适应性较强,喜光也耐阴;喜湿润且空气湿度较大的环境,也稍耐干旱;要求肥沃疏松、排水良好的轻质壤土。

【园林应用】散尾葵枝条开张,枝叶细长而略下垂,株形婆娑优美,姿态潇洒自如,为著名的热带观叶植物。中小植株可盆栽作室内观赏,大型植株可作庭院绿化栽培,叶片是常用的切叶。

【繁殖方法】散尾葵主要采用播种繁殖,一般于10月种子成熟时进行,种子通常从国外进口。种子先放在阴凉的地方慢慢解冻,然后用杀菌剂浸泡消毒,捞出种子滤干后密播在播种筛中,基质选用泥炭土和珍珠岩按3:1的比例混合均匀,并将pH调到6.5左右。播种后将播种筛放在遮阴大棚内进行催芽,温度18℃以上时,约1个月可发芽。也可采用分株繁殖,于生长季节进行,将丛生茎2~3株从母株上切下另栽即可。

【苗木培育】散尾葵播种后翌年3~5月,散尾葵幼苗大约15cm高时移到塑料花盆或育苗袋中培育。盆栽选用口径25cm的高盆,每盆约种10株小苗,用育苗袋种植时每袋种3株小苗,基质与播种时用的一样。种植后的小苗放在遮阴50%的荫棚中培育,要注意通风,以减少病虫害的发生。散尾葵对温度要求很严,冬季低于10℃时盖薄膜防寒。苗高1m时可将袋苗改用盆栽,也可地栽继续培育更大规格苗木。

(六)蒲葵

【学名】*Livistona chinensis*

【科属】棕榈科蒲葵属

【形态特征】蒲葵为常绿大乔木,树干通直,粗糙,高可达20m。叶丛生于干顶,叶甚大呈掌状圆扇形,掌状分裂,裂片线形,向内折叠,每一叶片由近百条呈线形的裂片组成,中肋突出,裂片先端再二浅裂,向下悬垂;叶柄细长,两侧均具逆刺。春、夏开花,小花淡黄色,肉穗花序长而稀疏分歧,花被2轮,各为3片,花两性,雄蕊6枚。核果椭圆形,果熟由淡黄转黑褐色。春、夏开花,果期9月至翌年春天。

【分布与应用区域】蒲葵分布于我国东南部至西南部地区,日本和越南也有分布。

【生物学特性】蒲葵喜光又耐阴;喜高温多湿气候,能耐低温;土壤以肥沃、湿润的沙壤土至黏壤土或冲积土为佳,并能耐一定的水湿和咸潮。生长缓慢,寿命长,观赏期在8~40年。抗风力和抗大气污染的能力较强。

【园林应用】蒲葵单干耸直,叶大,浓密婆娑,树形美观,为优良乡土树种,并具南国特色。树形粗放如伞盖,叶簇高雅,由于蒲葵叶大且分裂,远远望去恰似树梢挂满裂开的扇子,极为美观。树性强健,树姿态纤细柔美,叶甚柔软,所以常用作庭园树或行道树,或盆栽室内摆设。

【繁殖方法】蒲葵采用播种繁殖,一般于秋冬种子成熟时播种。采回果实不宜曝晒,应即时去皮、淘洗出干净的种子，先用沙藏层积催芽，挑出幼芽刚突破种皮的种子点播在育苗袋中，播后早则1个月可发芽，晚则60d发芽。

【苗木培育】 蒲葵苗期充分浇水，避免阳光直射，从翌年5月开始追肥，以氮肥为主。幼苗期生长非常缓慢，当年只能长出一枚叶片，1~2年后小苗长至5~7片大叶时移到大田培育，株行距0.8m×0.8m。夏季生长季节每月施2次液肥，其余时间不必追肥。栽培期间会发生一些病虫害，常见病害有叶枯病、炭疽病、褐斑病、叶斑病、叶枯病等，主要害虫有绿刺蛾和灯蛾，应及时防治。

（七）老人葵（加州葵、华棕）

【学名】 *Washingtonia filifera*

【科属】 棕榈科丝葵属

【形态特征】 老人葵为常绿乔木，株高18~21m，树干基部通常不膨大，向上为圆柱状，顶端细，被覆许多下垂的枯叶。若去掉枯叶，树干呈灰色，可见明显的纵向裂缝和不太明显的环状叶痕，叶基密集，不规则。叶大型，叶片直径达1.8m，约分裂至中部而成50~80个裂片，每裂片先端再分裂，裂片之间及边缘具灰白色丝状纤维，裂片灰绿色，无毛，中央裂片较宽，两侧裂片较狭较短而更深裂；叶柄约与叶片等长，基部扩大成革质的鞘，叶柄下半部边缘具小刺。花序大型，弓状下垂，长2.7~3.6m，三级分枝。种子卵形。核果，椭圆形，熟时黑色。花期8~9月，果期翌年4~6月。

【分布与应用区域】 老人葵原产美国加利福尼亚州、亚利桑那州以及墨西哥等地，近年引入我国栽培，现长江以南地区均有，以广东最多。

【生物学特性】 老人葵性喜温暖、湿润、向阳的环境，能耐-10℃左右短暂低温。也能耐阴，抗风抗旱力均很强，喜湿润、肥沃的黏性土壤，也能耐一定咸潮，能在沿海地区生长良好。

【园林应用】 老人葵在热带地区作为行道树或庭园树。叶片较多，自然生长，圆弧度高，干粗于国产棕榈，植于道路广场较为壮观，且耐寒性较好。树形壮丽，成长快，适作风景树、行道树，还是海边沙地良好的绿化树种，可单植、列植、群植。

【繁殖方法】 老人葵采用播种繁殖，于种子成熟后进行。将种子密播在播种筛中，也可将种子沙藏到翌春播种。发芽适温25~28℃，播后30~50d发芽，挑选发芽的种子，点播在口径20cm的育苗袋中，基质采用河沙、椰糠和珍珠岩按1:3:1的比例混合。

【苗木培育】 老人葵幼苗生长较慢，需谨慎管理，袋苗4~6叶后，可移植于大田。种植地应选择土层深厚、肥沃、排水良好的地块。初次移栽时株行距0.8m×0.8m，再次移植时1.5m×1.5m。移植后要注意水分管理，雨季要及时排水，忌积水。生长季节每月追施复合肥一次，经2~3年培育，即可长成地径25~35cm的绿化大苗。苗期注意防治叶斑病、心腐烂、枯萎病，发病前定期喷施波尔多液或内吸性杀菌剂防治。

（八）美丽针葵（针葵）

【学名】 *Phoenix roebelinii*

【科属】 棕榈科刺葵属

【形态特征】 美丽针葵为单干灌木，高2~4m，茎上有残存的三角状叶柄。叶羽状全裂，叶长约1m，常弯垂；裂片条形，柔软，二列排列，裂片背面叶脉被灰白色鳞秕，下部裂片退化成刺状。肉穗花序生于叶丛下，花小，淡黄色。果长圆形，熟时枣红色。花期5~6月，果期 10～11 月。

【分布与应用区域】美丽针葵原产东南亚地区，我国南方各地区栽培甚多。

【生物学特性】美丽针葵喜温暖、湿润、半阴环境，可耐日晒；生长适温 20～30℃，稍耐寒；要求疏松、肥沃、湿润的土壤，耐干旱。

【园林应用】美丽针葵叶形秀丽，枝叶拱垂似伞形，株型清雅，是优良的观叶植物。适应性强，可作各种室内盆栽观赏；中小型植株适于一般家庭布置，大型植株常用于会场、大建筑门厅、露天花坛、道路布置。在温暖地区可作庭院、道路、广场等的绿化栽培。切叶是插花的优良素材。

【繁殖方法】美丽针葵采用播种繁殖，于 10～11 月果实成熟时进行。果实成熟时呈紫黑色，将果穗剪下，用水搓洗取得干净的种子，密播在播种筛中，基质可用椰糠、珍珠岩按 3：1 的比例混合。也可将种子置于 10℃ 左右的低温中冷藏 2～3 周，再按上述方法播种。播种后置塑料大棚中催芽，种子发芽的温度要求 18℃ 以上，20～30℃ 温度下 2～3 个月开始发芽。小苗生长速度慢，幼苗高 10cm 时，可移至育苗袋中培育。

【苗木培育】美丽针葵幼苗稍喜阴，应放在半阴环境下培育，夏季幼苗需遮阴 40%～50%，叶色更亮绿，冬季要注意防寒。随着小苗的生长，应逐渐揭开遮阳网，使小苗逐渐接受全日照，才能生长健壮，苗高 50cm 时移至大田中培育，株行距 0.8m×0.8m。移植成活后应加强管理，生长旺季半个月施肥一次，及时中耕除草，干旱季节及时浇灌，以免基部叶片干枯。病虫害较少，但要注意防治介壳虫。

第六节　藤本植物

（一）紫藤

【学名】*Wisteria sinensis*

【科属】蝶形花科紫藤属

【形态特征】紫藤为大型落叶木质藤本植物。茎褐色，枝蔓左旋生长，长达 7～8m。奇数羽状复叶，互生，有小叶 7～13，长圆形或卵状披针形，长 4.5～8cm，先端渐尖，基部圆或宽楔形，幼时两面密被平伏柔毛，老叶近无毛。总状花序长 15～30cm，花梗长 1.5～2.5cm，花序轴、花梗及萼均被白色柔毛；花冠紫色或紫堇色，长约 2.5cm，芳香。荚果呈短刀形，长约 15cm，外被绒毛，内含种子 3～4 粒。花期 4～5 月，果期 5～8 月。

【分布与应用区域】紫藤原产我国河北以南黄河、长江流域及广西、贵州等地区，现全国各地均有栽培，自北京到广州均有。

【生物学特性】紫藤生性强健，喜阳略耐阴，有一定的耐旱、耐寒能力。对土壤要求不严，从微酸性土壤到弱碱性土壤都能适应，以湿润、肥沃、避风向阳、排水良好的土壤为好，也有一定耐瘠薄和水湿的能力。植株生长迅速，寿命长。

【园林应用】紫藤生长迅速，枝叶茂密，攀缘力强，花大而香，为优良的荫棚树种。在园林中一般应用于花廊、花架、凉亭等垂直绿化，同时和山石、枯木、墙垣搭配，也有很好的效果。紫藤姿态优雅，老干古朴，也是盆景或盆栽的好材料。

【繁殖方法】紫藤主要采用播种繁殖，于每年春季进行。播种前种子用 60℃ 温水浸泡 1～2d，待种子膨胀后即可播种。一般开沟播种，沟深 2cm，每隔 5cm 播 1 粒种子，然后用疏松细土覆盖播种沟，厚度为种子直径的2～3倍，覆土后压实。播种后保持土壤湿润，约1个月种子发芽出苗，待幼苗长出2片真叶时开始疏苗、间苗和补苗，使苗木均匀分布于苗床上。也可采用嫁接法，于春季4月中旬进行，选择实生苗作砧木，剪取优良品种的紫藤健壮枝条作为接穗，每段接穗上至少带1个芽体，嫁接之后套袋保湿，待新芽伸长后拆袋。

【苗木培育】紫藤实生苗幼时呈灌木状，数年后，旺梢的顶端才表现出缠绕性。因此，可因地制宜选择盆栽或者地栽培育。培育灌木状栽植用苗时，应适当修剪，控制其株形，春季对枝条进行短截，剪去过密枝、病弱枝，以促进花芽形成。培育棚架式栽植用苗时，应在植株旁边插3～4支1～1.5m的竹竿供植株攀爬。旺盛生长期要给予充足水分，薄肥勤施，每半月施一次稀薄饼肥，促进植株生长。为使紫藤次年花繁叶茂，8月花芽分化期应适当控水，9月进行正常浇水，晚秋落叶后少浇水。开花前，可适当增施磷、钾肥。

（二）炮仗花

【学名】*Pyrostegia venusta*

【科属】紫葳科炮仗花属

【形态特征】炮仗花又名黄金珊瑚，为常绿木质藤本植物，蔓长可达8m，有线状、三裂的卷须。小叶2～3枚，卵状至卵状矩圆形，顶端渐尖，基部近圆形，叶柄有柔毛。圆锥花序着生于侧枝顶端，花冠筒状，长约6cm，橙红色。

【分布与应用区域】炮仗花原产巴西、巴拉圭等中南美洲地区，现全世界温暖地区广泛栽培。我国已经引种多年，适于华南地区和云南南部。

【生物学特性】炮仗花喜向阳环境和疏松肥沃、排水良好的酸性土壤，喜温暖湿润的气候，不耐寒，只有在热带、亚热带冬季绝对低温在0℃以上且空气湿润的地区，才能露地栽培。我国华南地区能保持枝叶常青。

【园林应用】炮仗花花形如炮仗，玲珑可爱，色彩绚丽如火焰，花序下垂成串，花期适逢元旦、春节等节日，给人以热烈、喜庆的感觉。园林中广泛应用于门亭、花廊、棚架、阳台、篱笆、低层建筑的墙面等地方，主要用于垂直绿化。

【繁殖方法】炮仗花主要采用扦插和压条繁殖。扦插于休眠后期至春夏季进行。选粗壮枝蔓截成段，每段保留2～3个芽，长约20cm，插在肥沃沙质壤土中，枝条露出地面约1/3。炮仗花具有较强的发生不定根的能力，约1个月即可生根，3个月后可移栽。压条繁殖全年均可进行，以春、夏为宜。选择生长粗壮的一年生以上枝条，于节间处压入土中并固定，保持土壤湿润，并覆盖薄膜保温，1个月左右开始生根，3个月后即可切离母株移植。

【苗木培育】炮仗花小苗可以上盆或地栽培育，地栽应选阳光充足、通风凉爽的地点，炮仗花对土壤要求不严，但栽植在富含有机质、排水良好、土层深厚的肥沃土壤中，生长更茁壮。盆栽宜选用高筒型花盆，培养土选用腐叶土、园土、山泥等为主，施入适量经腐熟的堆肥、豆饼、骨粉等有机肥作基肥。栽植后浇透水，并适当遮阴。缓苗后进入生长期管理。炮仗花生长快，因此肥水要充足，并及时在植株旁插3～4支竹竿供植株攀爬。

（三）爬山虎

【学名】*Parthenocissus tricuspidata*

【科属】葡萄科爬山虎属

【形态特征】爬山虎又名爬墙虎、地锦，大型落叶木质藤本植物。树皮有皮孔，髓白色，枝条粗壮，具分枝卷须，卷须顶端有吸盘。叶变异很大，幼苗或下部枝上的叶较小，常分成三小叶或为三全裂，中间小叶倒卵形，两侧小叶斜卵形，有粗锯齿。花两性，聚伞花序通常生于短枝顶端的两叶之间；花绿色，5数；花萼小，全缘；花瓣先端反折；雄蕊与花瓣对生；花盘贴生于子房，不明显；子房2室。浆果球形，熟时蓝紫色，有白粉。花期6月，果期9～10月。

【分布与应用区域】爬山虎在我国分布很广，北起吉林、南到广东均有。日本、朝鲜也有分布。

【生物学特性】爬山虎适应能力强，不怕强光，耐寒，耐旱，对气候和土壤适应性强，在阴湿、肥沃土壤中生长最佳。生长快，植株攀缘能力强，南北向墙面均能生长。

【园林应用】爬山虎枝蔓纵横，新叶嫩绿，密布气生根，入秋叶色变红或黄，十分艳丽，是垂直绿化的主要树种之一。适合培植于宅院墙壁、阳台、围栏、花架以及高架桥立柱绿化。对土壤有较强的适应能力，固着性好，可用于地被和道路坡面覆盖绿化，防止水土流失。

【繁殖方法】爬山虎主要采用扦插及压条繁殖，其中扦插繁殖是最常用的繁殖方法。3～4月可进行硬枝扦插，将硬枝剪成长20～30cm的茎段，直接插入育苗袋中，每袋插2～3支，插后浇透水，保持湿润，很快便可抽蔓成活。夏秋季可用嫩枝带叶扦插，遮阴浇水养护，也能很快抽生新枝，扦插成活率较高，应用广泛。压条可采用波状压条法，在雨季阴湿无云的天气进行，成活率高，秋季即可分离移至育苗袋中培育。

【苗木培育】爬山虎小苗成活后应加强肥水管理，不能有积水，小苗长出吸盘或卷须时可适当减少浇水次数。为获得壮苗，可适时补充磷、钾肥和有机肥料。一般栽后2个月，爬山虎苗的藤茎可长至40～50cm，此时可进行数次摘心以促壮苗和防止藤茎相互缠绕遮光。经过5～6个月，长度达80～100cm，可用于绿化栽植。

（四）金银花

【学名】*Lonicera japonica*

【科属】忍冬科忍冬属

【形态特征】金银花又名忍冬，为常绿或半常绿缠绕木质藤本植物。茎皮条状剥落，枝中空，幼枝暗红褐色，密被黄褐色、开展的硬直糙毛、腺毛和短柔毛，下部常无毛。叶对生，纸质，卵形至矩圆状卵形，叶柄长4～8mm，密被短柔毛。总花梗通常单生于小枝上部叶腋，与叶柄等长或稍短，苞片大，叶状，卵形至椭圆形，长达2～3cm，两面均有短柔毛或有时近无毛；花冠白色，有时基部向阳面呈微红，后变黄色，唇形，筒稍长于唇瓣，果实圆形，直径6～7mm，熟时蓝黑色，有光泽。种子卵圆形或椭圆形，褐色。花期4～6月（秋季也常开花），果熟期10～11月。

【分布与应用区域】金银花在我国除黑龙江、内蒙古、宁夏、青海、新疆、海南和西藏无自然生长外，其余各地均有分布。

【生物学特性】金银花喜温和湿润气候，喜阳光充足，耐寒、耐旱、耐涝、耐-30℃低温，故又名忍冬花。对土壤要求不严，耐盐碱，以土层深厚、疏松的腐殖土栽培为宜。

【园林应用】金银花主要用于廊架、篱沿、园门以及植物专类园如岩石园、药用植物园等。

【繁殖方法】金银花主要采用播种繁殖，果熟期采收充分成熟的果实，去除果皮和果肉，捞出沉入水底的饱满种子，稍晾干后随即播种，也可将种子在0～5℃温度下沙藏至翌年3～4月播种。播种前先把种子放在25～35℃温水中浸泡24h，然后在室温下与湿沙混拌催芽，待1/3以上种子破口露白时将种子播在育苗床中。

金银花也可采用扦插繁殖。扦插于春季2～6月进行，雨季扦插成活率最高。选择长势旺盛的1～2年生枝条，剪成长15～20cm的枝段，摘去叶片，用0.5g/L的吲哚丁酸处理后插在苗床或直接插入育苗袋中，每袋3～5支，深度为插穗长度的2/3，插后喷雾保湿，插后15～20d生根。

【苗木培育】金银花扦插苗生根或实生幼苗长到高6～7cm时分床移植培育大苗。移植株行距15cm×15cm，也可将幼苗移入营养袋中继续培育，一袋一株。小苗成活后应加强管理，移植后15d开始施肥，施肥原则是勤施薄施，以复合肥为主，叶面肥为补充，施肥浓度以0.3%～0.5%为宜，一般情况下一个月施水肥两次。生长季节及时进行中耕除草，并在植株旁边插3～4支长1.3～1.6m的竹竿供植株攀爬，引导植株向上生长。

（五）飘香藤

【学名】*Dipladenia sanderi*

【科属】夹竹桃科双腺藤属

【形态特征】飘香藤为常绿藤本植物，有乳汁。叶对生，全缘，革质，长卵圆形，先端急尖，叶面有皱褶，叶色浓绿并富有光泽。花腋生，漏斗形，上缘5裂，直径可达10cm，花色为红色、桃红色、粉红色、白色、黄色等，花期春、夏为主，养护得当全年均可开花。果实细长，达20cm，成熟时开裂，种子有白色绵毛。

【分布与应用区域】飘香藤原产巴西，现世界各地引种栽培。我国华南地区生长良好，以盆栽为主，也可地栽。

【生物学特性】飘香藤喜温暖湿润及阳光充足的环境，也可置于稍荫蔽的地方，但光照不足开花减少。生长适温20～30℃，冬季需温暖避风，对土壤适应性较强，以富含腐殖质、排水良好的沙质壤土为佳。

【园林应用】

飘香藤是一种新型观赏植物，花大色艳，株形美观，被誉为"热带藤本植物的皇后"。室外栽培时，可用于篱垣、围栏、阳台和小型庭院美化。因其蔓生性不强，不适合大型荫棚栽植，最适合盆栽观赏，可于盆中设立支架，让其藤蔓缠绕于支架上生长开花。

【繁殖方法】飘香藤一般采用扦插繁殖，春、夏、秋三季均可进行。将枝条剪成每两节一段，叶片剪去1/2～2/3，待插穗切口乳汁干燥后，斜插于排水良好的介质中，1个月以上才会发根成活。也可采用压条法繁殖。连续地将茎蔓埋于土中，待节间生根后再将其从节间剪断分开种植。

【苗木培育】飘香藤栽培严格按照小苗小盆、大苗大盆的原则，最后定植于较大的盆中，每盆可种植3～4株。基质可用腐叶土加少量粗沙或珍珠岩，也可以塘泥、泥炭土、河沙按5∶3∶2比例混合配制。春季至秋季为生长季节，每月追肥两次，但应控制氮肥施用量，以免营养生长过旺，最好施用腐熟的有机肥，冬季休眠期应停止施肥。因其枝蔓较弱，应及时在植株旁边插3～4支长1.3～1.6m的竹竿供植株攀爬，引导植株向上生长。一二年生植株可进行轻剪整形，多年生植株需重剪，将植株在离地20～30cm处剪断，促使其萌发强壮的新枝。

(六) 使君子

【学名】 *Quisqualis indica*

【科属】 使君子科使君子属

【形态特征】 使君子为常绿攀缘灌木。小枝被短柔毛。叶革质，对生，卵形至椭圆状披针形，背面有锈色柔毛。伞房状穗状花序顶生；两性花，萼筒管状，雄蕊10枚，花丝细而短，子房下位，花柱极长，有香气，初开时白色，后变红色。果实橄榄状，黑褐色。花期5～6月，果期6～10月。

【分布与应用区域】 使君子产于我国南部及印度、缅甸、菲律宾等地。

【生物学特性】 使君子喜温暖，怕霜冻，在阳光充足、土壤肥沃和背风的环境中生长良好。

【园林应用】 使君子适合于花廊、拱门、围篱、荫棚、墙垣垂直绿化，还可进行盆栽，作地被，花枝作切花用。

【繁殖方法】 使君子主要采用播种繁殖，9～10月果熟时进行，采后即播，也可采收后将果实用润沙藏到翌春2～3月再播种。播种前剪破果尖，以利水分渗入。也可先用30～40℃温水浸种1天催芽。播种时种子尖端向下，果柄一端向上，斜插入土，再盖细土厚约3cm，并保持湿润，约1个月后发芽出土。

除播种繁殖外，也可采用扦插繁殖，于1～3月进行。选择二年生枝条，剪成长15cm左右，直接插在沙土、泥炭土等基质中，非常容易发根。也可以在10～12月挖出部分根，选直径约3cm的根，剪成长约20cm的插条进行根插。

【苗木培育】 使君子播种苗幼苗期注意除草，苗高10～15cm时即可带土移栽，扦插苗芽长10cm左右时移植。一般选用口径20～30cm的花盆种植，每盆2～3株，种植成活后应加强管理，适时松土除草，每年施鸡粪等有机肥一次，追肥2～3次。苗高30cm左右时，每盆使君子应插4支1.3～1.6m长的竹竿供植株攀爬，引导植株向上生长。当盆栽使君子植株高1m左右时可用于绿化种植。

(七) 大花老鸦嘴

【学名】 *Thunbergia grandiflora*

【科属】 爵床科山牵牛属

【形态特征】 大花老鸦嘴为攀缘藤本，高达7m以上。分枝较多，幼枝稍四棱形，后变圆形。叶对生，阔卵形，长12～18cm，先端渐尖，基部心形，两面粗糙、有毛，叶缘有角或浅裂。花单生于叶腋，或排成下垂的总状花序，花冠漏斗形，初开时淡蓝色，后渐变为白色。蒴果下部近球形，上部具长喙，开裂时似乌鸦嘴。花期5～11月。

【分布与应用区域】 大花老鸦嘴原产孟加拉国和印度北部，现广植热带和亚热带地区。

【生物学特性】 大花老鸦嘴喜高温多湿，生长期适温22～30℃，越冬温度10℃以上。生命力强，以肥沃、富含腐殖质的壤土或沙质土壤为宜，要求阳光充足，通风、排水良好的环境。

【园林应用】 大花老鸦嘴植株粗壮，覆盖面大，花繁密，蓝色的花朵成串下垂，花期较长，适于大型棚架、绿廊、拱门、墙垣垂直绿化，也可作地被或公路边坡绿化，是公园、庭院良好的绿化材料。

【**繁殖方法**】大花老鸦嘴采用播种和扦插繁殖。果实于秋冬季成熟，成熟时自行开裂，必须及时采收，干燥后储藏。从初春起随时均可播种，发芽后待子叶展开即可移植。发芽适温20～25℃。采用扦插繁殖，华南地区扦插基质主要采用土、沙按2：1的比例混合，剪取长10～12cm的下部节位的枝条扦插于沙土中，采用自动间歇喷雾设备保持扦插基质相对湿度为85%～95%，生根迅速。

【**苗木培育**】大花老鸦嘴小苗先用口径20cm的育苗袋或花盆种植，基质选用富含腐殖质的疏松肥沃的土壤，每袋或每盆种1株。种植成活后应加强管理，适时浇水，使土壤保持湿润。随着植株逐渐长大应加大浇水量，提供充足的水分。生长期间加强肥水管理，促其快速生长。待枝蔓伸长到4～5节时进行摘心，促发分枝，同时植株旁边应插2～3支长1.3～1.6m的竹竿，使枝蔓攀爬于其上生长，植株高1m左右时可用于绿化。

（八）龙吐珠

【**学名**】*Clerodendrum thomsonae*

【**科属**】马鞭草科赪桐属

【**形态特征**】龙吐珠为常绿木质藤本。茎四棱形，长可达3m左右。叶对生，深绿色，长卵圆形，长6～10cm。聚伞花序，顶生或腋生，呈疏散状，二歧分枝；花萼筒短，绿色，裂片白色，卵形，宿存；花冠筒圆柱形，柔弱，5裂片深红色，从花萼中伸出；雄蕊及花柱很长，突出花冠外。花期春夏。果实肉质球形，蓝色。种子较大，长椭圆形，黑色。

【**分布与应用区域**】龙吐珠原产热带非洲西部，现世界各地广为栽培。

【**生物学特性**】龙吐珠喜温暖、湿润和阳光充足的环境，不耐寒，冬季呈休眠或半休眠状态。冬季温度不低于8℃，5℃低温茎叶易遭受冻害，轻者引起落叶，重则嫩茎枯萎。夏季高温时需遮光，充分浇水，以保持盆土湿润。冬季放在室内阳光充足的地方。土壤用肥沃、疏松和排水良好的沙质壤土。

【**园林应用**】龙吐珠花形奇特，开花繁茂，通常作盆栽观赏，常置于阳台或窗台，以绿色铁丝或竹片制作各种形状的支架（扇形、球形皆可），插入盆内，使藤蔓攀附而上，盛花期时格外秀丽壮观，又可用于花架，或作为垂吊盆花布置。花瓣脱落后，白色萼片停留在植株上的时间较长，仍有观赏价值。

【**繁殖方法**】龙吐珠采用扦插繁殖为主，春季到夏初进行，选择健壮、无病虫害的枝条顶端的嫩枝部分，或选择1～2年生的成熟枝条，剪成6～8cm的茎段，也可以选择根状匍匐茎剪成长6～8cm，用0.5g/L的吲哚丁酸处理几分钟后扦插，基质可用泥炭、珍珠岩、河沙和蛭石等混合而成。气温21～26℃时，扦插后3～4周可生根。

龙吐珠也可采用播种繁殖，于春季进行，播种前需浸种10～12h，然后将种子播在育苗袋中，每袋播2～3粒。20～25℃温度条件下，播种后7～8d发芽，15～20d出苗。

【**苗木培育**】龙吐珠小苗成活后移植上盆，直径12～15cm的盆可栽2～3株。上盆后立即浇水，使小苗与土壤充分接触，如光照太强，需遮阴3～4d。移植上盆10～12d后，施一次薄肥。枝条长到一定长度后控制氮肥用量，氮肥过多不利于开花。生长期间浇水要充足，应见干见湿，浇水均匀，切忌过湿过干。盆土过干，易造成枝叶萎黄、脱落；盆土过湿，易导致烂根，叶片变黄而脱落。龙吐珠立性差，株高30cm时，需在盆内插3～4支竹竿，使植株攀附于上，盆栽苗高60～80cm时可用于绿化。

第七节 其他类群

一、水生植物

水生植物是指生长在水中或潮湿土壤中的植物，包括草本植物和木本植物。水生木本植物又分为乔木或灌木树种。这些水生木本植物在构建湿地景观、水网地水生环境改造以及滨海盐碱滩涂地区的景观营造和生态修复中受到越来越多的重视。池杉、落羽杉、垂柳三种乔木树种具有很强的耐水淹特性，整株淹没时，池杉、落羽杉仍保持叶形，水退后叶片展开。而垂柳整株淹没后落叶自保，水退后重新萌发新叶。水松、湿地松、乌桕、枫杨、墨西哥落羽杉等也极耐水淹，甚至可整年局部淹没在水中，这些树种都是湿地景观构建的好材料。

水生植物在园林造景中的应用主要分为水边、驳岸、水面、堤、岛的植物配置等。在中国古典园林中，水生植物是营造园林水景的重要素材之一。以其洒脱的姿态、优美的线条、绚丽的色彩点缀水面和岸边，并形成水中倒影，使水面和水体变得生动活泼，加强了水体美感，起着画龙点睛的作用，同时还具有净化水质、保护水岸、涵养水源以及生态维护和修复功能。合理利用可以充分发挥其观赏功能和生态功能。

（一）落羽杉

【学名】 *Taxodium distichum*

【科属】 杉科落羽杉属

【形态特征】 落羽杉为半常绿或常绿乔木。株高达50m，胸径达3m以上。树冠高大雄伟，幼树树冠广圆锥形，老树树冠伞形，枝叶繁茂，冠形秀丽。树皮裂成长条片。大枝水平开展，侧生短枝螺旋状散生。干基部膨大，有膝状呼吸根。叶条形互生，线状扁平，长1～1.5cm，宽约1mm，排列稀疏，侧生小枝上排列成两列而呈羽状。球果圆球形或卵圆形。花期春季，秋后果熟，熟时淡褐黄色。

【分布与应用区域】 落羽杉原产北美东南部，我国长江以南各地广为栽培。尤以水网地带、冲积平原、湖区最多。

【生物学特性】 落羽杉喜光及暖湿气候，病虫害少且极耐水湿，在平原水湿地带或丘陵山区均能生长。具有速生、抗风、耐盐碱、耐水湿等优良特性，能适应低湿滩地、干旱瘠薄丘陵山地、碱性土地等多种立地环境。

【园林应用】 落羽杉为秋季彩叶树种。用于滨水绿化，防风固岸，可在浅沼泽地、池塘边成片种植，也可用在排水良好的陆地。配置时一般以常绿树为背景成片种植，周围可零星布置其他彩叶树如无患子、小鸡爪槭等，使景观色彩更加丰富。

【繁殖方法】 落羽杉主要采用扦插繁殖，于春季进行，成活率高。插穗选用完全木质化的枝条，剪成10～12cm长，用100～150mg/L萘乙酸处理24h，然后插在充分冲洗并消毒的细河沙中，以薄膜封闭和遮阴，加强水分管理，约60d生根成活。

落羽杉也可采用播种繁殖，于3～4月进行。播前用温水浸种4～5d，每天换水一次，之后播种，采用条播，行距为20cm，一般7d左右开始发芽。一年生苗高可达60～100cm。

【苗木培育】 落羽杉播种苗幼苗期注意防治地下害虫，扦插苗成活后应逐渐揭开薄膜及遮阳网，使苗木适应环境。5～8月为苗木生长旺盛期，应加强水肥管理，10～15d追肥一次，促使苗木旺盛生长。一年生苗高可达1.0m，地径可达1.0cm左右，可于春季移到大田继续培育大规格苗木，株行距 0.8m×0.8m，因其主根粗而深、侧根稀少，移植时要特别注意少伤根系，栽植前进行消毒，防止被挖伤的根部霉烂，苗木培育 2~3 年后可用于绿化。

（二）池杉

【学名】 *Taxodium ascendens*

【科属】 杉科落羽杉属

【形态特征】 池杉为落叶乔木。株高达 20m 以上，树冠尖塔形，树干基部膨大，低湿处生长时常有膝状呼吸根。大枝向上伸展，当年生小枝下弯。叶片螺旋状排列，先端渐尖。主枝叶钻形或锥形，侧枝叶条形。花单性，花期 3 月，雌雄同株，雄球花多数集生于下垂的枝梢上，聚成圆锥花序，雌球花单生枝顶。球果圆形或长圆状球形，有短梗。种子不规则三角形，略扁，红褐色，边缘有锐脊，11 月成熟，熟时黄褐色。

【分布与应用区域】 池杉原产北美东南部。我国长江流域各地有栽培，现已在许多城市尤其是长江流域水网地区作为重要造林和园林树种。

【生物学特性】 池杉为强阳性树种，喜温暖湿润环境，耐涝耐旱，萌芽力强，抗风力强，稍耐寒，不耐阴。适生于深厚疏松的酸性或微酸性土壤，苗期在碱性土种植时黄化严重，生长不良，长大后抗碱能力增加。

【园林应用】 池杉为秋季彩叶树种。树形婆娑，枝叶秀丽，在园林中可孤植、丛植、片植，也可列植作行道树。在水缘、滨河或低洼水网地区片植时，可在水面适量布置睡莲等浮水植物，使景观更丰富。

【繁殖方法】 池杉采用播种和扦插繁殖。种子一般于 10 月下旬采收干藏。选择排灌方便、平坦疏松的微酸性沙壤圃地，施足基肥，冬播或春播均可。播前 40℃温水浸种 5d（每天换水），采用宽幅条播，播种量 900~1 050kg/hm² 带壳种子。播后覆土 8cm，轻压拍实，当年生苗高可达 0.8~1m。

扦插可用休眠枝和嫩枝作插穗。休眠枝扦插于 2~3 月进行，用 1~2 年生实生苗截干作插穗，插穗长 10~12cm，插入土中约 2/3。嫩枝扦插于 5 月中旬至 8 月间进行，取当年萌发的嫩枝，剪成 10~20cm 小段作插穗，插后 1 个月左右生根。插后要遮阴，嫩枝扦插还需薄膜覆盖。

【苗木培育】 池杉移植于春季进行，阴雨天是移植的好天气，采用穴垦整地，如进行间作，则要全面整地。可采用 1m×2m 或 1.5m×3.0m 的株行距，如栽后不间苗，宜用 2m×2m 或 3m×3m 的株行距。栽培期间每年中耕除草两次，干旱季节浇水抗旱。池杉对土壤酸碱性反应敏感，土壤 pH7 以上时，会出现不同程度的黄化现象，因此要适时检测土壤 pH，以利苗木生长。池杉的幼苗、幼树甚至大树常生长双梢，要注意剪除其中生长细弱的梢头，仅留一个主梢向上生长。

（三）水松

【学名】 *Glyptostrobus pensilis*

【科属】 杉科水松属

【形态特征】 水松为落叶或半常绿乔木。株高 8~25m，胸径可达 1.2m。树冠圆锥形或卵球形。树干耸直，湿生环境中树干基部膨大呈槽状，具膝状呼吸根。单轴分枝，大枝近轮生或互生，平展或斜举。宿存枝的叶鳞形，螺旋状排列；脱落枝的叶片线状锥形或线形，斜展成 2~3 列，后两种叶于秋后变黄色连同小枝一起脱落。花小，单性，雌雄同株，单生于具鳞形叶的小枝顶端。球果倒卵形，种子椭圆形，基部有尾状长翅。花期2月前后，球果成熟期10月左右。

【分布与应用区域】 水松主要分布于广东、广西、福建、江西、云南等省、自治区海拔1 000m以下的地区。广东珠江三角洲地区为其主要产地，南京、武汉等地也有栽培。

【生物学特性】 水松为阳性树种，喜光及暖湿气候，年均温15~22℃为最适温度，耐水湿，不耐寒，忌盐碱土，能耐40℃高温和10℃以下低温，要求年降水量1 500~2 000mm，雨量越充沛对其生长越有利。

【园林应用】 水松为秋季彩叶树种，宜于河边、湖畔、沼泽或小岛上成片种植造景，因其根系强大，兼有固堤、护岸及防风作用。水松是我国特有珍稀濒危保护的孑遗植物，具有植物科普和环保教育的意义，在公园和学校配置尤为适宜。

【繁殖方法】 水松采用播种、扦插繁殖。播种于春季2~3月进行，播种时间越早越好，早播是防止苗木猝倒病的技术关键。播种后20d可发芽，发芽后，保持苗床湿润，适当遮阴。炎热天气时要严防幼苗灼伤，苗高10~20cm时，分床培育，可采用水田湿育和容器育苗等方式。

水松扦插育苗采用一年生冬芽饱满枝条，用ABT生根粉或150mg/L的萘乙酸处理插穗5~6h，成活率可达80%以上。

【苗木培育】 水松喜暖热多湿气候和多湿土壤，一般采用早播水育法，即冬季围地做床播种，待苗高20~25cm时移植于水田平床，株行距20~25cm。每天早晨灌溉，保持水面深3~5cm，晚上将水排去，切忌死水育苗，这种"跑马水"方式的排灌，在夏秋季气温高时还可起到调节苗地温度的作用。幼树期需要较充足的阳光和肥沃湿润的土壤，5~10月是苗径增粗和长高的旺盛时期，应加强水肥管理。园林中应选用10年生以上幼树栽培，栽植一般于冬末嫩芽抽出前进行，若其他季节种植，则必须附有大量宿土才易成活。

（四）红树

【学名】 *Rhizophora apiculata*

【科属】 红树科红树属

【形态特征】 红树为灌木或小乔木，株高2~4m，有支柱根。叶交互对生，厚革质，长椭圆形，长6~16cm，宽3~6cm，先端渐尖有小尖头，基部楔形，全缘。聚伞花序有花两朵，长约1cm，生于已脱落的叶腋间；总花梗扁平，明显短于叶柄；花两性，无花梗；花萼4深裂，裂片三角状卵形，厚而坚硬；花瓣线形，近膜质，无毛。子房半下位，圆锥形。果圆锥状卵形，下垂，褐色或橄榄色。花果期夏秋。

【分布与应用区域】 红树生长在热带和亚热带沿海潮间带地区，我国主要分布在广东、广西、海南、香港和台湾等地，福建南部也有少量发现，生于海边的泥滩上。

【生物学特性】 红树经受周期性潮水浸淹，故需保存水分，以减少吸收高盐分的海水，一般生长在沿岸泥土松软淤积的潮间带，能忍受较高的内部盐分浓度，特殊的形态特征能降低水分流失，并通过积聚脯氨酸来平衡渗透力。

【园林应用】 红树为湿地的特色植物，在维护河口区及海岸滩涂地的生态平衡与海岸线景观绿化以及担浪固滩护岸、净化水体等方面起着重要的作用，是海滩防潮护岸绿化的极好材料，也可盆栽观赏。

【繁殖方法】 胎生是红树植物的特殊繁殖现象。红树种子在果实还没有离开母体时就开始萌发，生长成绿色棒状的胚轴，悬挂于母树上，待胚芽与果实接连处呈紫红色、胚根先端现出黄绿色小点时，表明果已成熟，即可采集。采集时可用竹竿打枝条，落下的为成熟苗（即胎生苗），栽植胎生苗时，不要除去果壳，要让其自然脱落，以免子叶受损伤或折断而不能萌发新芽。在苗木运输过程中，要细致包扎，苗顶向上装在箩筐内，底层垫稻草，不要堆积太高，以免发热腐烂。一般于5～6月随采随播，直接点播在育苗袋中，基质可选用海滩淤泥与海滩细沙混合。

【苗木培育】红树一般选择在涨潮时水深度1m以下、海水盐度1.5％以下的江河出海口或沿海滩涂地区种植，种植地海水盐度大于1％时，必须先炼苗，直至耐盐度达到该种植地要求时方能栽植。4～10月均可栽植，以6～10月气温较高为宜。株行距3m×3m或3m×5m，也可适当密植。种植时挖穴，然后将苗连同营养袋放入穴内，填好泥、扶正苗、压实即可，种植深度比原苗根茎部深3cm左右，便于苗木扎根生长，而不致被潮水冲倒。栽后应搭建牢固塑料网围住，防止水浮莲等漂浮物缠绕，定期清捞垃圾漂浮物。前3年严禁下海人员和船只进入造林区捕捞、挖蚝等作业，防止造成人为破坏，注意病虫害防治。

二、竹类植物

竹类是多年生常绿的禾本科竹亚科植物。竹类植物呈乔木或灌木状，也有极少数秆型矮小、质地柔软而呈草本状。竹的地下茎通称竹鞭，分为合轴型和单轴型，在合轴型和单轴型之间又有过渡类型。竹鞭的节有芽，不出土的芽可长成新的竹鞭，芽长大出土便称为笋，笋上的变态叶称竹箨。笋发育成秆，竹秆具有明显的节和节间，节部有2环，下一环称箨环，上一环称秆环，两环间称为节内，其上生芽，芽萌发生成枝，通常一至数枚。

我国是竹类植物分布的中心地区之一，竹类植物种质资源极为丰富，有23属约350种。竹类植物具有极高的经济价值，竹材坚韧富有弹性，是良好的建筑材料，可加工制作各种工具、家具、乐器及工艺美术品和日常生活用品，也是造纸工业的好原料，笋鲜美可食，自古以来深受人们的喜爱。竹类挺拔修长，潇洒脱俗，婀娜多姿，四季青翠，凌霜傲雨的观赏特性，及其引申出来的虚心、有节、清高的精神文化意义，使竹成为我国的传统观赏植物之一，有梅兰竹菊四君子、松竹梅岁寒三友等美称，是集文化美学、景观价值于一身的优良观赏植物，在我国用于造园至少有2 000年历史，古今庭园几乎无园不竹。

（一）毛竹

【学名】*Phyllostachys pubescens*

【科属】禾本科刚竹属

【形态特征】毛竹又名楠竹、猫头竹、江南竹、茅竹，单轴散生型竹。秆高10～25m，直径8～20cm，秆基部节间短，中部节间可达40cm。新秆密被细柔毛，有白粉，老秆无毛，白粉脱落而在节下逐渐变黑色。枝叶二列状排列，每小枝2～3片叶，叶较小，披针形，叶舌隆起，叶耳不明显。笋期3月下旬至4月。

【分布与应用区域】毛竹原产我国秦岭、汉水流域至长江流域以南海拔1 000m以下酸性土山地。分布很广，华东、华中、华南、西南及台湾省皆有栽培。

【生物学特性】毛竹好光而喜凉爽，要求温暖湿润气候，年平均温度15～20℃、年降水量不少于800mm地区均能生长。喜肥沃、深厚、排水良好的酸性沙壤土，干燥的沙荒石砾地、盐碱地或积水的洼地均不利生长。

【园林应用】毛竹秆形粗大，端直挺秀，宜在风景区或城市郊区营造纯林或与阔叶树混交，形成特有的景观，或栽植在道路两侧形成竹径，或作建筑、水池、花木等的绿色背景，或作隔离空间的材料。

【繁殖方法】毛竹可采用分株和埋鞭繁殖。利用毛竹实生苗分蘖丛生的特性进行分株育苗，立春前后，将整丛竹挖起来，从种柄处将竹苗从竹丛中一株株地分开成为单株，需要注意的是不要伤到芽眼。各单株保留竹秆高 2m 左右截断，按 1.5m×1.5cm 的株行距种植。

毛竹实生苗的竹鞭再生繁殖能力很强，立春前后，利用挖苗时留下的竹鞭或在竹林中挖取嫩竹鞭，截成长 20cm 鞭段，横埋入苗床，盖土深度 5cm。或将挖苗后留下竹鞭的苗床整平，使竹鞭自由萌发。

【苗木培育】毛竹移植初期抚育着重除草松土、培土壅根、施肥、灌溉排涝。肥料以厩肥、堆肥等有机肥为主。在有条件的地方，施肥量每年每公顷可施有机肥 380～750kg 或饼肥 2 250～3 000kg，塘泥 750～1500kg。有机肥在秋冬结合垦复挖沟或挖穴埋入土内。施用速效性水稀释化肥或人粪尿，最好在夏季毛竹生长季节或出笋前后一个月内施入。每公顷可施尿素 150～225kg、过磷酸钙 45～75kg。成林后护笋养竹、间伐及进行病虫害防治。

（二）淡竹

【学名】*Phyllostachys glauca*

【科属】禾本科刚竹属

【形态特征】淡竹又名粉绿竹、毛金竹，单轴散生竹，主干高 6～18m，直径 2～8cm。梢端微弯，中部节间长 30～40cm。新秆蓝绿色，密被白粉；老秆黄绿色或黄色，节下有白粉环。秆环及箨环均稍隆起，每节分枝 2，每小枝 2～3 片叶，叶片披针形，长 8～16cm，宽 1.2～2.4cm。叶背基部有细毛，叶舌紫色。笋期 4 月中旬至 5 月下旬。

【分布与应用区域】淡竹原产长江、黄河中下游，分布于黄河流域至长江流域以及陕西秦岭等地，生长于丘陵及平原，尤以江苏、浙江、安徽、河南、山东等地较多，近年来华南等地多引种用于园林绿化。

【生物学特性】淡竹主要分布区年平均气温 12～17℃，年降水量 500～1 200mm。适应性强，低山、丘陵、河漫滩均能生长，能耐一定的干旱瘠薄和轻度盐碱土，较耐寒，-18℃左右低温下能正常生长。

【园林应用】淡竹姿态挺秀，青翠多姿，适于大面积片植。一年生淡竹的秆、枝为绿色，两年生淡竹的秆、枝为黄绿色，三年以上的淡竹秆、枝均变为黄色，栽于庭院中观赏其色彩变化，也十分有趣。

【繁殖方法】淡竹通常采用移植母竹繁殖，选择竹秆粗壮、节间稠密、枝叶离地面近、竹叶深绿色、无病虫害、竹鞭根浅的二年生竹为母竹，挖掘根盘长、宽、深为 60cm×40cm×30cm，每盘 3～5 株，多带鞭根，不伤芽眼及须根，切口平整，保持湿润，切去部分竹梢。春季按 3.5m×3.5m 的株行距移植。

【苗木培育】淡竹栽植后要随即浇水，使土壤与鞭根密接，以后经常保持土壤湿润。特别是第一年夏季，看天气情况适时浇水，注意排涝，防止长时间积水。淡竹施肥各种肥料均可，土杂肥肥效长，秋冬季施用最好，可开沟、挖穴，也可地面撒施。速效化肥宜春夏季追施，采用打眼施或撒施，施化肥后及时浇水。竹鞭具有近地表生长习性，所以每 5 年左右要培土一次，以压塘泥最好，压土厚度 10～15cm，并注意清除杂草和防治病虫害。

（三）红竹

【学名】 *Phyllostachys iridescins*

【科属】 禾本科刚竹属

【形态特征】 红竹又名红壳竹、红鸡竹、红哺鸡竹，地下茎单轴散生竹。秆高6～12m，直径可达10cm，幼秆被白粉，一二年生的竹秆逐渐出现黄绿色纵条纹，老秆则无条纹。中部节间长17～24cm，秆环和箨环中度缓隆起。箨鞘紫红色或淡红褐色，边缘紫褐色。笋期4月中下旬。

【分布与应用区域】 红竹主产长江中下游地区浙江、江苏、上海、安徽等，近年来华南地区已引种成功并用于园林绿化。

【生物学特性】 红竹适应性极强，适生范围广，适宜生长在气候温暖湿润、年降水量1 200mm以上地区，对立地条件要求不严，以酸性、微酸性至中性的沙质壤土为佳，在较瘠薄的山地也能种植，是众多竹种中的先锋竹种。

【园林应用】 红竹一般以群植来布景，成片种植，充分展示其恢宏壮观和青翠欲滴的品质，可营造大型竹子长廊、红竹林景观、绿篱等。此外其笋上的竹箨呈红色，并且笋期长，也是观赏亮点。

【繁殖方法】 红竹一般采用移植母竹繁殖，选择1～2年生、胸径2～4cm、分枝低、枝叶茂盛、生长健壮、无病虫害的健壮株作为母竹。母竹来鞭截留长度15～20cm，去鞭25～30cm，留枝5～6盘，截去梢头。初植密度1500～1800株/hm^2，挖穴规格一般为80cm×60cm×40cm。栽植前每穴施腐熟粪肥25kg，与土拌匀，1周后定植。栽植时鞭要平展，覆土时近根部要紧，竹鞭两头要松，来鞭要紧，去鞭要松，栽植深度20cm为宜，一般比老土痕深3～5cm。栽后浇足定根水，再覆3～5cm厚松土，竹秆高大的竹母，应搭架支撑。

【苗木培育】 红竹抚育措施同淡竹，红竹竹笋肉嫩甜美，易遭受竹笋夜蛾和一字竹象甲危害，应注意防治。

（四）罗汉竹

【学名】 *Phyllostachys aurea*

【科属】 禾本科刚竹属

【形态特征】 罗汉竹又名人面竹、寿星竹，地下茎单轴散生竹。秆高3～8m，直径2～5cm，部分秆的基部或中部以下数节极为短缩而呈不对称肿胀，或节间近于正常而于节下有长约1cm的一段明显膨大（注意与佛肚竹相区别）。新秆绿色，老秆黄绿色或灰绿色。笋期4～5月。

【分布与应用区域】 罗汉竹原产我国，主要分布于长江流域及以南地区，最北可至黄河流域。

【生物学特性】 罗汉竹适应性强，喜温暖湿润、土层深厚的低山丘陵及平原地区，耐寒性较强，能耐-20℃低温，不耐盐碱和干旱。

【园林应用】 罗汉竹为著名观赏竹种。株型美观，节间花纹紧凑奇特，枝叶茂密，四季青绿，可于庭院空地栽植，或与龟甲竹、方竹等秆形奇特的竹种配置一起，增添景趣，也可用于制作盆栽盆景。

【繁殖方法】 罗汉竹用移植母竹与埋鞭法繁殖。移植母竹法应选择2～3年生、秆形较矮小、生长健壮者为佳，挖母竹时，应留鞭根50cm长，带宿土，除去秆梢，留分枝5～6盘，以利成活。移植母竹时,注意覆土盖草,充分浇水,并搭支架以防风摇。埋鞭法同毛竹。

【苗木培育】栽培罗汉竹应保持表土疏松,施肥压青,竹林发笋生长过密时,选择老竹疏伐。罗汉竹喜肥,冬季宜施河泥、厩肥、土杂肥等。生长期必须土壤湿润,如土壤干燥缺水,竹子容易枯死,如竹林内积水,土壤通气不良,又容易引起鞭根和芽的腐烂,要注意排去积水。每年新竹长成后,伐去生长正常的竹子,保留畸形竹秆竹子。

(五) 紫竹

【学名】*Phyllostachys nigra*

【科属】禾本科刚竹属

【形态特征】紫竹又名黑竹、乌竹。单轴散生竹,秆高3~6m,有的可达10m,直径2~4cm。新秆淡绿色,密被柔毛,有白粉,后秆逐渐呈现黑色斑点,以后全秆变为紫黑色。每节分枝2,每小枝2~3叶,叶片窄披针形,先端渐长而质薄,下面基部有细毛。笋期4月下旬至5月上旬。

【分布与应用区域】紫竹原产中国,主产于亚热带地区,黄河流域以南各地广为栽培。

【生物学特性】紫竹适应性强,较耐寒,可耐-20℃的低温,喜光而耐阴,但忌积水,山地平原都可栽培,对土壤要求不严,以疏松肥沃的微酸性土最为适宜,栽于瘠薄地往往矮化而丛生。

【园林应用】紫竹为传统的观秆竹类,竹秆紫黑色,隐于绿叶之下。宜种植于庭院山石之间或书斋、厅堂、小径、池水旁,也可栽于盆中,置窗前几上,别有一番情趣;植于庭院观赏,可与黄槽竹、黄金间碧玉竹、斑竹等秆具色彩的竹种同植于园中,丰富色彩变化。

【繁殖方法】紫竹一般采用移植母竹或埋鞭繁殖。移植母竹于早春2月进行,选择1~2年生、秆形较小、生长健壮、分枝较低的母竹为宜。移植时,应留鞭根30~50cm,并带宿土,保护鞭根笋芽不受损伤。一般要切去秆梢,留分枝5~6盘,以便成活。移植后注意覆土盖草,浇足水分,并用支架固定以防摇动。

圃地埋鞭繁殖,在早春选有饱满笋芽的2~3年生鞭,长20~30cm,于圃地埋鞭,浇水覆草,此法当年出笋。

【苗木培育】栽培紫竹一般保留三年生竹,采伐4年以上的老竹。竹林生长过密时,应选择老竹酌量疏伐。早春出笋前、6月梅雨季竹林恢复期或秋季至少施肥1~2次。护笋养竹、松土除草、浇水防旱等为竹林抚育管理的基本措施。

(六) 佛肚竹

【学名】*Bambusa ventricosa*

【科属】禾本科簕竹属

【形态特征】佛肚竹又名佛竹、罗汉竹、密节竹。合轴型丛生竹,常绿灌木至小乔木状。秆无毛,幼秆深绿色,稍被白粉,老时转橄榄黄色。秆二型:正常高8~10m,节间长,圆筒形,下部略微肿胀;畸形秆通常秆节甚密,节间较正常短,下部节间膨大似算盘珠状或像弥勒佛大腹。枝多条簇生,主枝较粗而明显,其他枝条较小。笋期6~8月。

【分布与应用区域】佛肚竹原产我国华南热带地区,广东省特产。华南、华东、西南和台湾常见栽培。北方需盆栽。

【生物学特性】佛肚竹喜温暖多湿气候,能忍耐5℃持续低温,喜光而耐半阴,不耐干旱,喜土层疏松湿润和排水良好的沙壤土或冲积土。

【园林应用】佛肚竹灌木状丛生，秆短小畸形，状如佛肚，姿态秀丽，四季翠绿。常丛植于庭园草坪或花池中作景观树，或扶疏成丛林式，缀以山石。也是盆栽和制作盆景的良好材料，盆栽数株，当年成型，观赏效果颇佳。

【繁殖方法】佛肚竹一般采用移植母竹繁殖，于早春2月和梅雨季节进行最好。移植时，选3~5秆母竹，尽量多带地下竹鞭，避免弄伤竹与鞭连接处。

佛肚竹也可以利用秋发竹和主秆上的次生嫩枝进行分株或扦插繁殖。这种枝上的节部都有隐芽，具有发根抽笋的能力。具体做法是：在梅雨季节，选取基部带有腋芽的嫩枝条3~5节，并带部分小叶，用500mg/L萘乙酸浸插穗基部10s，然后斜埋入土壤或蛭石中，但不要太深，末端应露出土外，再用稻草覆盖，喷水保湿，约20d就可萌发出不定根。

【苗木培育】扦插繁殖的佛肚竹新根长出后要减少喷水，勤施薄肥，待第二批新笋萌出后再移植。新笋出土10cm左右，是平腹的需要剥壳，可隔天剥一片，这样可将2~3m的竹子缩短矮化为30cm左右的小竹。移植的佛肚竹成活后应保持土壤湿润，并注意排水防涝和松土培土，施以有机肥，适当增施磷、钾肥，以利出笋节短、腹肚大。生长良好的佛肚竹能在春末秋初分别萌发两次新竹。春末夏初萌发的竹，竹节间隆起膨大；而秋发竹，竹节间大多不膨大，且节间长，一般不留，使整体造型美观。

(七) 黄金间碧玉竹

【学名】*Bambusa vulgaris* var. *striata*

【科属】禾本科箣竹属

【形态特征】黄金间碧玉竹又名黄金竹、青丝金竹。合轴型丛生竹，常绿乔木状，高6~15m。秆黄色，光滑，具绿色纵条纹，直径4~10cm。节间长18~40cm，秆节平，初时有棕色刺毛，后脱净，下端呈环状隆起，坚硬，具根点。节上生枝1~3条，主枝发达。叶片线状披针形，长约20cm，宽1.5~4.0cm。笋期5~7月。

【分布与应用区域】黄金间碧玉竹原产中国、印度、马来半岛，我国华南、福建、台湾和云南常见栽培。

【生物学特性】黄金间碧玉竹粗生易长，喜温暖、湿润，耐寒性中等，可在亚热带轻霜区种植，要求土层深厚、排水良好的沙壤土。

【园林应用】黄金间碧玉竹为著名的观秆竹种，美丽挺拔，宜植于庭园内池旁、亭际、窗前，或叠石之间，或于绿地内成丛栽植，以供观赏，也可制作建造金色竹门、竹走廊或竹屋等，使游客耳目一新。

【繁殖方法】黄金间碧玉竹可采用移植竹蔸和扦插繁殖。移植竹蔸在清明前后进行，采用一年生母竹，把母竹放在阴凉处进行修剪，留4个竹节，竹条上部切口要斜切平滑，下端竹蔸要除去竹箨，不伤芽眼。将竹蔸醮下黄泥浆后直接斜插在经过消毒的苗圃地中，插后压实并浇足水，使插条与土壤密接，插后还要搭荫棚。

扦插繁殖采用二年生竹为取枝母竹，母竹应在一年生时选好并断梢，到二年生时取其枝条。取枝时在枝条基部用利刀切下，注意不使枝蔸撕裂，不伤根点和隐芽，在第三节上约2cm处剪断，最上节保留少量枝叶，剪去其他侧枝，宿存枝箨剥去，露出芽眼，之后斜插在苗床中，覆土压实，露出带枝的第三节，盖草淋水，搭棚遮阴。

【苗木培育】黄金间碧玉竹育苗比较容易，一般70~80d后拆棚，并锄草、松土、追肥和注意土壤水分管理。种植采用50cm×50cm×40cm的种植穴，种前施足基肥，每穴施土杂肥10kg，磷肥0.15kg，将基肥与种植土拌匀后一起回穴，穴填满后，逢透雨后种植，植后四周覆盖杂草保湿。种植3个月后植株成活率基本稳定，有2~3个笋芽形成时进行除草、施肥，每株施尿素50g，每年抚育两次。

（八）观音竹

【学名】 *Bambusa multiplex* var. *riviereorum*

【科属】 禾本科簕竹属

【形态特征】 观音竹为孝顺竹的栽培变种。合轴丛生竹，常绿灌木状，高1~3m。秆细光滑，绿色，直径3~5mm，实心或近实心，质地坚硬。自秆基第二节开始分枝，一至多条。小枝柔软而下垂，具叶13~23枚，叶片披针型，长1.6~3.2cm，宽2.6~6.5mm，在小枝上排成二列，形似羽状复叶。笋期5~7月。

【分布与应用区域】 观音竹原产中国、东南亚及日本，我国华南、西南至长江流域各地都有分布。

【生物学特性】 观音竹喜温暖湿润和半阴环境，耐寒性稍差，不耐强光暴晒，怕渍水，宜肥沃、疏松和排水良好的壤土，冬季温度不低于0℃。

【园林应用】 观音竹秆叶细密婆娑，宛如羽毛，是著名观赏竹，宜于庭院丛栽，也可作盆景植物。生长快，耐修剪，常修剪成球状，也常作为低矮绿篱材料广泛应用。

【繁殖方法】 观音竹多采用分株和扦插繁殖。分株于2~3月进行，选择1~2年生母竹3~5株为一丛，带土分栽。扦插于5~6月进行，将一年生枝剪成有2~3节的插穗，去掉部分叶片，插于沙床中，覆土10~15cm，保持湿润30~60d可生根。

【苗木培育】 观音竹丛生密集，小笋多，分枝多，为保持植株生长平衡，株形美观，应及时剪去枯老枝秆及不必要的嫩枝绿叶，每月施1~2次稀薄沤熟液肥。常见病害有叶枯病和锈病，虫害有介壳虫和蚜虫等，应及时防治。

（九）粉单竹

【学名】 *Bambusa chungii*

【科属】 禾本科簕竹属

【形态特征】 粉单竹又名单竹，白粉单竹。地下茎合轴丛生竹，常绿乔木状，高8~18m。秆直立，分枝高，粉绿色，初时被白蜡粉，直径5~8cm，节间长50~100cm，节上密被一环褐色刚毛，后秃净平滑无毛。枝多条于节上簇生，大小略相等，被白粉。小枝生叶4~8片，条状披针形，长达20cm，宽约2cm。笋期6~9月。

【分布与应用区域】 粉单竹为中国华南特产，分布于广东、广西、福建和湖南等地区。

【生物学特性】 粉单竹喜温暖湿润气候，适生于平均气温18℃以上、年降水量1 400mm以上的环境，其垂直分布达海拔500m，但以300m以下的缓坡地、平地、山脚和河溪两岸生长为佳，喜疏松、肥沃的沙壤土，在酸性土和石灰性土壤上都能生长。

【园林应用】 粉单竹为华南优良的乡土竹种，由于其生长快、成林快，可大面积栽植形成纯林景观，广州市越秀公园即有成片栽植，或丛植于园林中山坡、院落或道路两侧，尤适于河岸、湖畔造景。

【繁殖方法】 粉单竹主要采用埋秆繁殖，2月中旬至3月中旬进行。选择2~3年生的优良竹株为母竹，将母竹连蔸挖出，在种柄处截断使各单株分开，截时应保持芽眼完整，留竹秆高2m左右，将竹梢切去，切口呈马耳形，将各单株切口朝上种植在育苗床中，压实并充分浇水，覆草保持苗床湿润。

【苗木培育】粉单竹栽植应于当年 4 月下旬在竹株周围锄草松土培蔸，之后两年每年 5 月、9 月各除草培蔸一次，每株施厩肥 30kg 或复合肥 1～2kg，以促进发笋。6～9 月新竹发出的新叶会遭竹卷叶虫危害，注意防治。

（十）青皮竹

【学名】*Bambusa textiles*

【科属】禾本科簕竹属

【形态特征】青皮竹又名篾竹、山青竹、黄竹、广宁竹。合轴丛生竹，常绿小乔木状，高 6～10m。秆直，顶端稍弯垂，亮绿色至黄绿色，光滑，幼时有时被毛和白粉，后脱净，直径 3～6cm，节间长 30～70cm。节平滑，下端坚硬成环。箨鞘坚硬光滑，幼时或被柔毛；箨叶直立，长三角形，长 6～8cm；箨耳小，有小刚毛。枝条多簇生，主枝略粗，其他较细而近相等。叶片长 13～20cm，宽约 2cm。笋期 6～8 月。

【分布与应用区域】青皮竹主产广东、广西、福建、湖南、云南南部也有栽培。

【生物学特性】青皮竹性喜温暖，较耐寒，能耐 0℃ 低温，喜光，耐半阴，略耐旱瘠和水湿，呈酸性至中性反应的土壤都能生长。

【园林应用】青皮竹秆丛密集，秆青挺立，枝叶婆娑，姿态优雅，适应性强，为岭南特产的优良乡土竹种，宜于庭园草地丛植或周边带植和群植，具较强的减噪声及抗大气污染能力。

【繁殖方法】青皮竹主要采用分株、埋节繁殖。分株又叫分蔸，生产实践中常用，最好在 3 月进行，母竹竹蔸的根芽开始露白，有 1/3 左右的根长至 2cm 以内种植成活率最高。选择秆粗 1.2～1.5m 的 1～2 年生竹条作母竹，连蔸挖出，斩去竹梢，留秆 1.5～2m，有 2～3 盘分枝。从节间中斜行切断，切口呈马耳形。之后将单株竹连蔸种植，种植后浇透水。

青皮竹埋节繁殖多用二年生竹为竹种，埋节时成活率较高。埋节育苗必须在竹秆养分积累丰富、芽眼尚未萌发、竹液开始流动前进行，以 2 月中旬至 3 月中旬为宜。埋节可采用平埋、斜埋和直埋竹节育苗，其中斜埋成活率较高。

【苗木培育】青皮竹每年松土除草 1～2 次，近竹蔸处松土深 15～20cm，较远处 20～30cm。青皮竹苗要及时打顶、多次打顶以培育壮苗，并且可早发笋、多发笋、发大笋，使苗木提早木质化。苗高 1.5～2m 时，用枝剪剪去梢头，留苗高 1.2～1.5m。苗木育成后可以出圃或留圃分株再繁殖。

主要参考文献

白涛，王鹏.2010.园林苗圃［M］.郑州：黄河水利出版社.
房伟民，陈发棣.2003.园林绿化观赏苗木繁育与栽培［M］.北京：金盾出版社.
付玉兰.2013.花卉学［M］.北京：中国农业出版社.
郭学望，包满珠.2004.园林树木栽培养护学［M］.第2版.北京：中国林业出版社.
胡繁荣.2008.设施园艺［M］.第2版.上海：上海交通大学出版社.
江胜德，包志毅.2004.园林苗木生产［M］.北京：中国林业出版社.
蒋永明，翁智林.2005.绿化苗木培育手册［M］.上海：上海科学技术出版社.
刘宏涛.2005.园林花木繁育技术［M］.沈阳：辽宁科学技术出版社.
柳振亮，石爱平，赵和文.2005.园林苗圃学［M］.北京：气象出版社.
马常耕.1994.世界容器苗研究、生产现状和我国发展对策［J］.世界林业研究（5）：33-41.
戚连忠，汪传佳.2004.林木容器育苗研究综述［J］.农业科技开发，18（4）：10-13.
舒迎澜.1993.古代花卉［M］.北京：中国农业出版社.
宋清洲.2005.园林大苗培育教材［M］.北京：金盾出版社.
苏金乐.2010.园林苗圃学［M］.第2版.北京：中国农业出版社.
孙锦，等.1982.园林苗圃［M］.北京：中国建筑工业出版社.
王宇新，段红平，等.2008.设施园艺工程与栽培技术［M］.北京：化学工业出版社.
魏岩.2003.园林植物栽培与养护［M］.北京：中国科学技术出版社.
吴少华.2004.园林苗圃学［M］.上海：上海交通大学出版社
刑国明，白锦荣.2006.园林绿化工程苗木的生产与施工［M］.北京：中国社会出版社.
许楚荣.2008.华南地区主要温室类型及夏季降温措施［J］.温室园艺（2）：12-13.
杨期和，廖富林，等.2005.三药槟榔种子休眠及萌发研究［J］.广西植物，25（6）：549-554.
俞玖.1987.园林苗圃学［M］.北京：中国林业出版社.
张东林，束永志，等.2003.园林苗圃育苗手册［M］.北京：中国农业出版社.
张康健，等.2006.园林苗木生产与营销［M］.陕西：西北农林科技大学出版社.
张秀英.2005.园林树木栽培养护学［M］.北京：高等教育出版社.
张玉星.2011.果树栽培学总论［M］.第4版.北京：中国农业出版社.
张运山，等.2006.林木种苗生产技术［M］.北京：中国林业出版社.
Edward F Gilman, Brian Kempf. 2009. Strategies for growing a high-quality root, system, trunk, and crown in a container nursery [M]. Visalia, California: Urban Tree Foundation.

图书在版编目（CIP）数据

园林苗圃学：华南版/周厚高主编．—北京：中国农业出版社，2014.8
全国高等农林院校"十二五"规划教材．都市型现代农业特色规划系列教材
ISBN 978-7-109-19270-6

Ⅰ.①园… Ⅱ.①周… Ⅲ.①园林－苗圃学－高等学校－教材 Ⅳ.①S723

中国版本图书馆CIP数据核字（2014）第160228号

中国农业出版社出版
（北京市朝阳区麦子店街18号楼）
（邮政编码100125）
责任编辑 戴碧霞

中国农业出版社印刷厂印刷 新华书店北京发行所发行
2014年8月第1版 2014年8月北京第1次印刷

开本：787mm×1092mm 1/16 印张：14.75
字数：375千字
定价：30.00元
（凡本版图书出现印刷、装订错误，请向出版社发行部调换）